과학기술과 사회

- 과학기술에 대한 사회학적 이해 -

Science, Technology and Society

과학기술과 사회

- 과학기술에 대한 사회학적 이해 -

Science, Technology and Society

박해광 · 김경례

전남대학교출판부

머리말

현대사회에서 정보통신, 생명공학, 로봇공학, 나노기술 등 신기술 발전의 가속화는 사회 구조의 변화를 초래할 뿐만 아니라 일상생활에도 심대한 영향을 미치고 있다. 그리고 기술발전이 사회에 미치는 영향이 증대함에 따라 기술과 사회의 관계에 관한 논의의 필요성도 커져가고 있다. 지금까지 기술과 사회의 관계를 논하는 방식은 기술에 중점을 둔 기술공학적 시각에서 사회적 영향을 말하거나, 혹은 반대로 그러한 공학적 시각에 반대하면서 극단적인 사회구성론적 시각을 강조하기도 했다. 이것은 마치 스노우(Snow)가 지적했던 것처럼 결코 만나지 않는 과학과 문화의 관계를 보여주는 것 같기도 하다. 최근 이루어졌던 소칼(Sokal) 논쟁이나 그로 인해 촉발된 과학전쟁도 따지고 보면 과학기술적 접근과 사회문화적 접근이 서로를 이해하지 못했기 때문에 야기된 결과라 할 수 있다. 따라서 기술과 사회에 관한 논의는 기술결정론과 극단적인 사회구성론을 지양하고, 과학기술의 사회적 구성과정을 주목하면서도 과학기술을 하나의 사회적 현상으로 객관화시켜 접근하는 균형 잡힌 시각을 도모할 필요가 있는 것이다. 이 연구는 이러한 문제의식에서 출발하고 있다.

사회학적인 관점에서 과학과 기술을 이해하려는 시도는 지금까지 제법 이루어져 왔다. 그리고 그런 시도는 과학과 기술로부터 제외되어 있는 일반 대중이나 인문 사회과학도를 독자로 겨냥

한 것이 일반적이었다. 하지만 이 책은 과학기술에 대한 사회학적 접근을 통해 과학과 기술을 전문 영역으로 선택할 미래의 공학도들을 잠재적인 독자층으로 삼고 있다. 그렇기 때문에 기술을 보다 사회적 맥락에서 이해하도록 하는 사회과학적 접근을 강조하였다. 최근 공학기술은 사회적 변화의 속도에 자극받아 매우 빠르게, 그리고 한층 더 급속히 변화하고 있다. 산업적으로만 보아도 핵심 산업이 전통적인 제조업 보다는 신기술에 기초한 지식정보산업, 생명공학산업, 로봇 산업 등이 보다 중요한 산업으로 변모하고 있다. 또한 사회 역시 신기술의 상품화에 의해 급속한 변동을 경험하고 있다. 요즘 유행하는 표현을 빌리자면 기술과 사회의 빠른 융합이 발생하고 있는 것이다. 이런 이유에서 기술 발전의 사회적 성격을 이해하고, 또한 기술이 사회에 미치는 영향을 파악하는 것은 비단 공학도들 뿐만 아니라 모든 이들에게도 필요한 일이 아닐까 생각된다.

이 책은 이러한 일반적 목적 외에, 조금은 특별한 목적을 달성하고자 기획되었다. 그것은 두 가지인데, 그 첫번째는 기술과 사회의 관계를 좀더 사회과학적으로 이해할 수 있도록 하는 것이었다. 그래서 이 책의 1장과 2장, 3장은 기술과 사회의 관계, 근대기술의 성격, 그리고 기술을 둘러싼 논쟁 등에 주로 초점을 맞추고 있다. 이를 통해 적어도 기술이 독립적으로, 그리고 연속적으로 발전해 온 것이 아니라 단절적이고 갈등적이며, 사회와 끊임없이 관련을 맺으면서 발전해 왔다는 사실을 강조하고자 했다. 두번째로는 기존의 유사한 책들이 보여주지 못한, 사회와 기술과의 관계를 좀더 다양한 주제와 영역으로 확장하여 보여주는 것이다. 예컨대 기술의 정치성, 기술과 예술의 관계, 기술과 여성 등의 주제는 기존의 연구들에서 별로 주목되지 않은 부분이었지만, 이 책에서는 좀 더 상세히 다루고 있다.

현대의 과학기술은 실험실과 산업체에만 머무르지 않고 일상생활에 깊숙이 침투되어 있으며, 과학기술은 더 이상 과학기술자들의 영역만은 아니다. 현대인들은 전기, 전자제품, 핸드폰, 컴퓨터가 없는 일상생활을 상상할 수 없음에도 불구하고 그것들이 인간관계나 사회생활에 미치는 변화를 심도 있게 접할 기회는 많지 않다. 더욱이 현대과학기술의 발전이 정부나 기업체 등 과학기술자 사회 외부의 지원에 크게 의존함으로 인해 사회적 지배집단의 논리와 이해에 따라 기술의 발전과정과 방향이 결정될 위험성이 증가하고 있는 현 시점에서 과학기술에 대한 대중의 개입과 과학기술인의 연구윤리가 절실히 요청되고 있다. 즉 '블랙박스'인 기술을 열어 대중적으로 교류하고 토론할 수 있는 담론의 장을 만들어 낼 필요가 있다. 이 책은 기술과 인간사회 간의 관계에 대한 탐색 및 연구윤리를 모색하고자 하는 과학기술인 뿐만 아니라, 일상생활 속에서 끊임없이 기술을 소비하고 기술문화의 효과를 담지하고 있음에도 불구하고 기술에 대한 접근을 시도할 수 없었던 대중들에게도 의미 있는 개론서가 될 수 있으리라는 기대를 가져본다.

마지막으로 책의 초기 기획과정에 큰 도움을 주신 홍익대 신병현 선생님, 대학원생 박주희, 송유미에게 감사드린다.

2008년 저자들 씀

목 차

CONTENTS

제6장 정보기술과 사회 158

제7장 생명공학과 인간, 사회 193

제 1 장 기술과 인간

1. 기술이란 무엇인가?

자연현상에 대한 과학적 지식을 응용하여 인간이 자연자원을 활용하고 물리적 환경을 관리하기 위한 수단으로 만들어낸 연장과, 그것을 수행하는 기법, 그리고 그 결과로 만들어진 고안물을 통칭하여 기술이라 정의할 수 있다. 결국 기술이란 인간의 생존 과정에서 필수적으로 요구된 수단과 그것이 가져온 결과들을 총칭하는 것이다. 인간의 삶의 역사는 기술 발전의 역사와 함께 이루어져 왔으며, 기술을 통해 인간은 생존의 문제를 해결하고 보다 높은 삶의 가치를 추구해 왔다. 그런 까닭에 인간의 역사가 지속되는 한 기술의 역사 또한 계속되고 또 앞으로도 가속화될 것이 틀림없다.

그런데 인간의 역사와 기술의 역사가 함께 해 왔다는 사실이, 지금껏 존재해 온 모든 기술을 정당화거나, 기술이 항상 인간의 행복을 증진시키는 긍정적인 역할을 해 왔다는 사실을 의미하지는 않는다. 오히려 그 기술로 인해 인간의 삶에 심각한 문제가 야기되었던 역사도 뚜렷이 존재한다. 이러한 기술의 어두운 면은 전쟁이나 건축물 붕괴와 같은 대규모 재해를 통해 명확히 드러나고,

기술로 인해 우리가 지불해야 할 비용이 얼마나 큰 것인지를 확인하게 해준다. 그렇기 때문에 기술을 그 일반적 속성에서 파악하여 단순한 삶의 도구나 인간의 행복을 가져오는 수단으로 받아들이는 것은 기술을 바라보는 적절한 태도라 할 수 없다.

또한 기술의 역사를 단선적이거나 누적적인 발전의 역사로 가정하는 것도 적절하지 않다. 스페인의 문예비평가 오르테가 이 가셋(Jose Ortega Y Gasset, 1883-1955)은 '기술에 관한 고찰'이라는 글에서 기술발달의 역사를 3단계로 구분한다. 그가 제안하는 기술의 역사는 단순히 어떤 제품이 출현했는가의 관점에서가 아니라, 기술과 인간의 관계에 의해 구분된다. 이렇게 볼 때 기술 발달의 첫번째 단계는 '우연의 기술'(Technology of Chance)의 시대다. 이 기술은 어떤 사고나 고안의 결과물이 아닌 우연히 이전에 없었던 현상을 발견하게 되고, 이것이 삶의 편리함을 제공하기 때문에 삶 속으로 들어오게 된 기술이다(김용준, 1992: 28). 원시인들이 우연히 발견하게 된 불이나 저장용기가 여기에 해당될 것이다. 하지만 이 우연의 기술 시대에 전혀 인간의 고안이나 개선을 위한 사고가 없었다고 보는 것은 타당하지 않을 것이다. 많은 고고학적 증거들은 무기의 발달이나 저장 용기의 발달은 이전의 기술을 토대로 발전한 사실들을 확인시켜주고 있기 때문이다. 두번째 단계는 기능인(Technician)의 기술의 시대로 장인(Craftsman)들에 의해 기술의 개념이 확립되고 기술에 따른 일정한 전문화가 만들어지는 시대이다. 장인적 수공업 기술이 가지는 특징은 장인이라는 개인 속에 기술의 총체가 축적되며, 오랜 시간의 숙련(skill)을 필요로 하며, 또한 개인적 관계, 즉 서양의 경우 도제관계를 통해 전수된다는 점이다. 장인적 기술은 대부분 작업 비밀(know-how)의 형태로 축적, 유지, 전수되기 때문에, 기술의 주체가 오늘날과 달리 장인 개인이 된다. 세번째 단계는 바로 근대 과학기술의 시대이다. 장인적 기술이 많은 경우 경험을 통해 축적된다면 근대 과학기술은 과학적 원리와 기술적 응용이 결합되는 형태를 띠며, 개인의 숙련보다는 체계화된 지식이 더 중요해진다. 과학기술의 시대에 대해서는 이 장의 3절에서 보다 자세히 살펴볼 것이다. 이러한 시대 구분에서 우리가 항상 염두에 두어야 할 것은, 이 구분이 연속적인 기술의 발전을 의미하는 것은 아니라는 점이다. 과학철학자 토마스 쿤(T. Kuhn)은 과학이 점진적이고 누적적인 진보를 통해 발전해 온 것이 아니라, 과학자 집단 내부의 새로운 세계관의 전환을 통해 이루어짐을 주장하면서 이를 패러다임 전환(paradigm shift)이라 명명한다. 패러다임은 일정기간 동안 정상과학의 형태를 띠면서 그 내부에서의 문제풀이를 통해 유지된다. 하지만 이 문제풀이가 한계에 부딪힐 때 패러다임의 위기가 초래되며 새로운 과학의 출현이 예비된다. 오르테가 이 가셋이 구분한 기술의 단계는 이러한 패러다임의 전환이라는 측면에서 이해하는 것이 타당할 것이다.

우리는 이 장에서 먼저 기술 발전의 개략적인 역사를 근대 이전과 근대 이후로 나누어 살펴볼 것이다. 그리고 과학기술의 발전에서 큰 질적 전환을 이루게 되는 근대 시기의 상황을 이해하도록 할 것이다. 근대라는 시기는 - 물론 서양 중심적인 역사인식이 반영된 것이지만 - 오늘날의 삶의 양식이 처음으로 출현한 시기라 할 수 있다. 크게 본다면 근대라는 시기는 전근대 사회를 지탱했던 농업 경제가 상업과 산업 중심의 경제로 변화하고, 국민국가(nation state)가 형성되며, 새로운 철학과 정치사상이 출현한 시기로 요약할 수 있다. 구체적인 시기로서의 근대는 원격지 무역이 본격화되던 16세기까지 거슬러 올라갈 수 있고, 과학이 폭발적으로 발전한 17세기나, 정치, 사상, 산업적 혁명이 시작된 18세기로도 볼 수 있다. 즉 16세기에서 18세기에 이르는 시기에 새로운 사회로서의 근대 사회가 출현한 것이다. 그리고 과학기술의 측면에서 근대는 17세기 과학혁명과 함께 시작되었다. 근대 이후의 기술은 대규모의 사회 시스템으로 발전해 왔는데, 여기서 주목해야 할 것은, 이러한 근대 기술의 발전은 단순히 생존의 수단, 자연을 이용하는 수단의 발명과 진보라는 측면 이외에도, 인간과 사회, 그리고 자연세계를 이해하는 특정한 세계관의 발전을 포함하고 있다는 사실이다. 즉 새로운 근대 기술의 발전은 자연 이용의 방식을 획기적으로 바꾸었을 뿐 아니라, 인간이 자연과 사회를 이해하는 방식에서도 큰 변화를 초래했던 것이다. 그런 점에서 인간의 삶 역시 근대 시기를 기점으로 질적으로 새로운 단계에 접어들었다고 볼 수 있다.

2. 기술발전의 역사

1) 근대 이전

기술은 인류와 함께 시작되었다고 볼 수 있다. 즉, 원시인들도 초보적인 수준이었지만 자신들의 생존을 위해 주변 사물들을 도구로 이용하였으며 더 나아가 유용성과 편리성을 높이기 위해 변형, 제작하기도 했다. 원시농경사회였으며 인류가 정착생활을 시작했던 석기 시대 후반에 이미 작물 재배와 수확을 위해 쟁기나 낫과 같은 새로운 도구를 제작하였으며 금속을 다루는 기술을 익히기도 했다. 고대사회에서는 본격적인 농경재배를 위해 관개용 수로를 건설하기도 했고 청동이나 철을 가공하여 사용하기도 했다. 특히, 고대문명의 중심지였던 그리스의 도시국가들은 청동이나 철의 가공 및 사용 기술이 다른 지역보다 앞서 있었을 뿐만 아니라 국가나 정부와 같은 대규모 사회조직이 만들어지면서 토목이나 건설 분야의 기술도 발전하게 되었다. 고대 이집트와 그리스 사회에서 기술과 기술자들의 위상은 대체로 높았다. 그들은 기술을 매우 가치있고 중요한 활동으로 여겼으며 당대 지배세력이었던 사제나 율법사들과 마찬가지로 기술자들도 전문가로서의 사회적 지위를 누렸다. 그러나 이러한 기술과 기술자들에 대한 사회적 평가는 기원전 400년경, 플라톤(Platon) 시대 이후에 달라진다. 플라톤과 그의 제자들은 형이상학적인 진리탐구나 논리적인 토론 등이 기술적인 활동보다 더 중요한 일이라고 생각했다. 이러한 생각이 당대 사회운영 원리로 받아들여지면서 지적 탐구나 사색은 주로 지배층이 갖춰야 할 덕목으로, 기술적 활동은 노예들이 담당해야 할 일로 분리되었다. 이러한 과정 속에서 기술적 활동과 기술자들의 사회적 위치는 평가절하 되었다. 기술과 기술자들에 대한 폄하는 이 시기부터 근대 초까지 계속해서 지속되었다. 그렇다고 해서 고대 사회에서 기술적 성과가 전혀 없었던 것은 아니다. 로마 제국 시절에는 도로망을 정비하거나 수로 및 신전을 건설하는 등 건축 및 토목 기술 측면에서 놀라운 성과를 거두었다. 그러나 이러한 기술적 활동은 당시 피지배층이었던 노예나 장인들의 노동력을 통해 이루어졌고, 따라서 비천한 일로 취급되었다.

중세 시대는 기독교를 중심으로 한 신 중심의 신분제 사회였다. 토지를 소유하고 있었던 영주와 기사계급이 당대의 지배층이었으며 피지배층인 농노에 의해 대규모 농경지가 경작되는 장원제가 주요 생산력이었다. 농업 생산성을 높이기 위한 삼포제와 같은 새로운 경작법이 도입되었으며 철제 농기구도 제작, 사용되었다. 또한 마구가 개발되어 본격적으로 가축을 농업에 이용할 수 있게 되었다. 그러나 서구의 중세 시대는 이러한 몇 가지 변화를 제외하고는 기술 전반의 발전이라는 측면에서 볼 때 획기적인 발전을 이루어내지 못한 시대로 평가되고 있다.

한편, 현대의 첨단기술이 주로 서구에서 개발, 발전되어 동양으로 이전되는 경향이 있기 때문에 역사적으로 동양의 기술력이 서양의 그것에 미치지 못했을 것이라는 판단은 잘못된 것이다. 8세기부터 12세기까지의 시기는 '아시아 기술의 시대'라고 불릴 만큼 동양의 기술이 눈부신 발전을 이룩하였다. 이 시기에 중국에서는 금속가공, 야금업, 토목, 다리건설 기술 뿐만 아니라 섬유생산기술이나 인쇄기술 등도 개발, 발전되었고 이슬람제국에서도 운하 관련 토목기술, 수상교통관련 기술 등이 발전되었다. 특히 이슬람제국에서는 서양보다 먼저 풍차를 사용했고 조선기술도 발전하였다. 당시 중국, 인도, 이슬람 지역은 기술 습득과 발전을 위해 서로 활발한 교류를 하였고 이때 인도가 기술 교류의 중요한 역할을 담당했다. 또한 이슬람 제국은 베틀, 기계식 시계, 제지기술, 화약 제조기술 등의 앞선 기술을 서양으로 전파하기도 했다(이장규 · 홍성욱, 2006: 34-45).

2) 근대 이후

근대 사회는 산업혁명과 과학혁명을 거치면서 그 어느 때 보다도 기술적 진보에 대한 믿음이 강해진 시기이다. 즉, 기술적 진보가 사회발전의 필수 요소이자 인류 역사의 중요한 과제로 제시되었다. 영국의 프랜시스 베이컨(F. Bacon)은 『새로운 아틀란티스』(1627)에서 과학자들이 진리를 탐구하고 발명활동을 하는 모습을 근대 사회의 이상적인 모델로 제시하였고, 이는 1660년에 세계 최초의 국립과학 단체인 영국의 왕립학회가 설립되는 데에 영향을 미쳤다. 프랑스에서도 1666년에 프랑스 과학 아카데미가 국가의 지원으로 설립되었고 1675년에는 군대 내에 엔지니어 부대를 만들어 군사시설의 건설을 담당하게 했다. 엔지니어 부대는 점차 다리, 도로, 수로, 운하 등 민간 건설 사업에도 주도적으로 참여하게 되었다. 각 국의 기술발전을 주도했던 주체들의 차이[1]에도 불구하고 기술적 진보에 대한 믿음과 전문협회 및 학회 등의 설립은 기술과 기술자들에게 사회적 권위를 부여하고 기술적 활동을 전문적 지식영역으로 인정받게 하였다. 기술적 활동의 사회적 중요성이 증대되면서 19세기 중반부터는 세계 전역에서 체계적인 공학교육을 위한 공학 교육기관의 설립이나 대학에 공학 교육과정을 도입하는 움직임이 일어났다. 미국의 메사추세츠 공과대학(MIT)도 이 시기에 설립되었으며, 우리나라의 경우도 1899년에 최초의 근대 공학교육기관이었던 상공학교가 서울에 설립되었다.[2]

19세기 후반부터 20세기 초에는 토목, 건축, 기계공학과 같은 전통적인 기술 분야들이 고도로 과학화됨과 동시에 강철, 인공섬유, 자동차, 전기, 전신, 전화, 라디오 등 현대사회의 기술시스템을 촉발한 많은 발명들이 이루어진 시기이다. 이 시기에는 근대적 대

1) 기술발전 과정에서 영국은 개별과학기술자의 창조적 발명이나 기업가적 동기가 주요한 요소를 차지했다면, 프랑스는 정부의 전폭적인 지원에 크게 의지하고 있었다.

2) 우리나라 공학기술의 태동과 발전과정에 대해서는 이장규·홍성욱(2006), 『공학기술과 사회』, pp.60-64를 참조할 것.

기업이 산업 및 기술의 주체로 부상하였고 그에 따라 이전의 개별적인 과학기술 활동은 집단적이고 대규모적인 활동으로 변모하였다. 또한 거의 모든 산업 영역에서 기계화가 본격적으로 이루어졌다. 기계화 진전이라는 사회적 변화에 따라 19세기 후반부터 여러 가지 제강법이 개발되었으며 개발된 철강재는 산업용 기계 뿐만 아니라 철도레일, 다리, 건축물 등에 적용되었고 1940년대 이후에는 대형사무실이나 아파트를 건축하는 데에도 이용되었다. 영국 산업혁명의 주요 매개체였던 섬유산업은 표백제와 염료를 필요로 했는데 천연염료가 풍부한 식민지를 확보하고 있었던 영국은 인공염료 개발에 별로 신경 쓰지 않았으나 그렇지 않은 나라들에서는 인공염료와 인공표백제를 개발, 천연 표백제를 대체해 나갔다. 20세기 초반, 화학 산업은 플라스틱이나 나일론 등과 같은 신소재를 개발, 상용화함으로써 섬유산업을 보조하는 위치에서 벗어나 독자적 산업으로 성장하게 되었다.

기계화의 진전은 동력체계도 발전시켰는데 19세기 중반까지 공장의 동력원으로 사용되었던 증기기관은 19세기 말에 에디슨(T. Edison)의 전력시스템이 상용화되면서 전기에 의한 동력체계로 급속히 대체되어 갔다.[3] 전기기술 및 전기산업은 19세기 말과 20세기 초에 걸쳐 가장 눈부신 발전을 이룬 분야인데, 전기는 공장 및 교통수단의 동력원으로써 뿐만 아니라 조명, 통신, 가전제품 등에도 활용되었다. 에디슨은 전력시스템을 개발하고 기업을 설립해 상용화함으로써 전기산업을 주도해 나갔다. 19세기 중・후반에는 틴트 형광등, 틴트 형광등에 비해 전력의 소비를 줄인 고효율 형

3) 당시, 공장의 동력원으로 사용되었던 증기기관은 에너지 손실도 많았고 너무 복잡한 구조물로 이루어져 있다는 기술적 문제도 지니고 있었다.

광등, 광도를 2배로 증가시킨 고집적 형광등 등이 개발되어 기존의 백열등을 대체해 나갔다. 이 과정에서 주목할 만한 것은 당시 고효율 형광등을 개발하였던 대기업들의 과열된 판매경쟁으로 인해 중소기업의 고집적 형광등이 기술적으로 더 뛰어나지는 않았지만 판매시장에서 경쟁력을 확보할 수 있었다는 점이다.

19세기 말 자동차는 전기자동차, 증기자동차, 가솔린자동차가 있었는데, 가솔린 자동차가 주도권을 장악하였다. 당시 열손실이 많았던 증기기관의 열효율을 향상시킬 수 있는 내열기관의 개발을 모색하는 과정에서 가솔린 엔진과 디젤 엔진이 개발되었는데, 이것이 모터사이클과 자동차에 적용, 상업화되면서 가솔린 자동차가 주도권을 잡을 수 있는 기술적 토대가 되었을 뿐만 아니라 오늘날과 같은 석유 의존 사회를 만드는데 일조하였다. 20세기 초, 자동차 산업을 주도했던 포드(Ford)사의 컨베이어벨트 도입은 기술적, 경제적, 조직적 측면에서 획기적인 변화를 가져왔다. 이는 대량생산 및 대량소비사회의 시작을 알리는 것이었으며 노동과정의 과학적 관리 및 표준화라는 일명 '테일러리즘'이 생산과정에 도입되는 계기가 되기도 하였다. 한편, 20세기 초에는 라디오와 TV, 각종 가전제품과 관련한 기술들이 발전하기도 하였다. 1918년에 암스트롱(E. Armstrong)이 라디오를 개발하였고 1923년에는 TV 카메라가 개발되었다. 1965년에는 통신위성이 발사되면서 TV채널이 확장되고 케이블 TV가 등장하였다. 청소기, 세탁기, 냉장고 등의 가전기술 개발과 가전제품 판매는 웨스팅하우스(Westinghouse)사나 제너럴일렉트릭(General Electirc)사 같은 대기업이 독점하고 있었다. 가정용 냉장고는 1920년대에 본격적으로 시판되었는데, 당시 중소기업의 가스압축식 냉장고는 기술적 측면에서나 작동 비용 및 유지, 정비 면에서 대기업의 전기압축식 냉장고보다 더 뛰어났지만 대기업의 인적, 물적 자본과 광고 및 판매 전략에 밀려 패배할 수밖에 없었다.

현대적 의미의 첨단 기술 발전에 가장 큰 영향을 미친 역사적 사건은 20세기 중반에 일어났던 제2차 세계 대전이었다. 2차 대전과 이후의 냉전체제의 지속은 전쟁과 관련한 각종 기술들을 발전시켜 나가는 원동력이 되었다. 그러나 기술발전을 위한 자원이 군사기술에 집중되면서 불균등한 자원배분의 문제를 발생시켰을 뿐만 아니라 더욱 중요하게는 이 기술들이 인간 및 생태계 파괴라는 결과를 가져옴으로써 기술에 대한 비판적 인식과 운동도 전개되기 시작했다. 항공우주 기술은 2차 대전을 계기로 발전한 대표적인 기술들 중 하나이다. 1903년 라이트 형제(Orville and Wilbur Wright)에 의해 개발된 항공기는 주로 장거리 운송 수단으로 사용되었으나 2차 대전을 거치면서 중요한 군사무기로 응용되었다. 유럽 및 미국의 국방부는 항공기 제작 회사에 전폭적인 지원을 제공하였고 그 결과 개발 지연으로 인해 실제 전투에서는 사용되지는 못했지만 제트기나 로케트 엔진의 개발을 이끌었다. 2차 대전 이후, 미국과 소련을 중심으로 한 냉전체제가 지속되는 가운데 소련이 먼저 1957년에 세계 최초의 인공위성인 스푸트닉(Sputnik)을 발사하자, 미국은 미사일과 우주탐사 분야에 엄청난 지원을 퍼붓기 시작했다. 양국의 자존심을 건 과열 경쟁은 냉전체제가 끝날 무렵인 1980년대까지 지속되었다. 2차 대전 중 사용된 대표적인 전쟁 무기 중 하나는 핵무기였다. 전쟁 초기에 레이다 개발에 주력했던 미국은 진주만 사건 이후, 나찌 독일의 핵무기 개발 가능성에 대처해야 한다는 망명 독일 과학자들의 제안을 받아들여 원자폭탄 개발을 본격적으로 추진했다. 이것이 일명 '맨하탄 프로젝트'로 우리에게 잘 알려진 것인데, 이는 '군산학 복합체'라는 기술 패러다임을 보여주는 것이었다. 이 프로젝트는 군대, 산업체, 대학, 연구소 등이 총동원 되었으며 3년 동안 12만 5천명의 인원과 20억 달러의 자금이 소요되는 대규모 사업이었다. 미국은 맨하탄 프로젝트를 통해 개발된 원자폭탄을 이미 일본의 패배가 확실시 되는 상황이었음에도 불구하고 1945년 8월, 히로시마와 나가사키에 투하하였다. 당시, 원자폭탄의 엄청난 파괴력은 현재까지도 각종 질병을 유발하고 생태계를 파괴하고 있으며 핵무기 및 핵실험에 반대하는 반전반핵운동을 불러 일으켰다. 1946년 결성된 세계과학노동자 연맹 소속의 과학기술자들은 핵무기의 위험성에 대한 대중적 관심을 이끌어 내었고 이를 통해 부분적이지만 핵실험 금지조약, 비핵 확산 조약, 탄도탄 요격 미사일 협약 등과 같은 국제 정책을 만들어 내는 성과를 거두기도 했다. 2차 대전 이후에는 원자력이 동력원으로도 이용되었다. 원자력 발전이 기존의 화력발전에 비해 대량의 에너지 공급이 가능하고 환경오염이 적은 것으로 평가되면서 1960, 70년대에 걸쳐 원자력발전소가 대거 설립되었다. 그러나 1979년 스리마일 섬 사고와 1986년 체르노빌 폭발사고를 경험하면서 원자력의 위험성이 다시 부각되었다. 실제로 1980년대 후반부터는 대부분의 서구 선진국들이 핵 에너지를 동력원으로 사용하지 않으려는 경향을 보이며 현재까지 태양력, 풍력, 수력 등을 이용한 대체에너지 개발에 몰두하고 있다.

컴퓨터 및 반도체 기술은 서로 연계하면서 발전하였다. 2차 대전 당시, 탄도 계산과 핵무기 설계를 위한 대규모의 데이터 처리의 필요성은 컴퓨터기술의 개발 및 발전의 사회적 요인이었다.

1946년에 최초의 전자식 컴퓨터인 에니악(ENIAC)이 개발되었고, 1951년에는 최초의 상업적 컴퓨터인 유니박(UNIVAC)이 개발되었다. 이후 컴퓨터는 진공관을 주요 소자로 하는 1세대를 거쳐 트랜지스터에 의한 2세대와 집적회로를 사용한 3세대로 발전해 나갔다. 트랜지스터는 2차 대전 중에 사용되었던 레이더 검파기의 성능을 개량하는 과정에서 개발되었다. 1950년대에는 실리콘밸리를 중심으로 반도체 개발이 이루어졌으며 1960년대부터 반도체 산업은 본격적인 성장궤도에 진입해 군수용 장비 뿐만 아니라 통신장비 및 산업용 기기로도 사용되고 있다. 1950년대부터 최근까지 컴퓨터 업계를 주도하고 있는 기업은 IBM인데, IBM은 전쟁 기간 동안에 축적된 경험을 바탕으로 1970년대의 중대형 컴퓨터 뿐만 아니라 1980년대의 개인용 컴퓨터(PC) 시장도 장악하였다. 컴퓨터 기술과 통신기술이 결합된 정보통신기술은 현대 사회에서 없어서는 안될 핵심기술이 되었으며, 이는 인터넷이라는 새로운 기술을 만들어냈다. 인터넷은 1960년대 미 국방부의 아르파넷(ARPHA Net)에서 유래한 것으로, 아르파넷은 소련의 핵 공격에도 생존할 수 있는 통신 시스템의 구축이라는 군사적 목적에 의해 개발되었다. 아르파넷은 1972년, 여러 개의 지역적인 네트워크가 아르파넷에 접속되면서 네트워크 사이의 결합을 의미하는 인터넷으로 명명되었고, 1983년 이후에는 TCP/IP 기술을 통해 상호 연결된 네트워크를 의미하는 것이 되었다.

유전자 조작을 통해 생명체를 변형, 조작할 수 있는 생명공학기술 역시 현대 사회의 기술 패러다임을 지배하는 대표적 기술이다. 생명체에 대한 기술이 단순히 그것의 형질이나 기능, 형태 등을 발견하는 것에서 유전자 조작을 통한 생명체의 변형이라는 현대적 의미의 생명공학기술로 가시화된 것은 1973년에 코헨과 보이어(S. Cohen & H. Boyer)가 DNA재조합 실험에 성공하면서부터이다. 유전자 조작 기술은 초국적 기업에 의해 동식물에 적용되었고 1990년대에는 본격적으로 상품화되었다. 1994년 칼진(Calgene)사는 세계 최초로 무르지 않는 유전자 조작 토마토를 개발, 시판하였고 이어서 몬산토(Monsanto)사는 제초제 저항성 콩을, 노바티스(Novartis)사는 병충해 저항성 옥수수를 판매하였다. 이러한 유전자 조작식품은 인체에 대한 유해성 여부가 확실히 해결되지 않아 많은 논쟁을 불러 일으키고 있다. 또한 1997년에는 세계 최초로 체세포 핵이식을 이용한 동물실험으로 복제양 돌리(Dolly)가 탄생하였다. 돌리의 탄생은 인간개체복제의 가능성을 열어 놓음으로써 수많은 윤리적, 사회적 논쟁들을 촉발시키고 있다.

지금까지 살펴본 기술의 역사를 통해 현대기술의 몇 가지 특징과 기술과 관련한 주요 쟁점들을 정리해 볼 수 있다. 첫째, 현대사회에서 기술시스템의 구축과 성장, 즉 기술혁신 과정에 주도권을 행사하고 있는 것은 기업과 기업 산하의 기술연구소라고 볼 수 있다. 과거에는 기술혁신의 주체가 독립적으로 활동하는 개별 과학기술자들이었다면 현대사회에서는 기업체의 기술연구소가 기술혁신의 중요한 주체가 된다. 특히 2차 대전을 계기로 출현한 거대기술시스템과 군산학복합체는 과학기술자들의 집단적인 상호 작용을 증가시켰을 뿐만 아니라 현대사회의 기술 활동에 기술자 사회 외부의 사회적 요소가 강력한 영향력을 발휘하고 있음을 보여준다. 따라서 현대기술의 속성을 제대로 파악하기 위해서는 특정 기술의 발전 방향과 규모에 영향을 미치는 사회적 요소에 대한 이해가 함께 이루어져야 한다. 둘째, 현대기술의 역사는 특정한 사회적 맥락에서 출현한 기술이 이후에는 상이한 용도로 사용되고 이에 따라 다른 사회적 맥락이 창출된다는 점을 보여준다. 원자력이나 컴퓨터 기술의 역사를 통해 알 수 있듯이 같은 기술이라 할지라도 전쟁시와 평화시에 사용되는 용도와 사회적 맥락 및 효과는 각각 다르게 나타났다. 따라서 특정 기술이 사회적 맥락 속에서 인간 및 사회에 미칠 유용성과 위험성을 면밀히 검토하고 예측하는 것이 매우 중요해진다. 셋째, 현대사회에서 기술은 더 이상 과학기술의 영역이나 산업적 영역에만 국한되지 않고 일상생활 전반에 걸쳐 큰 영향력을 발휘하고 있다.[4] 또한 현대 사회에서 기술의 발명과 개발은 수요의 창출로 이어져야 하기 때문에 소비자로서의 일반대중의 역할이 중요해졌을 뿐만 아니라 점차 기술과 관련한 제반 문제의 해결에 참여하고 있다. 반전반핵운동과 환경운동은 대량학살 및 환경 파괴적 기술에 대한 일반대중의 관심을 불러일으키면서 그들의 참여를 이끌어 냈다. 따라서 무조건적인 기술발전을 추구하기 보다는 기술변화의 방향이 어떻게 설정되어야 하며, 기술을 둘러싼 제도가 어떤 방식으로 구축되어야 하는가에 대한 심층적인 논의가 필요하다.

3. 근대 과학기술의 특징

1) 근대 과학기술의 발전

근대의 시작은 과학사에서 패러다임(paradigm) 전환과 함께 시작되었다. 이 전환은 16-17세기에 이르는 과학혁명의 형태로 등장

4) 20세기 이후 현대과학기술의 역사 및 특성과 그것이 제기하는 쟁점에 대해서는 송성수(1999), "보론: 현대기술의 역사와 기술변화의 쟁점", 『과학기술은 사회적으로 어떻게 구성되는가』를 참조하였다.

했다. 17세기는 새로운 과학이 폭발적으로 출현한 '과학의 시대'였다. 코페르니쿠스(Nicolaus Copernicus, 1473-1543)에서 시작하여 케플러(J. Kepler, 1571-1630), 갈릴레오(Galileo Galilei, 1564-1642)를 거쳐 뉴튼(I. Newton, 1642-1727)에서 완성되는 새로운 천문학과 우주구조론, 호이겐스(C. Huygens, 1629-1695)를 거쳐 뉴튼에서 완성되는 고전역학, 베살리우스(A. Vesalius, 1514-1564) 이래 발전해 온 해부학적 지식과 하비(W. Harvey, 1578-1657)에 의해 확인된 피의 순환 등을 통해 확립된 생리학, 그리고 데카르트(R. Descartes, 1596-1650)와 페르마(Pireer de Fermat, 1601-1665) 등을 거쳐 뉴튼과 라이프니츠(G.W. Leibniz, 1646-1716)에 이르는 새로운 수학 등이 동시대에 출현했다. 이 과정은 역사적으로 '과학'이 시민권을 획득하는 최초의 사건이자, 이후 계몽주의 시대를 거치면서 학문의 중심이 될 것을 예견한 사건이기도 했다. 과학은 이제 인간 사회와 자연의 관계를 정의하는 새로운 세계관으로 자리잡게 되었다. 16세기에서 18세기까지의 주요한 과학적 발견을 요약해 보면 다음과 같다.

〈표 1-1〉 근대의 주요한 과학적 발견들 (16-18세기)

시기	발견(발명)자	주요 내용
16세기	코페르니쿠스	- 1543년 <천구의 회전에 관하여>라는 책을 통해 지동설 주장
	베살리우스	- 1543년 직접해부를 통해 사실적인 해부도 작성, <인체의 구조에 대하여>라는 책으로 출판
17세기	젠센 캄피니 뢰벤후크	- 1590년 최초로 현미경 발명 - 1668년 현미경 초점 조절 장치 개발 - 1660년 최초로 현미경을 사용하여 박테리아 관찰
	길버트	1600년에 <자석에 대하여> 출판, 근대 자기학과 전기학 태동

시기	발견(발명)자	주요 내용
17세기	한스 리퍼셰 갈릴레이	- 1608년 망원경 발명 - 1609년 개량된 망원경을 제작, 천체 망원경으로 활용
	케플러	- 행성은 태양을 한 초점으로 하는 타원궤도를 돈다는것(케플러의 제1법칙)과 - 행성이 타원궤도를 도는 속도는 균일한 것이 아니라 태양에서 멀 때는 천천히, 가까울 때는 빨리 돈다는 것(케플러의 제2법칙)을 발견
	하비	- 피가 온몸을 순환한다는 혈액순환이론 발표
	갈릴레이	- 1633년 <두개의 우주체계에 관한 대화> 출판, 지동설 옹호
	토리첼리	- 진공이 존재한다는 사실과 대기압의 위력을 실험적으로 증명
	파스칼	- 1652년 무렵, 유체정력학의 확립에 초석이 되었다고 평가되는 파스칼의 원리 정립
	라이프니츠	- 1675년에 미적분법 발견, 1667년 발표
	로버트 훅	- 현미경을 이용하여 코르크를 관찰, 세포라고 명명
	뉴턴	- 1687년 <자연철학의 수학적 원리>에서 만유인력을 중심으로 한 고전역학체계 성립, 이후 호이겐스, 라플라스 등에 의해 더욱 정교화되고 모든 물리과학의 기본이 됨
18세기	토마스 뉴커맨 제임스 와트	- 1712년 최초의 증기기관 발명 - 산업혁명기에 더욱 발전된 증기기관 전파
	린네	- 1737년 <자연의 체계>를 통해 생물의 분류체계 확립
	아크라이트	- 1769년 수력방적기 개발
	라부아지에	- 화학 반응에서 산소가 갖는 역할 최초 발견, 연소원리 규명
	갈바니	- 1791년 동물전기현상 발견, 전기에 관한 연구의 방향전환계기
	쿨롱	- 쿨롱의 법칙(거리의 제곱에 반비례하는 전기력의 존재) 발견
	라이엘	- 유럽과 북미의 지질조사를 통해 지층의 원리 정립
	제너	- 안전한 천연두 예방법 최초 발견, 1796년 종두법 시행, 천연두예방에 성공
	볼타	- 18세기 말경, 최초의 전지를 만들어냄으로써 전기현상에 대한 연구활성화에 기여

근대 과학의 발전과 함께 자연과 인간의 관계는 근본적으로 변화하였다. 근대 과학이 발전하기 이전에는 인간은 자연에 예속된 존재였으며 인간에게 자연은 경외의 대상이었다. 하지만 과학의 발전, 특히 근대 과학의 집약적인 발전은 과학을 통해 자연을 해부하고, 이를 통해 자연을 '인간의 대상'으로 전환시키는 길을 열어주었다. 과학을 통한 자연의 해부와 이것에서 가능해진 기술의 사용이 근대를 출발시킨 주된 원동력이었던 것이다. 이러한 과학의 발전에 기초하여 근대는 특별한 세계관을 확립시켰다. 인간 존재에 대한 새로운 철학은 인간의 영혼을 신의 모사물로 이해하던 신적 세계관으로부터[5] 인간 스스로의 존재를 해명하는 인간 중심적 세계관으로 전환시켰다. 이는 일정 부분 기계론적 사고와 연결되었는데, 이 시기에 기계란 '과학기술적 이상을 구현한 실체'의 의미로 받아들여졌다. 특히 라 메트리(Julien Offroy de La Mettrie, 1709~1751)의 『인간기계론』(L'homme machine)은 발전해 온 과학기술의 성과들을 인간 존재에 대한 탐구에 적용하여, 인간을 하나의 정교한 기계(machine)로 간주했다. 그에 의하면, 인간과 동물의 내장을 열어 본다면 양자의 차이란 정도의 차이에 불과함을 알 수 있으므로, 인간은 동물, 즉 '감각을 가진 물질'에 지나지 않으며 인간의 영혼을 관장하는 뇌에서 이루어지는 사유도 물질의 한 속성에 지나지 않는 것이다. 이런 점에서 인간은 '스스로 태엽을 감는 기계'라 불릴 수 있는 것이었다.

과학기술의 발전은 기술공학을 통해 현세에 새로운 '유토피아'

---

5) 성경에 따르면 신의 형상을 유일하게 본 딴 존재가 인간이며, 이 때문에 인간은 땅, 하늘, 물에 사는 어떤 존재들보다 우위에 있는 존재로 승인된다.

를 건설할 수 있다는 믿음을 또한 발전시켰다.[6] 근대 이전에 인간의 삶은 신의 세계와 내세(來世)라는 관념에 굳건히 자리잡고 있었기에 현세의 삶이란 성스러운 세계에 대비되는 상대적 가치만을 가진 세계였다. 과학기술의 발전과 인간적 세계관의 등장은 현세의 행복을 더 우선적인 가치로 여기게 만들었고, 유토피아는 이러한 새로운 세계관을 통해 '건설'될 수 있는 현실적인 세계로 변모하게 되었다. 그 핵심 수단이 바로 과학과 기술이 되는 것이다. 이러한 믿음의 한 예로 베이컨(F. Bacon)이 지은 『뉴아틀란티스』를 들 수 있는데, 여기서 베이컨은 새로운 현세의 유토피아를 '과학자들이 지배하는 과학공동체'로 그려내고 있다.[7]

17세기 기계론적 세계관의 과학적 완성은 뉴튼(Newton)에 의해 달성되었다. "나는 가설을 설정하지 않는다." 이것은 뉴튼이 『프린키피아』(Principia, 1687) 2판에서 했던 말이다. 가설이란 눈에 보이지 않는 세계의 운동이며, 이것은 과학의 대상이 될 수 없다는 것이 뉴튼의 생각이었다. 즉 과학은 경험적으로 검증하고 확인할 수 있는 것만을 대상으로 하는 것이며, 과학의 임무는 현상의 본질이나 원인을 다루기보다는 현상의 기술에 만족해도 충분한 것이다. 이러한 과학혁명에 대해 역사학자 버터필드(Herbert Butterfield)

---

6) 유토피아란 '어디에도 없는 장소'라는 의미로, 현실 세계와 반대되는 의미로서의 이상향을 지칭해왔다. 이러한 유토피아를 현세에 구현할 수 있다는 믿음은 근대의 세계관이 세속적이고 경험적인 정향을 가지며, 이를 이끌어낸 동인이 과학기술의 발전에 있었음을 보여준다.

7) 교훈적인 내용을 가진 이 소설은 화자가 항해 중 벤살렘이라는 섬나라에 풍랑을 피해 정박하면서 관찰한 이상적인 국가의 모습을 그리고 있다. 벤살렘은 전세계의 지식과 과학을 수집, 습득하는 학술원 혹은 '6일대학'의 역할과, 이에 기초하여 사회를 운영하는 이상국가의 모델로 제시되고 있다.

는 다음과 같은 평가를 내린다.

> 과학혁명은 기독교 등장 이래 모든 것들을 무색케 할 뿐만 아니라, 르네상스와 종교개혁을 중세 기독교 체제 속에서 일어난 단순한 에피소드 또는 단순한 내부적 변환 정도의 지위로 격하시키고 있다. 그것이 물질적 우주계의 전체 체계도와 인간생활 자체의 구성을 변화시켜 놓은 학문으로, 심지어 비물질적 과학의 학문 활동에서 행해져 온 일상적인 탐구활동의 특성까지도 변화시켰기 때문에, 과학혁명은 마치 근대세계 및 근대 정신구조 – 유럽사에 관한 우리의 관습적인 구분이 하나의 시대착오 내지 골칫거리가 되었다고 하는–의 진정한 기원처럼 거대하게 나타나 보인다(Butterfield, 1968: 5-7).

이러한 새로운 뉴튼의 과학관은 근대 과학 방법의 한 전형이 되었으며, 이것은 새로운 세계관으로서의 계몽사상과 실증주의(positivism)로 연결된다. 실증주의는 과학의 발전에 기초하여 근대적 세계관을 완성한 새로운 철학이었다.

2) 근대적 세계관과 실증주의

계몽사상은 새로운 과학정신의 적자(赤子)였다. 계몽(Enlightment)은 하나의 운동이자 시대정신이었다. 18세기 계몽사상은 뉴튼의 과학에 고무되어, 수학적, 합리적, 경험적, 실험적 방법을 통해 새로운 사회를 건설할 수 있다는 믿음을 공유했다. 그래서 계몽주의자들은 한편으로 방대한 지식의 축적을 통해 자연과 인간사회의 문제들을 해명하고자 하였고, 또 한편으로 새로운 방법론과 이념을 통해 사회를 바꾸고자 하였다. 이러한 새로운 움직임은 '근대'(modernity)라는 새로운 시대정신을 만들어내었다.

근대를 구성하는 많은 요소들을 나열할 수 있을 것이다. 그러나 무엇보다 근대는 새로운 방법을 통해 '인간'을 발견한 시기였다. 역사적으로 인간이라는 주체가 전면에 등장하는 것은 근대 시기를 통해서이며, 인간의 경험, 역사, 현실은 신의 의지와 예정에 정면으로 대립하면서 스스로의 역사적 의미를 드러냈다. 인간의 경험과 현실은 곧 인간 중심의 세계관, 그리고 인간 사회에 대한 관심으로 철학의 방향을 수정하였다. 해밀턴은 계몽사상 속에 공통적으로 들어있는 내용을 다음과 같이 정리하고 있다(Hamilton, 1996: 40-1).

1. 이성: 철학자들은 지식을 조직하는 방식으로 경험과 실험으로 단련된 이성과 합리성의 일차성을 강조했다. 이 점에서 그들은 경험과 무관하게 자명하고 생득적인 관념에 기반한 합리적 사고과정으로 이성을 이해하는 '합리주의적' 이성 개념을 이어받았다. 이 합리주의는 어떤 생각하는 사람을 보여주었으며 17세기에 데카르트와 파스칼이 제기하기 시작한 관념을 이어받았다. 하지만 철학자들은 그들의 합리주의적 견해를 경험주의와 제휴시켰다.
2. 경험주의: 자연과 사회에 대한 일체의 사상과 지식이 인간 존재의 감각기관을 통해 이해할 수 있는 경험적 사실과 대상에 기반해야 한다는 생각.
3. 과학: 17세기 과학혁명에서 발전된 실험적 방법에 기반한 과학적 지식이야말로 모든 인간 지식을 확장시키는 열쇠라는 관념.
4. 보편주의: 과학은 여하한 모든 상황에 적용될 수 있으며, 그 원리가 모든 상황에서 동일하다는 개념. 특히 과학은 예외없이 전 우주를 지배하는 일반법칙을 생산한다.
5. 진보: 인간 존재의 자연적, 사회적 조건은 과학과 이성의 적용을 통해 개선될 수 있으며 행복과 복지 수준을 부단히 향상시키는 것으로 귀결될 것이라는 생각.
6. 개인주의: 개인은 모든 지식과 행위의 출발점이며, 개인적 이성은 좀더 높은 권위에 종속될 수 없다는 관념. 따라서 사회는 개인들의 사상과 행위의 거대한 산물이다.
7. 관용: 모든 인간 존재가 종교적 혹은 도덕적 믿음의 차이에도 불구하고 본질적으로 동일하며, 다른 인종이나 문명의 믿음이 유럽인의 기독교적 정신보다 본래적으로 열등하지 않다는 관념.

8. 자유: 믿음, 교환, 의사소통, 사회적 상호작용, 성과 재산소유에 대한 봉건적 그리고 전통적인 강제에 대한 반대.
9. 인간 본성의 단일성: 인간 본성의 주요한 특징들은 항상 그리고 어느 곳에서나 동일하다는 믿음.
10. 세속주의: 적의에 가득한 반종교주의 유형에서 가장 빈번하게 나타났던 윤리. 전통적인 종교적 권위에 대한 철학자들의 반대는 종교적 정통에서 자유로운 세속적 지식의 필요성을 강조했다.

이성은 17세기 과학의 시기 동안 그 지위를 부여받아, 하나의 철학적 원리로 굳건히 자리하게 되었다. 여기에 결정적으로 공헌한 이는 프랑스 철학자 데카르트였다. 데카르트는 그의 『방법서설』에서 이성의 존재를 다음과 같이 논증한다.

> 우리의 모든 지식이 더 이상 의심할 수 없는 가장 단순한 원리로부터 도출되어야 한다면, 우선 스스로의 출발점이 얼마나 확고한 기초 위에 서 있는가를 따져보아야 한다. 그러나 과연 무엇이 확실하다고 할 것인가? 이 문제를 좀더 조심스럽게 다루기 위해 일단 나는 그 어떤 것도 확실하다고 보지 않을 것이다. ... 그런데 내가 아무리 모든 것을 서슴없이 회의하는 데에서 철학적 탐구를 시작한다고 할지라도 끝내 무엇인가는 내가 더 이상 의심할 수 없을 뿐 아니라 오히려 의심하면 할수록 더욱 확실하게 나타날 수 밖에 없는 한가지가 있으니, 그것은 바로 내가 지금 이 순간에도 의심하고 있다는 것, 다시 말하면 생각하고 있다는 것이다. 내가 외부세계로부터 지각하는 모든 것이 착각일 수도 있고 내가 생각하는 모든 것이 허위일수도 있으나, 이 모든 회의를 통해서도 결국 나는 사유하는 존재로서의 나 자신을 확인할 수 있는 것만은 틀림없다(Descartes, 1997: 2).

즉 모든 것을 회의해도 회의하는 주체인 이성의 존재만은 회의

할 수 없다는 이 명제는 사유하는 이성을 모든 철학과 과학의 제일의 출발점으로 만들었다. 이성은 모든 탐구 작업의 확고한 출발점이 되었고, 이런 이성을 소유한 인간에 대한 확신은 인간 이외의 것을 모두 인간의 대상이자 하위의 존재로 간주하는 결과를 낳았다. 또한 여기에는 베이컨의 경험주의 철학이 이성의 문제를 사고할 수 있는 수단을 제공했다. 과학적 방법의 통일성은 모든 사유의 보편성으로 연결되는 기계론적 사고의 경향을 가짐을 앞서 밝힌 바 있는데, 베이컨의 방법 역시 이러한 보편적 방법을 강하게 희구했던 것이다.

이러한 새로운 세계관은 실증주의(positivism) 철학으로 집약되었다. 실증주의는 주어진 현상의 관찰과 분류에 만족하고 형이상학적 정신처럼 추상적인 이유나 원인을 캐려하지 않으며, 신학적 정신처럼 초월의지를 통해 드러나는 절대 진리를 추구하지도 않는 태도를 지칭한다. 과학의 유일하고도 진정한 과제는 검증할 수 있는 사상(事象)들 간의 관계를 밝히고 그것을 지배하는 법칙을 규정하는 것에 있다. 그렇기 때문에 실증주의는 사물의 본질에 대한 논의를 지향하기 보다는, 있는 그대로의 사물에 대한 관찰과 그 사실들 사이에 존재하는 법칙에 대한 논의를 지향한다. 즉 실증주의는 불확실하고 절대적인 어떤 것에 대한 추상적 탐구를 거부하고 확실하고 상대적인 사실을 관찰하고자 한다.

이러한 실증주의적 정신은 사회학의 창시자인 콩트(A. Comte, 1798-1857)에 의해 체계화되는데, 콩트는 실증주의 정신을 통해 이전 시대까지의 철학과 세계관을 지배해왔던 형이상학적 태도와 대결했다. 이것은 그의 역사관에서 전형적으로 드러나는데, 콩트는 인류의 진보가 신학적 단계에서 형이상학적 단계를 거쳐 실증적 단계로 변화해왔다고 주장한다. 신학적 단계에서 인간의 정신은 여러 현상의 기원과 궁극적 목적을 초자연적 실체, 예컨대 영혼이나 성스러운 존재, 신 등에 의거하여 설명하는데, 기독교적 세계관이 그 한 전형이다. 두 번째 형이상학적 단계에서는 인간 사고는 사물의 처음과 마지막 원리를 발견하려는 노력을 계속하지만, 그것을 본질이나 추상적인 힘, 즉 인간 이성이나 자연법 등에서 찾으려 한다. 마지막으로 실증적 단계에서는 본질이나 원인, 궁극 목적을 찾으려는 것을 포기하는 대신 사실들 간의 상호관련성과 연속성에 대한 설명에 주목한다. 이러한 변화는 지금까지 인류발전과 진보를 가로막고 있던 무지, 환상, 실수의 질곡에서 벗어나 인류를 해방시켜줄 것으로 기대했다. 콩트는 이러한 실증주의 정신하에서 태어난 학문인 사회학을 '사회물리학'(Social Physics)으로 명명했는데, 이것은 그의 사회학이 어떤 위치에 있기를 기대했는지를 여실히 보여준다. 즉 형이상학(meta-physics)에서 벗어나 뉴튼의 과학적 방법인 물리학(Physics)를 지향하는 사회물리학이야 말로 새로운 학문 정신을 상징적으로 보여줄 것으로 기대했던 것이다.

방법론으로서의 실증주의는 엄격한 과학적 방법, 즉 관찰과 실험, 그리고 비교를 옹호한다. 관찰이란 단순히 잡다한 사실을 무작정 찾는 것이 아니라 '예비적 이론의 도움'을 통해 사실을 관찰하는 것, 즉 예비적 이론의 도움 하에 '한 사회적 사실이 다른 사실과 관련을 맺게 될 때 비로소 그 사회적 사실은 과학적 의미를 띠게' 되는 방법을 의미한다. 두번째 방법인 실험은 과학적 방법의 핵심이며, '현상의 규칙적인 과정이 명확한 방식으로 간섭을 당하는 곳에서는 언제나 실험이 이루어진다'. 마지막으로 비교의 방법은 '절대주의적인 사고를 변화시키는데 지대한 공헌을 하는' 방법이다(Coser, 2003: 5).

실증주의의 공과에 대해서는 많은 논쟁과 비판이 이루어진 바 있지만, 객관적으로 이해되어야 할 것은 이 새로운 철학이 근대라는 새로운 세계관으로서, 이전의 종교적 세계관으로부터 벗어나는 근거를 제공했다는 사실이다. 그리고 지금 우리는 실증주의 속에서 형성되어 온 근대를 이해하고 또한 반성하면서, 이를 극복하기 위한 흐름의 한 가운데에 서 있는 셈이다.

4. 과학기술혁명과 현대 사회

기술은 자연을 이용하는 인간의 합목적적 행위 일반을 지칭하는 것이지만, 대체로 기술은 또한 과학적 지식에 힘입어 발전해 온 것이 사실이다. 그러나 통상적으로 과학이 제공하는 지식과 이론이 기술로 전화하기 까지는 상당한 시간적 지체와 괴리가 존재했었다. 이런 예들은 상당히 많이 찾아볼 수 있는데, 예컨대 레오나르도 다빈치(Leonardo da Vinci, 1452-1519)가 구상했던 비행기계가 실제 라이트 형제의 비행기로 실현되기 까지는 400여년의 시간이 필요했다. 또한 수학자 파스칼(Blaise Pascal, 1623-1662)이 고안했던 가산기계(adder)는 300여년이 지난 1946년에 이르러서야 진공관 소재를 이용한 컴퓨터로 현실화될 수 있었다.

하지만 현대 사회에서 과학과 기술은 이러한 시간적 괴리가 해소되고, 과학적 지식이 바로 기술로 응용되거나 혹은 기술 개발의 과정에서 새로운 과학적 원리가 발견되는, 즉 과학과 기술이 직접적으로 융합되는 과학기술혁명(scientific technological revolution)으로 발전하고 있다. 현대 과학기술혁명의 특징은 1) 과학의 선행적 · 지도적 발달을 조건으로 한 과학혁명과 기술혁명의 통일적 융합, 2) 과학의 직접적인 생산력으로의 전화를 통한 생산 자체의 과학화, 3) 생산과정상의 제요소의 단일화, 자동화된 생산체계 속으로의 통합, 4) 생산의 기술적 기반의 질적 변화로서의 인간 · 기계 시스템의 변화, 5) 과학기술노동자 등 새로운 노동자층의 형성, 6) 과학기술의 광범한 이용과 이에 따른 생산의 외연적 발전에서 내재적 발전으로의 변화 등으로 요약된다(배손근, 1992: 134-5). 즉 과학기술혁명 하에서 과학과 기술은 곧바로 생산에 응용되고, 이를 통해 비약적인 생산력의 향상을 가져오고 있는 것이다. 이런 조건 하에서 기술은 근대의 상황과는 완전히 다른 형태를 띠게 된다.

현대의 과학 연구는 대규모의 사회적 투자를 필요로 하며, 그 투자의 자원은 기술 개발을 목적으로 하는 정부나 기업을 통해 주로 조달된다. 이런 이유에서 제도화된 것이 '산학협동 프로그램'인데, 이것의 대부분의 목적은 기술개발과 상품화를 지향하고 있다. 또한 정부에 의해 주도되는 대규모 투자는 과학적 지식의 증진 보다는 산업적 활용이나 군사적 목적을 명백히 표명하고 있다. 이런 과정을 통해 이제 기술이 전면에 부상하고 과학은 기술의 전단계, 예비 작업으로 전도되어 버린다. 우리 사회에서 '기초 과학'이라는 명명법이 이런 상황을 잘 대변한다. 즉 응용과 상품화를 위한 기초연구라는 의미가 '기초 과학'이라는 표현 속에 숨어 있다.

응용 및 상품화가 과학과 기술의 주목적이 되는 것은 현재의 자본주의 시스템 속에서는 불가피한 측면이 있다. 그럼에도 불구하고 과학과 기술은 명백히 구분될 필요가 있으며, 응용과 상품화가 과학과 기술의 발전을 선도해가는 현실은 달라져야 한다. 과학은 세계에 대한 관찰과 실험 등을 통해 진리, 즉 이론적 지식을 생산하는 데 목표를 두며, 기술은 인간이 자연세계에 작용하여 사물을 인간의 삶에 유용하도록 변형시키는 수단과 방법을 총칭한다. 과학이 생산하는 것은 보편적인 지식이며, 이것은 전체 사회를 위한 유용성을 산출한다. 때문에 과학이 생산하는 지식은 사회의 공공재(public goods)로서 모든 사회 성원에게 열려있어야 하며 그 혜택이 배분되어야 한다. 기술은 특히 강하게 사회적 가치판단과 합의의 대상이며, 이러한 사회의 구성적 힘을 강화함으로써 기술이 상품화나 특정한 정치적 목적으로 쉽게 연결되는 과정에 개입할 수 있어야 한다. 이런 과정을 통해 기술의 자립화가 야기하는 부정적 결과들을 최소화할 수 있어야 할 것이다.

생각해 볼 문제

1. 현대 사회에서 과학과 기술의 관계에 대해 생각해 보자.
2. 우리는 근대 과학적 세계관을 어떻게 반성해야 하는가?
3. 기계론적 세계관이 가지는 위험에 대해 토론해 보자.
4. 시스템으로서의 기술의 의미에 대해 생각해 보자.

참고문헌

김남두(1992), "인간과 과학", 『과학사상』 창간호, 범양사.
김영식(1994), 『역사와 사회 속의 과학』, 서울대학교출판부.
박호강(1995), "근대서구의 기술유토피아의 이상과 실제," 「한국사회학」 29권 1호.

배손근(1992), “현대과학기술혁명과 노사권력구조의 변화”, 『과학기술혁명과 한국사회』, 고려대학교 평화연구소.
송성수 편역(1995), 『우리에게 기술이란 무엇인가』, 녹두.
오진곤 편(1993), 『과학과 사회』, 전파과학사.
이인식 외(2001), 『현대과학의 쟁점』, 김영사.
이장규 · 홍성욱(2006), 『공학기술과 사회』, 지호.
이택식(1996), 『공학과 공학자 그리고 기술』, 서울대학교출판부.

Bacon, F. 김종갑 역(2002), 『새로운 아틀란티스』, 에코리브르.
Butterfield, H. (1968), *The Origins of Modern Science: 1300-1800*, G. Bell and Sons Ltd.
Calinescu, M. 이영욱 외 역(1993), 「모더니티의 다섯 얼굴」, 시각과 언어.
Chandler, A.D.(1978), *The Visible Hand*, Harvard University Press.
Comte, A. 김점석 역(2001), 「실증주의 서설」, 한길사.
Coser, Lewis A. 신용하 역(2003), 『사회사상사』, 시그마프레스.
Descartes, R. 이현복 역(1997), 『방법서설』, 문예출판사.
Habermas, J. 하석용 · 이유선 역(1993), 『‘이데올로기’로서의 기술과 과학』, 이성과현실사.
Hamilton, P. (1996), “계몽주의와 사회과학의 탄생”, S. Hall & B. Gieben ed. 전효관 · 김수진 · 박병영 역(1996), 『현대성과 현대문화』, 현실문화연구.
Kuhn, Thomas. 김명자 역(1999), 『과학혁명의 구조』, 까치.
Moraze, C. 조홍섭 편역(1984), “과학기술과 현대사회의 불평등”, 『현대 과학기술과 인간해방』, 한길사.
Rifkin, J. 이영호 역(1996), 『노동의 종말』, 민음사.
Stroobant, M. 박주원 역(2003), 『노동사회학』, 동문선.

Wiebe E. Bijker 외, 송성수 편저(1999), 『과학기술은 사회적으로 어떻게 구성되는가』, 새물결.

Womack, J.P., D.T. Jones, D. Roos and D.S. Carpenter, 현영석 역(1991), 『생산방식의 혁명』, 기아경제연구소.

제 2 장 기술과 사회의 상호작용

1. 관계로서의 기술을 이해하기

기술과 사회는 서로 밀접한 관련을 맺으면서 상호작용한다. 다시 말하면, 기술이 사회와 무관하게 개발, 발전하여 사회에 영향을 주는 것도 아니며, 또한 사회도 기술과 무관하게 그 질서를 유지해 갈수는 없다. 사실상 오늘날의 기술은 하나의 시스템이기 때문에 기술은 반드시 사회관계를 포함하게 된다. 전산망의 경우를 예를 들어 보면, 그 핵심에는 컴퓨터라는 기술적 고안물이 있지만, 또한 컴퓨터 관련 개발 및 유지 인력들과 이들 간의 사회관계, 이들을 고용하는 기업, 그리고 전산망을 이용하는 일반 이용자들 등 복잡한 사회관계가 얽혀 있다.[8] 그렇기 때문에 기술과 사회의 관계를 말한다는 것은 양자가 서로 어떤 영향을 미치는가, 특정 현상을 야기하는 것은 양자의 어떤 결합 양상에 기인하는가, 또 양자가 상호 결합함으로써 어떤 새로움이 창출되는가에 관련된 문제인 것이다.

---

8) 특히 이렇게 시스템으로서의 기술에 주목하는 이론은 기술시스템 이론이라 하는데, 이는 이 책의 3장에서 자세히 다룰 것이다.

그동안 기술과 사회의 관계에 대한 매우 격렬한 논쟁이 제기되어 왔다. 기술은 근대 사회 전체를 지배하는 하나의 거대한 힘으로 여겨져 왔으며, 비판이론가들은 자본주의적 합리성에 기초한 사회 지배가 기술적 지배를 핵심으로 하고 있음을 비판한 바 있다. 기술은 일반적인 대중의 시각에서도 사회 변화를 이끄는 가장 중요한 동인으로 쉽게 이해되며, 이것은 기술결정론이라는 왜곡된 믿음을 낳게 된다. 이러한 기술결정론에 대한 강력한 반대가 과학기술사회학이라는 영역을 개척해 왔다.[9] 또한 기술은 하나의 중립적 도구라는 믿음도 결합되어 있는데, 앞서 1장에서 살펴본 바와 같이 근대 과학기술은 이미 그 속에 하나의 세계관을 내포하고 있기 때문에 순수하게 중립적인 기술이란 존재할 수 없다.[10] 따라서 보다 바람직한 시각은 기술을 사회와의 관계 속에서 이해하는 것이다.

이 장에서는 기술과 사회의 관계에 주목하여, 사회적 맥락 속에서 기술이 형성되는 부분, 그리고 기술이 사회에 미치는 영향을 균형적으로 이해해볼 것이다. 여기서 살펴보는 기술과 사회의 상호 연관성은 일반론으로서 인정될 수 있는 기술-사회 상호성의 측면들에 해당된다. 먼저 기술 발전에 사회가 강하게 영향을 미치는 경우를 살펴보자.

2. 기술 발전에 미치는 사회의 영향

1) 사회적 수요의 원리

현대 사회에서 기술은 사회와 유리된 채 존재할 수 없으며 기술

9) 이에 대해서는 이 책의 3장에서 자세하게 다루고 있다.
10) 기술의 정치적 성격에 대해서는 이 책의 4장에서 다룬다.

개발이 이루어지는 방식은 특정한 제도의 형태를 취하고 있다. 대학의 연구소나 기업의 연구소 및 개발부서, 국가 연구소 등이 대표적인 기술개발 제도이며, 이러한 제도들은 사회의 흐름에 따라 그 개발의 동기와 방향이 정해지기도 한다. 특히 자본주의 사회에서 기술은 하나의 상품, 그것도 부가가치가 매우 높은 고가의 상품인 경우가 많기 때문에 시장적인 수요 · 공급의 지배를 받기도 한다. 즉 사회적 수요가 존재함으로써 특정한 기술이 개발, 발전되는 경우가 상당히 많은 것이다. 대표적으로 산업 현장에서 일반적으로 사용되는 NC 머신(Numeric Control Machine)의 경우를 들 수 있다. 원래 NC 머신은 이착륙 시에 손상되는 헬리콥터 날개의 정밀 가공을 위한 군사적 필요 때문에 개발된 것이었다. 이것이 산업에 적용되어 오늘날 금속 가공의 대표적인 수단으로 활용되고 있는 것이 바로 NC 머신이다. 이것은 군사적 필요가 새로운 기술을 만들어낸 대표적인 사례로 지적된다.

또한 최근 정보사회를 추동해가고 있는 중요한 기술적 발전들, 즉 컴퓨터나 네트워크, 모바일 통신 등은 모두 사회적 수요에 부응하는 상품의 형태로 제공되고 있는 것도 한 예이다. 정보사회학자 다니엘 벨(D. Bell)은 정보사회의 출현을 엄청난 양의 정보처리에 대한 사회적 수요가 필연적으로 정보처리기술의 발전을 가져왔다고 주장한다. 예컨대 역사상 가장 대규모의 조사 연구 중 하나인 1974년에 이루어진 지구대기권 조사를 위한 대서양 열실험은 7,000개의 테입과 140억비트에 달하는 정보를 수집하였으며, 이 수집된 자료를 분석하는 데에만 몇년이 걸렸다. 이런 방대한 정보가 발생하는 사회에서 빠른 정보처리 기술에 대한 수요는 필연적이라는 것이다(Bell, 1993: 109-110).

물론 엄밀한 의미에서 사회가 기술을 '결정'한다고 주장할 수는 없다. 기술과 사회는 본질적으로 서로 상호작용하는 관계 속에 놓여 있지만, 사회적 필요와 상품적 수요가 기술의 상품화와 특정 방향의 기술 개발을 추동하는 것은 부정할 수 없는 사실이다.

2) 문화적 수용력과 선택성

문화적 수용력이란 특정 기술이 사회에 수용될 수 있는 정도를 지칭한다. 어떠한 기술적 발명이나 혁신도 문화적 상황이 새로운 기술 요소를 수용할 만한 단계에 도달하기 전에는 일어날 수 없으며, 또한 어느 수준까지 문화가 발전하면 사람들의 욕망이나 수요와는 다소간 별개로 기술적 혁신이 발생할 수 있다. 역사적으로 이러한 문화적 수용력이 부재함으로써 기술적 혁신이 현실화되지 못했던 사례는 무수히 많다. 잘 알려진 레오나르도 다빈치의 '비행기계' 구상은 기술적으로도 부족했지만 사회적 분위기가 비행기의 구상을 수용하지 못했기 때문에 결국 현실로 만들어지지 못했던 경우다.

이러한 문화적 수용력은 기술이 사회 속에서 고립적으로 존재하면서 영향을 만들어내는 독립 변수가 될 수는 없음을 보여준다. 사회와 무관한 특정한 기술이 '하늘에서 떨어지듯' 만들어지는 경우도 별로 없거니와, 이것이 문화적 수용력 속에서 어떻게 이해되는가를 잘 보여준 경우가 'The God Must be Crazy'라는 영화다. 우리에게 「부시맨」이라는 제목으로 잘 알려진 이 영화는 현대 사회와 고립된 원시 부족 사회에 콜라병 하나가 떨어져 발생하는 사건들을 그리고 있는데, 이 영화에서 주목되는 것은 낯선 새로운 기술이 부족 사회의 문화 속에서 이해되지 못하면서 어떻게 '재해석'되는가를 보여준다는 점이다. 즉 기존의 문화체계와 해석의 약호 속에서 해석되지 않는 새로운 기술은 존재하는 익숙한 해석 약호로 번역되어 '신'이 보낸 물건이라고 해석되어 버린다. 헬렌 조페(Helene Joffe)라는 사회심리학자는 이것이 미지의 것에서 오는 두려움을 해소하기 위한 인간의 행동양식이라 규정한다. 즉 낯선 것은 두려운 것, 위험한 것이지만, 기존의 지식체계 속에 들어있는 것은 안전한 것이기 때문에 이 두려운 낯선 것을 안전한 것으로 재해석하는 메커니즘이 작동한다는 것이다. 하지만 이런 잘못된 번역 시스템은 때로 커다란 위기를 가져오기도 한다. 체르노빌과 같은 원자력발전소의 참사에도 불구하고, 원자력발전소 근무자들은 다른 일반 사람들에 비해 자신은 더 안전하다는 낙관론의 오류를 갖고 있다는 사실이 보고되었다. 이것은 '나완 상관없는, 다른 사람의 일' (Not me, the other!)라는 일반화된 문화적 기제의 한 양상인 것이다(Joffe, 2002). 이 영화의 결말은 문화적 수용력이 부재할 때 새로운 기술이 어떻게 귀결되는지를 상징적으로 보여준다. 모든 분란의 원인인 콜라병을 처리할 임무를 맡은 부시맨은 그것을 원래 있던 자리, 즉 세상의 끝에 있는 신의 나라-실상 거대한 폭포를 만난 것이지만-로 되돌려 놓는다.

수용력과 유사하게 문화적 선택성의 원리도 기술 발전에 영향을 미친다. 고전 사회학자인 막스 베버(Max Weber)는 자본주의의 발전이 서구와 동양에서 어떻게 달랐으며, 결과적으로 왜 서구에서만 자본주의가 출현했는가를 종교와 사회의 관계에서 찾아내고 있다. 베버에 의하면 자본주의화는 두가지 가능한 길이 있었는데, 하나는 투기적 자본주의로, 이윤을 창출하기 위해 정복과 폭력을 사용하며, 특히 식민지 건설과 노예무역 등을 통해 자본축적을 이룩하는 경로다. 또다른 자본주의의 길은 합리적 자본주의인데, 이것은 노동을 이용하는 합리적 수단과 비폭력적 행위에 의존하는 방법이다. 베버는 이 합리적 자본주의는 특정한 조건, 특히 문화적 환경 속에서만 가능했다고 주장하며, 그 문화적 환경을 종교로 지목한다. 자본주의 사회는 세속화된 사회로, 물질적 가치가 지배하며 내세에서의 구원 보다는 현세의 부를 획득하는데 더 관심을 가진다. 이러한 속에서도 자본가들이 검약과 절약의 습관을 가지고 합리적으로 이윤을 극대화하기 위해 도구적인 방식의 경제적 행위를 하는 것은 특정 종파, 즉 17세기 칼빈주의가 가졌던 종교적 태도인 소명(vocation)과 관계가 있었다. 소명이란 하나님의 부름을 받았음을 의미하는데, 세속적 금욕주의를 통한 성취는 이 부름을 받았음을 확인하는 증거가 되었다. 그 결과 소명과 현실적 금욕이라는 종교적 강제가 합리적인 자본주의적 행위를 낳았다는 것이다.

이런 점에서 특정 시기와 사회에서의 기술은 강하게 그 사회의 문화적 분위기와 가치의 작용을 받는다는 사실을 알 수 있다.

3) 정치적 결정과 계획된 변동

기술이 중립적인가 아니면 정치적인가에 대한 첨예한 논쟁이 존재한다. 기술이 중립적이라고 믿는 견해는 기술이 가져오는 결과는 그것을 어떻게 사용했는가에 따라 달라진다는 주장을 견지하며, 기술이 정치적이라는 견해는 특정 기술은 그것의 특유한 결과를 야기한다고 주장한다. 이 두 입장의 논쟁은 4장에서 자세히 살펴볼 것이지만, 어떤 정치적 결정에 따라 기술 발전과 선택의 양상이 달라진다는 뚜렷한 증거들이 존재한다. 기술의 선택이 정치적 결정과 연관을 가지는 대표적인 경우는 기득권 세력이나 지배 집단의 유지를 위해 특정 기술을 선택하는 경우라 할 수 있다. 예컨대 '평화의 댐'의 경우가 대표적인데, 북한의 수력을 통한 침략 위협을 부각시키면서 국민의 성금을 모아 건설했던 다목적 댐인 평화의 댐은 결국 침략 위협이 과장되거나 왜곡되었음이 드러났다. 이 경우 댐이라는 발전 및 수자원 이용 기술은 북한의 침략 위협을 선전 · 선동하여 사회 내부적인 결속과 정치적 동원을 이끌어 내기 위한 정권의 정치적 수단으로 이용된 것이다.

정치적 결정에 의한 기술의 선택 및 개발은 대부분 특정 집단의 이해관계와 관련되어 있기 때문에 사회적 논쟁을 불러일으키는 것이 보통이다. 이 경우 갈등은 두가지 양상을 띠는데, 하나는 이해 당사자들 간의 첨예한 이해대립의 형태를 띠는 경우와, 다른 하나는 특정 정치적 목적과 사회적 공익이 충돌하는 형태를 띤다. 전자의 경우의 대표적인 사례가 부안 핵폐기물처리장 사태로, 저준위 핵폐기물 처리장이 반드시 필요한, 핵발전시설을 운영하는 정부의 이해관계와, 이것이 지역으로 올 경우의 피해 때문에 건립을 반대한 부안 주민들의 이해관계가 정면 충돌한 것이었다. 후자의 경우는 새만금 건설사업을 예로 들 수 있다. 정권의 지역개발 전략 및 주민의 경제활성화의 이해관계가 갯벌이라는 공공재를 보호하기 위한 시민단체와 충돌한 경우로, 이것은 격렬한 사회적 논쟁을 불러일으키며 발전이냐 환경이냐의 대립을 구성했다.

또한 현대 사회에서 사회 변동은 계획된 사회적 실천, 즉 정책과 운동 등을 통해 이루어지는 경우가 점점 더 많아지고 있다. 그 이유는 한편으로 사회가 조직화되고 세분화될수록 우연적인 힘이 작용할 여지가 점점 줄어들기 때문이며, 또 하나는 계획된 실행을 통해 사회 변동을 야기할 수 있는 강력한 행위자가 존재하기 때문이기도 하다. 이러한 계획된 변동의 주체로서 무엇보다 주목해야 할 것은 국가다. 국가는 그 정치체가 어떤 형태를 띠고 있든 강력한 권력을 소유하고 있는 행위자다. 이러한 국가는 특정 상황에서 스스로 행위자로 등장하여 사회변동을 야기할 수 있는 힘들을 행사한다. 우리 사회의 경우 대표적인 것이 산업화 과정에서 국가가 경제 주체로 등장하여 강력한 개발정책을 폈던 경우다. 국가는 전략적으로 육성할 산업과 핵심 기술을 선정하고, 이를 정책적으로 뒷받침하였으며, 노동력에 대해서는 체계적인 관리를 통해 지속적인 양질의 노동력 공급을 뒷받침했다. 또한 국가가 교육자로서 전면에 나서서 근대화, 과학화 등의 노력을 기울인 것도 우리 사회의 특징이다. 이러한 국가의 행위는 현재에 있어서도 기술 발전을 가져오는 강력한 힘으로 작용하고 있다.

기술의 정치적 결정이나 계획된 변동에서 견지되어야 할 원칙은 특정 집단의 이해관계가 배타적으로 옹호되어선 안되며, 공공성이 그 가장 우선순위에 두어야 할 원칙이 되어야 한다는 점이다. 기술이 사회에 미치는 영향이 점점 더 커져가고 있는 상황에서 기술이 특정한 이해관계나 권력에 의해 좌우된다면 그 결과는 공공의 이익을 침해하는 매우 부정적일 것이기 때문이다.

3. 기술 발전의 사회적 결과

오늘날 기술은 사회의 변화를 이끌어내는 가장 강력한 힘들 중의 하나다. 이번에는 기술의 발전과 특정 기술의 도입이 사회적으로 어떤 결과를 가져오는지를 살펴보자.

1) 경제와 생산의 변화

기술 발전의 직접적인 결과 중의 하나는 그것이 생산에 활용됨으로써 생산 시스템의 변화를 가져오거나, 더 나아가 경제 구조 자체에 변화를 가져오는 것이다. 농업 중심의 경제에서 제조업 중심 경제로의 이행이 완성되는 것은 대량생산 방식, 즉 포드주의의 성립을 통해서다. 포드주의란 용어는 원래 이탈리아 맑스주의 이론가인 그람시(A. Gramsci)가 처음 사용한 것으로, 대량생산에 기초하여 새로이 등장한 미국식 생활양식과 사회구조를 지칭하는 것이다. 미국 포드(Ford) 자동차 회사는 1908년 모델 T를 양산하기 시작했다. 모델 T는 이전의 자동차들과 비교해서 많은 혁신을 담고 있었는데, 그 중 가장 중요한 첫 번째 혁신이 바로 '표준화'의 원리가 적용된 것이었다. 부품의 호환성과 그 장착의 용이성을 가능하게 하는 것이 바로 표준화이며, 이 표준화야 말로 대량생산(mass production)를 가능하게 하는 관건이었다. 표준화는 조립 비용을 획기적으로 감소시키면서 동시에 작업 속도를 크게 개선하는 결과를 가져왔다. 표준화가 도입되기 전의 조립공정의 평균 작업주기는 514분에서 표준화 도입 후 2.3분으로 비약적으로 감소했다.

두번째로 대량생산 시스템의 기술적 요소는 켄베이어 벨트(conveyer belt)라는 고안물이었다. 작업장 내에서 이 자동차 저 자동차로 이동해가며 작업을 수행하는 것은 문제를 일으켰다. 즉 1-2야드 밖에 안되는 거리지만 시간이 소모되었고 빠르게 움직이는 작업자가 느리게 움직이는 작업자를 추월하게 되어 작업 정체가 빈번히 발생하였다. 발상의 전환은 자동차 사이를 노동자들이 이동해다니는 것이 아니라, 노동자는 한 지점에 고정되어 있고 자동차가 노동자 앞으로 이동해오는 장치를 고안하게 되었는데, 그 것이 바로 컨베이어 벨트다. 컨베이어 벨트가 고안된 후의 작업 변화를 호레이스 아놀드(Horace Arnold)와 페이 파우로트(Fay Faurote)는 다음과 같이 비교하여 보여주고 있다.[11] 그 경제적 효과는 놀라울 정도다.

〈표 2-1〉 컨베이어 벨트 도입 전후의 조립소요시간 비교(1913년, 1914년)

	컨베이어 벨트 도입전 (1913년 가을)	컨베이어 벨트 도입후 (1914년 봄)	시간단축율
엔진	594분	226분	62%
자석발전기	20분	5분	75%
차축	150분	26.5분	83%
최종조립	750분	93분	88%

이렇게 기술의 변화는 생산과 경제의 변화에 직접 연결되어 있으며, 특히 현대의 기술 발전은 생산혁신을 위한 목적으로 개발되는 것이 대부분이다. 오늘날 또다른 산업 분기의 형태를 보이고 있는 정보산업과 정보기술의 발전 역시 장기적으로 새로운 경제발전을 이끌어 낼 것이 분명하다.

2) 일과 직업의 변화

기술 발전에 따른 생산과 경제의 변화는 인간의 노동 형태를 바꾸고 직업의 양상도 바꾸어 놓는다. 오르테가 이 가셋이 지적했듯이 과학기술의 시대에는 과학적 원리와 기술적 지식이 체계화되면

11) Womack et. al, 1991: 54에서 재인용.

서 이에 따른 전문 노동력이 각각의 업무를 담당하는 분화된 형태를 취하게 된다. 이전에 지배적이었던 장인의 숙련은 체계화된 지식, 과학적 원리로 전화되고, 과학자, 기술자, 실행 노동력 등으로 전문화된다. 또한 이러한 변화는 과학기술을 주도하는 기업 조직의 분화와 연결되어 새로운 노동력과 직업이 출현했다. 조직 규모의 거대화와 노동의 분화로 인해 관리 노동이 분화되기 시작하여 '사무실 노동'을 담당하는 직업들, 즉 화이트 칼라(white collar)가 대량으로 성장했다. 대량생산의 발전은 기업 규모의 거대화와 함께 시장 규모의 급격한 확장을 가져왔는데, 이런 상황에 적응하기 위해 출현한 기업 조직의 혁신이 다단위 사업체(multi-department business enterprise)로의 변화다. 경제사학자 챈들러(A.D. Chandler)에 의하면 이런 조직 구조는 기업에 대한 체계적 관리의 필요성, 그리고 시장의 복잡성과 불확실성의 증대에 따른 시장 조직화의 필요 때문에 출현한 것이다(Chandler, 1978: 241). 이 다단위 사업체의 형성은 기업 내 부서간 기능적 상호의존성을 높이며 또한 노동력을 직종별, 직급별로 위계화하는 원리에 기초해 있는데, 이 위계화 구조 속에서 새로 등장한 중간 관리자가 바로 기존의 노동자와 구분되는 화이트칼라인 것이다. 화이트칼라 집단은 20세기 동안 빠르게 성장하여 대부분의 국가들에서 육체 노동자의 수를 이미 능가하고 있으며, 또한 기술과 과학의 발전으로 산업 내부의 변화들이 심화되면서 노동자 내부의 변화 역시 가속화되고 있다. 아래의 표는 우리 사회에서 직업 변화가 얼마나 급격하게 이루어지고 있는가를 보여주고 있다.

최근에 일과 직업의 변화를 이끌어내고 있는 가장 중요한 기술적 발전은 정보기술이다. 정보기술의 발전 및 기업 정보화의 진전으로 새로운 직업들이 창출되고, 전사회적 직업구조가 빠르게 변화하고 있다. 아래의 표에서 보듯 정보화의 핵심 직업군인 전문가, 관리직, 서비스직은 80년대 이후 급격한 성장 추세를 보이는 반면, 농림어업, 생산직 직업군은 점점 그 구성비가 감소하고 있다. 기술변화의 속도가 빨라질수록 이러한 직업 구조의 변동은 더욱 심해질 것이다.

〈표 2-2〉 한국 사회의 직업구성 변화 추이: 1955-2000

연 도	1955	1960	1966	1970	1975	1980	1985	1990	1995	2000
전문직	1.6	2.4	2.8	3.2	3.3	4.5	5.8	7.4	10.5	13.3
관리직	1.2	1.3	0.9	1.0	0.8	1.1	1.5	2.1	4.3	5.2
사무직	2.4	2.6	4.3	5.9	6.7	9.5	11.5	15.4	14.5	14.6
판매직	4.5	8.3	10.7	10.2	10.5	12.1	15.5	14.0	15.8	15.0
서비스직	2.1	5.2	5.4	6.7	6.5	7.1	10.8	8.8	11.8	14.0
생산직	8.7	13.4	19.2	21.8	23.0	28.1	30.3	31.6	27.0	24.0
농·임·수산업	79.5	66.7	56.8	51.2	49.2	37.6	24.6	20.7	16.1	13.9
계	100.0	100.0	100.0	100.0	100.0	100.0	100.0	100.0	100.0	100.0

자료: 정보통신정책연구원, 2002: 17.

3) 인구 생태적 변화

특정 기술의 발전은 인구의 성장과 생태적 분포에도 변화를 가져온다. 근대 과학과 기술의 발전은 자연 이용을 가속화시켜 자연 생태계에 큰 영향을 주었다. 특히 도시화와 산업화의 진전은 자연을 이용가능한 자원으로만 간주하면서 삼림의 개간, 습지의 매립 등 환경 변화를 가져왔다. 『월든 Walden』을 저술한 소로(H.D. Thoreau, 1817-1862)는 17세기에 이미 경제발전의 결과 20헥타르 이상의 삼림이 농지로 개간되었음을 보고하고 있으며, 1880년까지 메사추세츠 주의 40%만이 삼림으로 인정될 정도로 대규모로 개간이 이루어지기 시작했다(Worster, 2002: 93). 19세기 이후 본격적인 산업화와 함께 자연 생태는 큰 변화를 겪었다. 특히 20세기 초에 성립된 포드주의적 대량생산 체제는 고에너지 소비체제이어서 자연 자원의 이용을 가속화시켰다. 석탄과 석유 에너지를 비롯, 대량생산에 필요한 모든 원료들을 자연에서 얻어면서 자연은 심각하게 훼손되기 시작했다. 생태주의자이자 경제학자인 리피에츠(A. Lipietz)는 산업화 이후 지속되어온 대량생산 패러다임을 '생산제일주의'라 칭하면서 이것의 결과가 바로 생태 파괴라고 지적한다. 대량생산 기술은 본질적으로 자연을 집약적으로 이용하는 체제이며, 그 결과는 자연 생태의 급격한 변화와 파괴일 수 밖에 없다는 것이 그의 주장이다.

기술 발전은 사회 생태에도 영향을 미친다. 산업화의 진전은 이전의 지역 공동체를 약화 혹은 해체하면서 도시로의 인구집중, 즉 도시화를 촉진시켰고, 도시는 자연과 유리된 인공적 공간으로 변모해왔다. 도시의 삶은 이전의 대면적이고 정서적이며 집합적인 삶의 경험들을 상실하고, 대신 공적 생활과 사적 생활의 명확한 분리, 속도, 개별적인 삶을 만들어냈다. 최근에는 정보기술과 교통기술의 발전으로 거주 지역, 산업 지역, 유흥 지역 등 도시의 분화가 가속화되고 있고 탈도시화의 경향이 등장하고 있다. 이러한 사회적 생태 역시 기술 발전의 영향을 크게 받고 있는 것이다.

4) 조직 구조의 변화

베버(M. Weber)는 근대 자본주의의 출현과 함께 새로이 등장한 조직을 관료제(bureaucracy)라 지칭한다. 관료제는 조직 행정과 관리의 양적 팽창에 따라 기술적 합리성에 의거하여 등장한 새로운 조직 원칙으로 과거의 미분화한 조직에 비해 예측성과 계산가능성을 높인 합리적 조직이었다. 베버는 관료제 조직의 특징을 다음과 같이 요약한다.

(a) 법규에 의해 계통화된 명확한 공적인 권한의 원칙
(b) 관직 위계제와 심급제의 원칙
(c) 원본 또는 초안의 형태로 보존되는 서류 문서를 바탕으로 한 공무의 집행
(d) 특수 전문훈련을 전제로 한 전문적 직무활동
(e) 전업적 관리노동의 필요
(f) 관리의 직무수행은 면밀하고 엄격한, 그리고 습득가능한 일반법규를 따름

관료제 조직은 이전의 정서적이고 미분화된 조직 원리에 비해 많은 이점을 가진다. 그것은 수공적 상품생산과 대비되는 기계적 상품생산에 비유될 수 있을만큼 신속, 정확, 지속성 등의 장점을 가지며, 또 명확한 규칙에 의거함으로써 예측가능성과 계산가능성을 증대시킨다.[12)] 하지만 관료제는 동시에 비밀주의, 권력적 지위추구의 조장, 비인격성, 문서화된 규칙과 절차로 인한 융통성 부재, 법규 유지가 우선이 되는 목적전치, 경직성과 개인의 구속, 형식적 합리성과 실질적 합리성의 괴리 등의 문제점을 발생시킨다. 특히 베버는 이 관료제적 조직은 스스로 영속화하는 특성이 있어 이것이 인간을 옥죄는 철창(iron cage)이 될 것을 우려하기도 하였다.

---

12) '관료제는 비인간화되면 될수록 그만큼 보다 완전하게 자본주의의 마음에 드는 독특한 개성을 발전시킨다', Weber, 1991: 43.

최근 이 관료제 조직은 많은 비판을 받으면서, 또 외부 환경 변화와 기술 발전의 영향으로 변화를 겪고 있다. 특히 기업 조직의 경우 시장의 파편화와 수요 변덕에 대응하기에는 관료제의 경직성은 한계가 있음이 드러나고 있다. 기업 조직의 변화는 먼저 내부적으로는 관료제의 권한 집중과 대비되는, 권한의 하부 이양과 수평화 경향이 등장하고 있다. 시장수요에 신속히 대응하기 위해 하부단위에 권한을 이양하고, 정보유통과 자율성을 제고하며, 팀제 조직을 내부적으로 발전시키고 있다. 이러한 변화는 분명 조직의 유연성(flexibility)을 증가시키고 있지만, 한편으로는 팀별 성과급제와 팀간 경쟁의 심화, 조직 성원들의 업무 증가 등의 어두운 면이 존재하는 것도 사실이다. 두번째 변화의 모습은 반공식·비공식 조직의 활성화되는 형태로 이루어지고 있다. 프로젝트팀이나 재택근무, 동호회 등이 공식조직 내에서 활성화되고 있으며, 이러한 비공식 조직은 공식조직의 문제점인 관료제나 경직성, 의사결정 과정의 지연 등의 문제를 극복할 수 있는 하나의 통로를 제공하고 있다. 하지만 이런 비공식 조직은 통제의 문제를 야기하는데, 이러한 비공식 조직의 통제를 위해 발달한 정보 장치들이 활용되고 있다.

정보기술의 발전은 기업간 관계에도 많은 변화를 초래하고 있다. 우선 모기업과 계열기업간의 관계에서 네트워크화가 이루어지면서, 이에 따라 모기업과 하청기업의 개방성이 증가하고 있다. 또한 조직 규모의 축소와 단위 부서들의 외부화(distancing), 그리고 이와 함께 협력 네트워크의 형성 등도 나타나고 있다. 정보기술의 발전을 주도하고 있는 부문이 기업이기 때문에, 기술 발전과 함께 기업 조직의 변화는 더욱 빠르게, 그리고 다양하게 전개될 것이 예상된다.

5) 문화와 상징구조의 변화

기술은 한 사회의 문화와 상징구조에도 영향을 미친다. 특히 새로운 기술은 특정한 문화적 현상을 촉발하기도 하는데, 예컨대 우리나라의 PC방 문화는 그 대표적인 것이라 할 수 있다. 인터넷을 통해 정보를 검색하고 게임도 하며, 업무를 처리할 수 있는 상업공간인 PC방은 정보기술 발전의 필연적인 결과는 아니다. 하지만 특정한 사회적 조건들, 즉 고속 인터넷망의 보급, 게임 산업의 성장, 인터넷 정보들의 다양화 등에 힘입어 PC방은 정보 사회의 새로운 문화의 대표적인 현상이 되었다. PC방 문화는 경제적으로 게임산업과 프로 게이머라는 신종 직업을 창출하기도 하였고, 게임 및 인터넷 이용이 젊은 세대의 대표적인 문화로 성장하기에 이르렀다. 인터넷은 기존의 오프라인 모임과는 다른 새로운 인간관계를 창출하고, 그 속에서 독특한 문화적 현상들, 예컨대 게시판 문화나 새로운 소통방식 등을 만들어냈다. 하지만 동시에 게임 중독이나 인터넷 중독, 인터넷을 매개로 증폭되는 성매매 등의 새로운 사회적 병리현상들도 출현했다. 또한 모바일 기술의 발전으로 휴대폰이 일상화되면서 직접 만나는 대면적 소통 보다는 매개된 소통이 더 확대되는 결과를 가져오기도 했다. 하지만 이와 함께 소통의 깊이는 얕아진다는 연구들도 보고되고 있다.

4. 기술발전과 사회의 미래

기술발전의 속도는 점점 빨라지고 있다. 그리고 그만큼 사회의 변화 역시 가속화될 것이다. 이런 상황에서 기술이 무엇보다 인간 경험을 재구조화하고 있다는 사실에 주목할 필요가 있다. 근대 산업혁명과 함께 등장한 기계는 세계를 바라보는 방식을 근본적으로 바꾸었다. 즉 세계는 인간에 대해 활용가능한 자원이 되었고, 기계의 움직임처럼 투명하고 합리적인 질서가 인간이 가질 수 있는 최상의 미래라고 생각하게 만들었다. 하지만 이런 기계론적 세계관은 지금은 반성과 비판의 대상이 되고 있다. 기계와 같은 규칙성을 가지는 것이 아니라 복잡성 속에서 질서가 관찰되는 보다 유기체적 속성이 강한 것이 사회의 특징이다. 또한 기계론적 세계관은 환경 위기를 야기하면서 생태론에 의해 도전받고 있다. 이것은 기술이 성찰적으로 사고되지 않고 독주할 때 발생하는 위험을 역사적으로 예증해주는 것에 다름 아니다.

기술은 여전히 사회에 강하게 영향을 미치고 있으며, 정보기술과 같은 새로운 기술의 등장은 우리의 삶의 경험을 재구성하고 있다. 물리적 영토성의 감각을 삭제한 새로운 세계인 가상공간은 장벽의 제거와 자유롭게 부유하는 유목민적 경험을 새로이 만들어내고 있다. 하지만 이러한 탈영토화, 탈중심화가 어떤 미래를 만들어 낼 것인지에 대한 진지한 성찰은 이제 막 시작되었다.

역사를 통해 우리는 기술이 항상 밝은 면과 어두운 면을 동시에 가진다는 사실을 확인해 왔다. 기술은 자연의 제약을 극복할 힘을 제공하기도 했지만 또한 인간 자체의 생존을 위협하는 무기가 될 수도 있음을 보아 왔다. 그것은 지금까지 기술을 블랙박스, 즉 기술자 집단을 제외한 누구도 그것의 내용을 토론할 수 없었다는 사실, 기술이 정치적으로 결정되어 왔다는 사실에 기인하는 것이다. 가능한 한, 기술은 사회적 공론장 내에 존재해야 한다. 지금과 같은 과학기술혁명의 시대에 기술이 사회에 미치는 효과는 그 어느 때보다 크기 때문에, 그것이 어떤 방향으로 가고 있는지의 좌표를 공론장 속에서 확인할 수 있어야 한다. 그것은 일차적으로 사회적 책임을 전제로 한 공학자의 몫이며, 또한 그것을 이끌어 낼 수 있는 시민사회의 역할이기도 하다.

생각해 볼 문제

1. 일상에서 사용되는 기술적 고안물을 사례로 기술과 사회의 관련성을 토론해 보자.
2. 특정 기술을 선택하는 사회적 힘이 왜 작용하는지 생각해 보자.
3. 기술은 단지 사회에 일방적으로만 영향을 미치는지 토론해 보자.
4. 기술결정론적 사고가 왜 문제가 되는지 생각해 보자.

참고문헌

김용준(1992), "기술 발달의 역사", 『과학기술혁명과 한국사회』, 한길사.

배손근(1992), "현대과학기술혁명과 노사권력구조의 변화", 『과학기술혁명과 한국사회』.

이영희(2000), 『과학기술의 사회학』, 한울아카데미.

이인식 외(2001), 『현대과학의 쟁점』, 김영사.

Bacon, F., 김종갑 역(2002), 『새로운 아틀란티스』, 에코 리브르.

Chandler, A.D.(1978), *The Visible Hand*, Harvard University Press.

Joffe, H., 박종연 · 박해광 역(2002), 『위험사회와 타자의 논리』, 한울아카데미.

Piore, M. & C. Sabel(1984), *The Second Industrial Divide*, Basic Books.

Taylor, F.W.(1911), *Scientific Management*, Harper & Brothers Publishers.

Thereau, Henry David., 강승영 역(2004), 『월든』, 이레.

Weber, M., 금종우 · 전남석 역(1991), 『지배의 사회학』, 한길사.

Weber, M., 박성수 역(1996), 『프로테스탄티즘의 윤리와 자본주의 정신』, 문예출판사.

Womack, J.P., D.T. Jones, D. Roos and D.S. Carpenter, 현영석 역(1991), 『생산방식의 혁명』, 기아경제연구소.

Worster, Donald., 강헌 · 문순홍 역(2002), 『생태학 그 열림과 닫힘의 역사』, 아카넷.

제 3 장 기술과 사회에 대한 이론적 논의들

2장에서 살펴 보았듯이 기술은 사회에 의해 영향을 받기도 하고 사회변화의 원인으로 작용하기도 한다. 따라서 기술과 사회가 서로 상호작용한다는 사실은 의심할 바가 없어 보이는데, 실상 이것이 특정 상황에서는 그 선후 관계를 따지는 것이 모호한 경우들이 많다. 이런 이유 때문에 기술과 인간, 사회 간의 관계를 둘러싼 다양한 논쟁과 설명틀이 등장하는 것이다. 이 장에서는 현대사회에서 기술을 바라보는 지배적인 관점인 기술결정론(technological determinism)과 이를 비판적인 시각으로 바라보는 다양한 이론적 논의들을 소개하고자 한다. 먼저, 기술결정론과 그것이 가정하는 전제와 작동논리를 설명, 비판하고 다음으로 기술결정론을 비판하는 논의들을 맑스주의 기술관, 기술의 사회적 구성론(social construction of technology), 페미니즘 기술관으로 나누어 살펴볼 것이다.[13] 또한 기술결정론과 기술의 사회적 구성론의 대안으로

13) 기술과 사회와의 관계 속에서 인간 집단의 역할, 사회적 요인의 중요성을 강조하는 논의들을 기술의 사회적 구성론과 기술의 사회적 형성론으로 분류하기도 한다. 기술의 사회적 형성론(social shaping of technology)은 기술 형성에 영향을 미치는 역사적, 구조적 측면(거시)을 강조하고

제시된 기술시스템(technological system)론도 검토할 것이다.

1. 기술결정론

현대사회에서 기술을 바라보는 지배적인 시각은 기술결정론적 시각이다. 기술결정론은 기술변화와 사회변화간의 관계를 설명하는 데 있어서 기술이 인간이나 사회와 무관하며 기술이 사회변화에 일방적으로 영향을 미친다고 본다. 더 극단적으로는 기술이 자율적 존재이며 그 자체로 생명력을 가지고 있다고 보기도 한다. 기술결정론은 일반적으로 다음과 같은 가정을 전제로 한다. 1) 기술은 사회외부에 존재하는 독립적인 요소로써 그 자체의 내적 발전논리를 가지고 있고 2) 기술의 변화가 일방적으로 사회변화를 유발하고 3) 기술이 유발하는 효과를 보편화, 일반화하는 경향이 있으며, 4) 그 결과 기술은 사회적 선택의 범위를 제공하고 제한하며, 인간은 그 중에서 약간의 변종을 선택할 뿐이라는 것이다.

기술의 사회적 구성론은 행위자(미시)간의 상호작용과 기술이 구성되는 과정을 강조하는 이론이다. 기술의 사회적 구성론이 일반적인 행위자, 인간집단을 강조하는데 반해 맑스주의 기술관과 페미니즘 기술관은 가부장적 자본주의 사회구조가 기술의 내용과 방향에 어떤 영향을 미치는가를 주목하면서 각각 자본가계급과 노동자계급, 남성과 여성간의 권력관계 속에서 기술을 바라본다. 이러한 기준에 따라 맑스주의 기술관과 페미니즘 기술관을 기술의 사회적 형성론으로, 핀치, 바이커의 사회구성주의론, 깔롱·라투르의 행위자-연결망이론을 기술의 사회적 구성론으로 분류하기도 한다. 그러나 최근의 과학기술학(science and technology studies)은 기술과 사회의 관계에 대한 거시적이고 미시적인 분석을 함께 수행하는 경향을 지니고 있어서 기술의 사회적 형성론과 기술의 사회적 구성론으로 명확하게 구분하는 것이 어려워지고 있다. 그래서 기술의 사회적 형성론과 사회적 구성론 모두 사회구성주의적 시각에 영향을 받았다는 측면에서 '사회구성주의 기술학'이라는 표현을 쓰기도 한다.

1) 첫 번째 가정, 즉 기술이 사회와 독립적인 요소로 내적 발전 논리를 가진다는 것이 옳다면 어떤 특정한 기술의 영향은 어느 사회에서나 동일하게 작용해야 한다. 그러나 특정 기술의 영향은 모든 사회에 동일하게 작용하지 않는다. 기술결정론적 시각을 견지한 대표적인 중세기술사가 린 화이트 주니어(Lynn White Jr)는 서양 중세 시대의 마구인 등자라는 기술이 봉건제라는 거대한 사회 변화를 낳았다고 주장했다.[14] 등자란, 말 위에서 발을 고정시키는 마구의 일종인데, 등자의 도입으로 프랑크 왕국은 기마병을 육성하고 교회의 재산을 몰수해 이들에게 줌으로써 중세영주계급이 형성되었으며 이로 인해 봉건제가 발생했다는 것이다.

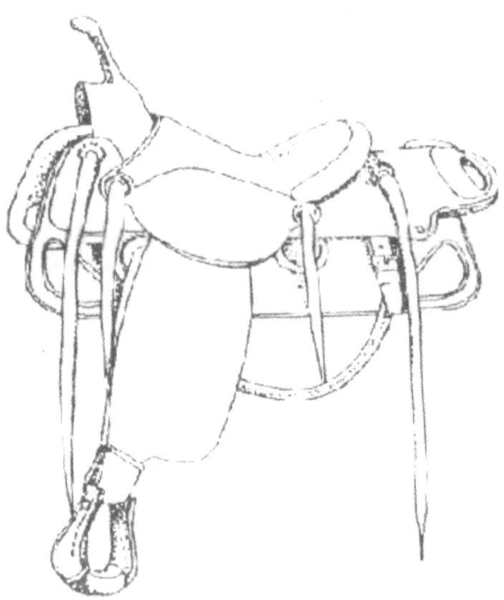

〈그림 3-1〉 등자와 안장

14) Lynn White, Jr.(1962), *Medieval Technology and Social Change*, Oxford University Press.

그러나 당시 등자는 프랑크족 뿐만 아니라 앵글로－색슨족도 사용하였는데 8세기 전반에 봉건제가 성립된 것은 프랑크족에게서만 일어났다. 즉, 역사 속에서 등자라는 기술의 영향이 모든 사회에 동일하게 작용하지 않았다는 것은 동일한 기술이라 하더라도 기술을 적용하는 사회적 조건과 환경에 따라 그 효과가 달라지며 개인이나 집단적 행위자의 선택과 행동이 뒤따라야 한다는 것을 보여주는 것이다. 따라서 기술은 사회 외부에 존재하는 독립적인 요소가 아니며 특정 기술이 사회변화를 유발하기 위해서는 인간 및 사회의 선택과 개입이 필요하다는 것을 알 수 있다.

2) 등자의 사례는 기술의 변화가 일방적으로 사회변화를 유발한다는 기술결정론의 두 번째 가정도 오류임을 보여준다. 예컨대, 등자가 봉건제를 낳았고 인쇄술이 르네상스를 만들었으며 증기기관의 발명이 자본주의를 성립하게 했다는 등의 주장은 기술을 발전시키고 사회에 적용하는 인간이라는 요소를 삭제한다. 또한 각각의 역사적 전환을 촉발시켰던 사회적 요인을 간과함으로써 역사에 대한 편협한 시각을 갖게 만든다. 예컨대, 봉건제는 중세 영주계급의 형성과 농노계급의 형성으로 귀결된 노예들의 정치적 투쟁을 빼고서는 설명할 수 없으며, 르네상스 또한 중세 말의 종교개혁과 문화혁명에 대한 고려없이 설명할 수 없고, 자본주의의 발흥도 시민혁명과 산업혁명이라는 정치경제적 요인을 배제하고 설명할 수 없는 것이다. 따라서 각각의 기술이 사회변화를 일방적으로 유발했다기 보다는 사회변화를 가져온 다양한 요인들 중 하나가 기술의 변화였다고 이해하는 것이 균형 잡힌 시각이라고 볼 수 있다. 즉, 기술과 역사를 만드는 것은 인간의 노동 및 실천이며 기술이 사회에 영향을 미치는 것과 동시에 사회가 기술에 영향을 미치는

과정이 존재하는 것이다.

3-1) 기술이 유발하는 효과를 보편화, 일반화하는 기술결정론의 세 번째 가정은 기술발전=사회진보(유토피아)로 일반화하는 시각과 기술발전=사회퇴보(디스토피아)로 일반화하는 시각으로 나누어 볼 수 있다. 이 중에서 기술의 발전이 사회의 진보를 가져온다는 시각, 즉 낙관적 기술결정론이 지배적이다. 이는 세계사적으로 2차 대전 이후 1960년대 초까지 서구 사회가 누렸던 장기적인 호황이라는 사회경제적 배경과 당시 지배적인 사상이었던 합리적 계몽주의가 맞물리면서 인간 주체가 물질적 자연세계의 보편 법칙을 규명하고 인간의 편리를 위해 개조함으로써 사회가 진보, 발전할 것이라는 관념으로 정착되었던 것이다. 낙관적 기술결정론이 얼마나 지배적인 관념인가는 이러한 역사적 맥락에서 뿐만 아니라 우리가 기술에 대해 사고하는 방식을 점검해 보면 즉각적으로 알 수 있다. 우리는 사회가 발전되려면 끊임없는 기술의 혁신과 산업화가 이루어져야 하고 이를 통해 부의 축적과 풍요로운 사회가 가능하다고 생각한다. 이러한 생각을 바탕으로 우리사회에서는 특히 1960년대 이후, 소위 기술사회구현을 위해 돌진적 근대화를 추진해 왔다. 그러나 기술발전이 곧 사회진보로 일반화될 수 있는 것은 아니다. 1960년대 이후 본격적으로 추진된 산업화, 도시화는 심각한 환경오염으로 생태계를 교란, 위협하고 사회적 양극화를 심화시키는 결과를 낳았다. 즉, 발전된 기술과 그것의 사회적 적용은 의도했건 의도하지 않았건 심각한 사회문제를 일으키기도 한다는 것이다. 인간에게 생산성 향상과 편리한 생활을 보장해 줄 것 같았던 공장의 기계 도입, 자동차 개발, 유조선 건조 등은 개발자의 의도와 상관없이 심각한 대기오염, 수질오염 및 에너지문제를

일으키기도 한다.[15] 또한 기술발전의 효과 역시 모든 집단에게 보편적으로 적용되지 않는다. 즉, 기술발전이 모든 사람에게 동등하게 이익을 가져다 주지는 않는다는 것이다. 예컨대, 공장의 기계화와 사무자동화는 자본에게는 생산성을 증대하고 노동력 통제를 강화할 수 있는 혁신적인 기술로 여겨지겠지만 노동자에게는 노동의 탈숙련화를 촉진시키고 노동통제권을 박탈함으로써 대량실업사태를 유발할 위기로 여겨질 수 있다. 세탁기, 냉장고 등의 가사노동 보조기술의 발달과 보급은 더 이상 구부리고 앉아서 빨래를 하지 않아도 되거나 음식물의 부식을 좀 더 막을 수 있게 되었지만 여성들의 가사노동시간을 근본적으로 줄여주지는 못했다.[16] IT강국이라는 타이틀에 걸맞게 컴퓨터나 휴대폰이 광범위하게 보급되었지만 이러한 기계, 기술의 보급만으로 정보 격차나 정보 불평등의 문제가 해결되는 것은 아니다. 이런 측면에서 정보통신기술의 발전으로 인한 '정보사회'의 도래가 민주주의의 발전을 촉발하고 기존의 산업사회와는 질적으로 다른 새로운 사회를 발전시킬 것이라는 낙관적인 전망을 한 다니엘 벨(Daniel Bell)이나 앨빈 토플러(Alvin Toffler)의 주장도 현대적인 세련된 기술결정론의 한 예라 할 수 있다.[17] 따라서 이러한 기술의 위험성과 특수성을 고려한다면 기술발전이 곧바로 사회진보로 일반화 될 수 없다는 것은 자명하다.

---

15) 기술발전과 환경, 생태간의 관계에 대해서는 이 책 8장에서 자세하게 다룬다.

16) 가사노동보조기술의 발전과 가사노동의 변화를 고찰한 대표적인 저서로는 루쓰 코완, 김성희 외 역(1997), 『과학기술과 가사노동』을 참조할 수 있다. 더 자세한 설명은 이 책 10장 「과학기술과 여성」에서 다룬다.

17) 자세한 설명은 이 책 6장 「정보기술과 사회」에서 다룬다.

3-2) 한편, 기술발전을 사회퇴보로 보편화, 일반화시키는 기술에 대한 비관론적 시각도 의도하지 않게 기술을 자율적인 존재로 상정하고 기술의 영향력을 지나치게 강조한다는 측면에서 또 하나의 기술결정론이라 할 수 있다. 앞서 살펴본 기술에 대한 낙관론적 전망은 2차 대전을 거치면서 환경오염의 심각성, 대량살상무기의 참상 등에 대한 사회적 성찰을 불러 일으켰고 실제로 1960년대 말에는 반전평화운동, 반핵운동, 공해반대운동 등의 반과학기술운동을 촉발시키는 계기가 되었다. 이 과정에서 과연 기술의 발전이 인간을 이롭게 하고 과거보다 더 나은 사회를 만드는가에 대한 의문이 제기되었다. 이러한 비판에 중심적인 역할을 수행했던 루이스 멈포드(Lewis Mumford)는 자신의 저서 『예술과 기술』(1952)에서 '과도하게 기계화된 문화'는 가장 위험한 '기계의 신화'의 포로가 되었다고 진단했으며 사회는 거대기계라는 보이지 않는 실체에 의해 움직이고 있다고 주장했다(이장규 · 홍성욱, 2006:89).[18] 마찬가지 맥락에서 자크 엘룰(Jacques Ellul)은 현대사회를 '자율적인 존재'가 되어버린 기술에 인간이 종속되어 있는 '기술 사회'로 진단했다.[19] 이러한 논의는 기술발전이 인간과 사회에 미칠 수 있는 부정적인 영향과 위험성을 지적해 주고는 있으나, 이 과정에서 기술의 영향력을 지나치게 강조함으로써 기술에 독자성과 생명력을 부여하고 인간을 기술에 종속시키는 오류를 범하고 있다. 또한 기술발전이 곧바로 사회퇴보를 가져온다는 생각은 현대과학기술 자체에 대한 무조건적인 거부로 나아갈 소지가 있으며 가장 극단적

---

18) Lewis Mumford(1952), *Art and Technics*, Columbia University Press.; Mumford (1966), *The Myth of the Machine*, Harcours Brace Jovanich.

19) Jacques Ellul(1967), *The Technological Society*, Vintage.

인 형태가 '테러'이다. 미국의 철학박사이자 천재 수학자이기도 한 시어도어 존 카진스키(Theodore John Kaczynski)는 기술 진보를 '악'으로 규정하고 무려 16회에 걸쳐 과학기술 관련 전문가를 대상으로 우편물 폭탄테러를 감행했다(강양구, 2006: 23).[20] 카진스키는 가장 극단적인 형태로 현대과학기술을 거부하였지만 그렇다고 해서 현대과학기술에 대한 비판적 성찰을 무조건적인 거부와 동일시해서는 안된다. 카진스키도 기술의 내용과 발전방향에 대해 위험성을 최소화하고 인류의 복지증진에 기여할 수 있는 다른 과학기술, 대안적 과학기술을 논의하고 소통할 수 있는 집단과 공간이 있었다면 그렇게 극단적인 방법을 취하지는 않았을 것이다. 따라서 기술발전을 유토피아로 또는 디스토피아로 연결시키는 양 극단은 기술을 중심으로 사고하는 기술결정론의 두 얼굴이며 기술의 내용과 발전방향은 유용성과 위험성을 동시에 지니고 있으며 인간과 사회의 개입을 통해 지금과는 다른 기술로 나아갈 수 있다는 것을 고려해야 한다.

4) 마지막으로 기술이 사회적 선택의 범위를 제공하고 제한하며, 인간은 그 중에서 약간의 변종을 선택할 뿐이라는 가정은 앞서 설명한 기술결정론이 기술을 사회변화의 유일한 원인으로 설정하고 인간이라는 요소를 완전히 배제했다면, 이 가정은 기술 및 사회변화의 과정에 인간이라는 요소를 어느 정도 포함하는 것이다. 즉,

---

20) 그가 바로 유명한 유나바머(unabomber)이다. 카진스키는 현대과학기술의 문제점에 대해 극단적인 '파괴'로 대응했고 현재 종신형을 선고받고 복역 중에 있지만 그의 과학기술문명에 대한 비판은 과학기술문명이 가져올 수 있는 폐해에 대해 많은 시사점을 준다. 국내에 번역되어 있는 책으로는 조병준 역(2006), 『산업사회와 그 미래: 우리가 사는 이 세상은 정말 잘못되었다』, 박영률 출판사를 참조.

기술은 법, 경제, 정치, 문화 등 다른 사회적 요소와 함께 사회를 변화시킨다는 것이다. 그래서 기술을 사회변화의 유일한 요소로 상정하는 기술결정론적 시각을 '강성 기술결정론(hard determinism)'으로, 기술 및 사회변화 과정에 일정 정도 인간의 선택과 개입이 이루어진다고 보는 시각을 '연성 기술결정론(soft deter- minism)'으로 분류하기도 한다(이장규 · 홍성욱, 2006:81). 그러나 연성 기술결정론 역시 다른 사회적 요소들과 기술을 분리하고 기술을 우위에 두고 있으며 인간의 역할을 축소, 제한하는 시각이다. 현대사회에서 기술은 더 이상 초기 디자인부터 내용, 발전방향, 효과에 이르기까지 정치, 경제, 문화라는 사회적 요소와 분리될 수 없다.[21] 기술의 초기 설계과정에서부터 이미 해당 기술자 및 기업의 정치적 입장이 반영되고 경제적 이해관계에 따라 그 적용과 발전방향이 정해지며 기술자 내부의 조직문화 뿐만 아니라 전체 사회문화의 영향을 받는다. 즉, 기술이 사회를 변화시키는 여러 요인들 중 하나인 것은 사실이지만 기술의 형성과정 자체에 이미 인간의 노동력과 사회적 요인들이 반영되어 있다는 것이다. 그럼에도 불구하고 기술이 독립적이고 생명력을 가지고 있으며 인간은 제한된 선택밖에 하지 못하는 것처럼 보이는 이유는 특정기술들이 모여 거대한 기술시스템을 이루었을 때 그것이 가지는 '관성' 때문이다. 에디슨의 전력시스템이 개발되고 보편화된 이후로 전기를 동력으로 하지 않는 기기나 제품은 무용지물인 것처럼 느껴지는 것과 같은 맥락이다. 그러나 전력시스템의 형성에 필요한 다양한 기술력을 개발한 것도 인간의 노동력이고 이것이 보편화되기까지는 상이

21) 기술의 가치중립성 비판과 정치성에 관한 논의는 이 책 4장에서, 기술과 문화, 예술사이의 관계에 대해서는 이 책 5장에서 자세히 다룬다.

한 이해집단들의 갈등과 경쟁[22]이 있었으며 전력시스템 자체도 중앙집중식 송전방식을 분산식으로 바꾼다거나 새로운 동력을 연구, 개발 하는 등 끊임없이 변화하고 있다. 따라서 기술이 사회적 선택의 범위를 제공하고 제한하며, 인간은 그 중에서 약간의 변종을 선택할 뿐이라는 가정은 기술의 형성과정에서부터 이미 인간은 적극적으로 개입할 수 있으며 사회적 요인을 반영하고 있다는 점에서 잘못된 것이다.

2. 맑스주의 기술관

기술에 대한 사회학적 분석에 영향을 미친 사상가를 역사적으로 거슬러 올라가보면 칼 맑스(Karl Marx, 1818～1883)를 발견하게 된다. 칼 맑스는 기술 자체를 구체적인 분석대상으로 삼지는 않았지만, 근대 사회의 성격과 역사적 변화과정에 대한 그의 사상은 현대사회의 다양한 영역에 대해서 뿐만 아니라 기술의 성격과 사회적 효과를 분석하는 데에도 많은 시사점을 준다. 맑스는 역사적 변화과정을 생산력의 발전이 생산관계의 모순을 극대화시켜 새로운 생산양식으로 이행하는 과정으로 보고, 이 때 이행은 계급대립

22) 20세기 초, 전력시스템이 보편화될 수 있었던 것은 가스시스템을 개발했던 중소기업과 전력시스템을 개발했던 대기업 간의 싸움에서 대기업이 승리를 거두었기 때문이다. 이는 루스 코완(R. S. Cowan)의 냉장고 연구를 통해 알 수 있는데, 당시 가스냉장고가 기술력이나 유지, 보수비용면에서 더 월등했음에도 불구하고 세르벨, 소르코와 같은 가스냉장고를 제조하는 중소기업들은 제너럴 일렉트릭사와 같은 대기업의 자본력과 물량공세에 도태될 수밖에 없었다. 코완의 연구는 송성수 편역(1995), “어떻게 해서 냉장고는 윙윙하는 소리를 가지게 되었는가”, 『우리에게 기술이란 무엇인가』, 녹두에 번역, 수록되어 있다.

과 계급투쟁을 통해 이루어진다고 설명한다. 근대 자본주의 사회는 생산수단을 소유한 자본가계급이 생산수단을 소유하지 않아 자신의 노동력을 판매할 수밖에 없는 노동자계급을 착취, 지배하는 사회이며 이를 극복하기 위해서는 생산수단의 사적 소유를 철폐하고 피지배계급인 노동자 계급의 의식적인 혁명을 통해 새로운 사회체제, 즉 공산주의 사회로 이행해야 한다. 이러한 맑스의 기본적인 사유 속에서 기술과, 인간 및 사회와의 관계는 어떻게 이해되고 있는가? 이에 대해 많은 학자들은 맑스주의 기술관을 기술결정론으로 볼 것인가, 그렇지 않은가를 두고 오랫동안 논쟁을 벌여왔다. 사실 맑스의 저작 곳곳에는 기술결정론적 혐의를 받을만한 것들이 발견되기 때문에 맑스주의 기술관은 종종 기술결정론으로 평가되기도 했다. 예컨대, 『철학의 빈곤』에서 맑스는 "풍력제분기가 봉건 영주의 사회를 낳았고 증기제분기는 산업 자본가의 사회를 탄생시켰다"[23]고 언급했고 『공산당 선언』에서는 기술력의 발전을 통한 자본주의 사회의 엄청난 생산력 발전에 주목하기도 했다.[24] 또한 물질적 생산력의 발전을 사회변화의 중요한 동인으로 보고 물적 토대가 사회적, 정치적, 문화적 요소들을 규정하거나 조건

23) Karl Marx, *The Poverty of Philosophy*, 강민철 · 김진영 역(1988), 『철학의 빈곤』, 아침, p.115.

24) "부르주아지(자본가 계급)는 백 년도 채 안되는 지배 기간 동안 과거의 모든 세대가 함께 이룩한 것보다 더 엄청나고 더 거대한 생산력을 창출해 냈다. 자연력의 정복, 기계 장치, 산업과 농경 분야에서 화학의 응용, 기선 항해, 철도, 전신, 전체 대륙의 개간, 하천의 운하화, 마치 땅에서 솟아오른 듯한 인구의 폭발적 증가 - 이런 생산력이 사회 노동의 품에서 잠들어 있었다는 것을 이전의 어느 세기가 알아챘을까", Karl Marx and Frederich Engels, *The Communist Manifesto*, 이진우 역(2002), 『공산당 선언』, 책세상, p.22.

짓는다고 설명함으로써 생산력의 기반인 기술에 대한 기술결정론적 해석의 여지를 열어 놓았다. 실제로 경제학자 알빈 한센(Alvin Hansen)과 로버트 하일브러너(Robert Heilbroner)는 이러한 기술결정론적 혐의를 바탕으로 맑스주의적 기술관을 기술결정론으로 규정하였다.[25] 탈산업사회론으로 유명한 미국의 사회학자 다니엘 벨(Daniel Bell) 역시 맑스가 『공산당 선언』에서 자본주의 사회의 기술력 발전에 '찬사'를 보내고 있음을 근거로 기술의 발전, 특히 정보기술의 발전이 새로운 사회조직을 만들어 내고 있다는 기술결정론적 해석을 내놓았다.

그러나 맑스주의 기술관을 기술결정론으로 해석하기 어렵다는 이론(異論)도 제기되고 있다.[26] 먼저, 맑스주의 기술관을 기술결정론으로 해석하는 논리는 생산력과 기술을 동일시하는 경향이 있는데, 맑스의 사상에서 기술은 생산력으로 환원될 수 없다는 것이다. 맥켄지(Donald Mackenzie, 1984)에 따르면, 맑스에게서 생산력의 핵심은 기계, 기술만이 아니라 인간의 노동력, 지식, 경험까지 포함하는 개념이며 생산력이 인간의 노동을 포함한다면, 사회변화 과정에서 의식적인 인간 존재의 행위와 개입을 염두에 두고 있는

---

25) 1921년에 경제학자 알빈 한센(Alvin Hansen)은 "마르크스주의는 역사의 기술적 해석이다"라고 선언했고, 로버트 하일브로너(Robert Heilbroner)는 「기계가 역사를 만드는가」(1967)라는 논문을 통해 '마르크스주의 패러다임'을 기술결정론으로 규정했다. Robert L. Heilbroner(1967), "Do Machines Make History?", *Technology and Culture*, 8.

26) 맑스주의를 기술결정론으로 해석하기 어렵다는 입장은 맥켄지(Donald Mackenzie), 로젠버그(Nathan Rosenberg) 등의 논의를 통해 알 수 있는데, 맥켄지의 글, "Marx and the Machine," Technology and Culture 25은 송성수 편역(1995), 『우리에게 기술이란 무엇인가』 pp.68-108에 번역, 수록되어 있다.

것이므로 기술결정론으로 보기 어렵다는 것이다.

다음으로, 맑스에게 기술은 계급투쟁 과정에서 사용되는 '무기'이다. 즉, 기술은 계급관계 속에서 다르게 사용될 수 있는 수단이라는 점에서 사회와 독립적이거나 가치중립적인 것이 아니라 사회적이고 정치적인 것이다. 실제로 맑스는 산업화 초기, 기계제 대공업 사회에서 자본가계급이 노동자 계급을 억압, 통제하기 위해 기계, 기술을 이용하는 방식에 주목한 바 있다. 따라서 맑스의 기술관에서 기술은 사회적 권력 관계, 특히 계급관계 속에서 파악되며 필연적으로 정치적 성격을 가질 수밖에 없으므로 기술결정론으로 보기 어렵다. 이러한 맑스주의 기술 패러다임을 통해 자본주의 사회에서 생산수단과 기술의 소유 및 통제권을 확보하고 있는 자본가계급이 노동자 계급을 통제하고 자본-임노동 간의 권력관계를 유지하기 위해 기계를 도입한 사례들은 충분히 찾아볼 수 있다. 20세기 중엽 금속절삭을 위한 공작기계는 녹음재생기계와 수치제어기계, 두 가지 형태가 있었다. 그런데 당시 기계 산업이나 항공산업 분야에서 자본가 계급이 선택한 기계는 수치제어 기계였다. 왜냐하면 녹음재생기계는 노동자의 작업 내용 기록을 통해 작업이 이루어지기 때문에 노동과정의 통제권이 기계공에게 있지만 수치제어기계는 프로그래밍된 언어에 의해 작업이 이루어질 수 있어서 숙련노동자를 필요로 하지 않으며 노동과정의 통제권을 경영진이 가질 수 있었기 때문이다. 따라서 수치제어 기계의 도입은 작업장에 대한 경영진의 통제를 강화하기 위한 것임을 알 수 있다.[27] 또

27) 데이비드 노블(David F. Noble)의 공작기계에 관한 연구는 송성수 편역(1995), 『우리에게 기술이란 무엇인가』 pp.199-236에 번역, 수록되어 있다.

한 기술적 효율성이 떨어짐에도 불구하고 순수하게 노동조합의 조직력을 파괴하기 위해 기계를 도입한 사례도 있다. 사이러스 맥코믹사라는 수확기 제조 공장에서는 숙련노동자를 중심으로 조직되었던 노동조합의 노동자들을 제거하기 위해 공기주형기계를 도입했다. 이 기계는 기존의 기계보다 더 많은 비용이 들뿐만 아니라 품질이 떨어지는 주물을 생산함에도 불구하고 미숙련 노동자를 고용할 수 있고 노조의 조직력을 파괴할 수 있기 때문에 도입되었다. 이후 노동조합이 파괴되자 경영진이 기계의 사용을 중단한 것을 보면 이 기계도입의 정치적 성격을 알 수 있다.[28)]

마지막으로, 맑스가 기술발전이 인류 문명의 진보에 기여하는 측면이 있음을 인정했지만 그렇다고 해서 기술의 진보가 곧바로 사회발전으로 이어진다고 보지는 않았다. 왜냐하면 앞서 살펴보았듯이 기술과 그에 기반한 생산력의 발전은 인류 전체 문명의 진보에 기여한다기 보다는 자본가들의 생산과 상업체계의 확장에 더 많이 기여한다고 보았기 때문이다. 맑스에게서 발전된 사회란 자본가계급이 노동자계급을 착취하는 사회구조가 사라진 사회이며 생산수단 및 기술의 통제권이 소수의 자본가계급의 수중에 있는 것이 아니라 노동자계급, 현대적 의미에서는 다수의 대중에게 이전되어 있는 사회이다. 즉, 기술의 소유권 및 통제권이 자본가계급에게 있는가, 노동자 계급에게 있는가에 따라 기술의 긍정성과 부정성이 달라진다. 좋은 기술은 기술의 성격, 발전방향, 기술적 혜택의 분배라는 기술발전의 전 과정에서 다수의 대중이 통제권을

---

28) 랭던 위너(Langdon Winner)의 수확기 제조 공장의 공기주형기계 도입에 관한 사례는 송성수 편역(1995), 『우리에게 기술이란 무엇인가』 pp.55-56 참조.

가지고 전체 대중의 이해에 복무하도록 설계되고 활용되는 기술이며 나쁜 기술은 소수의 기술소유자들의 통제 속에서 자본과 전문가 집단의 이해에만 복무하는 기술이다. 즉, 기술은 어떤 집단이 통제권을 가지고 있는가에 따라 전혀 다른 성격을 지닐 수 있는 매우 정치적인 활동이며 지식인 것이다. 맑스의 기술관은 기술 그 자체가 곧바로 사회변동을 유발하는 것이 아니라 기술발전과 사회변화 모두 사회집단들 사이의 계급관계, 권력관계 속에서 구성, 재구성된다고 본다는 점에서 기술결정론으로 해석하는 것은 무리가 있다.

맑스는 기술 변화의 과정에서 주로 계급관계를 강조했지만 현대적 의미에서 맑스주의 기술패러다임은 성별이나 인종, 전문가와 일반대중 등의 불평등한 권력관계 속에서 기술변화의 과정을 분석하는 것으로 확장할 수 있게 해 준다. 또한 기술발전의 주도권이 점점 개별 연구자들 보다는 기업으로 이전되고 있는 현대사회에서 기술발전의 자본주의적 성격 및 사회적 효과를 분석하는 데에도 많은 시사점을 준다. 이러한 맑스주의 기술관은 기술변화와 관련된 사회집단들 사이의 계급관계, 권력관계를 강조한다는 점에서 기술의 사회적 형성론(social shaping of technology)으로 분류되기도 한다.

3. 기술의 사회적 구성론

1) 과학지식사회학의 흐름

기술의 사회적 구성론은 과학지식사회학의 영향을 받아 형성되었기 때문에 기술의 사회적 구성론을 살펴보기 전에 먼저 과학지식사회학의 흐름을 개괄적으로 이해할 필요가 있다. 전통적으로 사회학에서는 자연과학의 영역을 탐구대상에서 제외해 왔다. 그러다가 1960년대에 머튼(Merton)에 의해 과학사회학이 사회학의 한 분과 학문으로서 제도적으로 정립되었다. 머튼의 과학사회학은 당대의 표준적인 과학관을 반영하면서 기능주의적 시각으로 과학과 과학자 사회를 분석하는 것이었다. 당대의 표준적인 과학관의 핵심은 물질세계는 보편적인 자연법칙에 지배되고 이러한 법칙은 합리적 인간 주체에 의해 밝혀질 수 있다는 것이었다(Giere, 1993). 이러한 과학관을 반영해 머튼은 과학을 합리적인 규범이 지배하는 과학자사회의 산물로 파악하였다(Merton, 1973). 머튼이 제시한 과학자사회의 규범은 보편주의, 공유주의, 탈이해관계, 조직화된 회의주의로, 이러한 규범을 통해 과학자들은 최대한 객관적인 지식을 창출할 수 있다고 보았다(김환석, 2006:21-22). 그러나 머튼의 과학사회학은 과학 및 과학자 사회에 대한 잘못된 가정과 과학사회학의 연구 영역을 제한하는 오류를 범하고 말았다. 머튼의 과학관에 따르면, 과학은 보편적이고 합리적인 원칙들에 근거하는 것이므로 특정한 사회적 맥락을 초월하는 실체이며 과학자들은 여타의 사회활동과 달리 이해관계에서 벗어난 순수한 학문적 영역에 종사하는 사람들이 된다. 그러나 실제로는 앞서 기술 및 기술자가 사회와 이해관계로부터 완전히 벗어날 수 없음을 살펴보았듯이 사회적 맥락을 완전히 초월한 과학과 이해관계로부터 완전히 자유로운 과학자들이란 있을 수 없다. 또한 머튼의 기능주의 과학사회학은 과학이 하나의 사회제도로서 제대로 기능하기 위한 조건들만을 연구함으로써 과학적 지식, 즉 과학의 내용을 과학사회학의 연구 영역에서 제외시켜버렸으며 이로 인해 과학적 지식을 '암흑상자'

로 만들어 버렸다.[29)]

이런 맥락에서 과학이 누리는 인식론적 권위에 도전하고 과학적 지식 자체를 연구의 대상으로 삼는 새로운 과학사회학, 즉 '과학지식 사회학'이 1970년대에 미국과 유럽을 중심으로 출범하게 되었다.[30)] 영국 에딘버러 대학의 반스(B. Barnes)와 블루어(D. Bloor) 등은 쿤(T. Kuhn)의 『과학혁명의 구조』(1962)에 영향을 받아, '과학지식'도 여타의 지식과 마찬가지로 사회적 요인으로 설명되어야 한다는 지식사회학의 '강한 프로그램(strong programme)'을 제창하였다. 이는 앞서 살펴 본 지배적인 과학관의 특성인 과학지식은 객관적, 중립적, 보편적 진리체계이며 사회적인 맥락과 상관없는 것이라는 '표준적 과학관'을 비판하는 것이었다. 쿤은 『과학혁명의 구조』에서 과학자 사회의 패러다임(paradigm)[31)] 의존성과 정상과학(normal science)에서 혁명적 과학으로의 패러다임 전환과정을 설명함으로써 과학지식도 과학자 사회 내의 합의과정을 통해 형성된 것이며 과학지식의 형성도 일종의 사회적 과정임을 시사했다.[32)] 이후 과학적 명제에 반하는 어떤 증거가 관찰 데이터를 통

29) 새로운 과학지식사회학자들은 기능주의적 과학사회학이 과학의 내용을 문제 삼지 않는 것에 대해 '암흑상자주의(black boxism)'라고 비판한다.

30) 과학지식사회학의 이론적 흐름에 대한 더 자세한 논의는 김환석(2006), "과학기술에 대한 사회학적 이해", 『과학사회학의 쟁점들』 pp.20-29, 이영희(2000), "과학기술사회학의 이론적 흐름", 『과학기술의 사회학』, pp. 23-28을 참조.

31) 패러다임(paradigm)이란 연구할 가치가 있는 주제와 그 주제에 대한 해답이 가져야 할 특징, 표준적인 연구방법 등을 제시해 주는 것을 말하는데 특정시대를 지배하는 문제틀이나 이론틀로서 자연과학에서 뿐만 아니라 인문사회과학에서도 널리 통용되고 있다.

32) 토마스 S 쿤, 김명자 역(1999), 『과학혁명의 구조』, 까치글방. 쿤의 과학관을 이해하기 쉽게 정리한 글로는 한양대 과학철학교육위원회 편

해 도출된다 하더라도 일련의 조절을 통해 해당 이론의 유지가 가능하다는 것[33]을 밝힌 뒤엠-콰인(Duhem-Quine)과 파이어아벤트(Feyerabend) 등의 상대주의적 과학철학의 논의와, 관찰 자체도 특정 이론에 의존하게 됨으로써 과학자들 간의 상이한 이론적 선호가 존재한다는 것[34]을 환기시켜 준 크노르 세티나와 멀케이(Knorr-Cetina & Mulkay, 1983)의 연구는 여타 지식에 대한 과학적 지식의 확고한 권위와 인식론적 우월성을 비판하고 과학지식의 내용 자체를 사회적 구성의 결과로 보는 사회적 구성주의가 본격적으로 등장할 수 있는 이론적 자원이 되었다.

영국 배스 대학의 콜린스(Collins)는 '뒤엠-콰인'의 논의와, 관찰은 객관적인 것이 아니라 과학자가 가지고 있는 이론에 영향을 받는다는 헤스(Hess)의 '과학실험의 이론의존성' 논의를 받아들여 '상대주의의 경험적 프로그램(empirical programme of relativism)'을 제창하였다. 그는 과학지식이 사회적으로 구성되었음을 밝히기 위한 세 단계 연구전략을 제시한다(Collins, 1983). 첫째, 동일한 실험결과에 대해 서로 다른 해석이 적용되는, 즉 '실험결과의 해석

(2004), 『과학기술의 철학적 이해』, 한양대 출판부 2강 참조.

33) 과학적 이론들이 관찰 데이터, 즉 실험에 크게 영향을 받지 않는다는 것으로 일명 '증거에 의한 과학적 이론의 과소결정 명제', '뒤엠-콰인 명제' 라고도 불린다. 이는 자연과학 뿐만 아니라 사회과학적 이론 정립의 과정에서 데이터에 크게 의존하는 논리실증주의적 방법론을 비판하는 인식론적 기반이기도 하다.

34) 쿤과 파이어아벤트에 의해 제창된 관찰의 '이론 의존성' 명제는 과학자들이 자신이 선호하는 이론에 따라 특정 실험에 대한 해석이 다르며, 이러한 해석을 뒷받침하기 위한 자원을 동원하는 과정에도 영향을 미친다는 것을 보여줌으로써 과학적 지식의 보편타당성과 객관성을 문제제기하고 나아가 과학적 지식의 구성과정을 정치적 장으로 인식할 수 있는 기반을 제공한다.

적 유연성'을 밝힐 수 있는 경험적 사례들을 발굴하는 것이다. 둘째, 이러한 해석적 유연성이 제한되고 논쟁이 종결, 합의에 이르는 기제를 밝혀내어 서술하는 것이다. 셋째, 논쟁종결기제와 거시적인 사회적, 정치적 구조와의 관계를 규명하는 것이다. 콜린스는 이러한 연구전략을 통해 과학지식의 법칙으로의 정립, 보편화는 과학자들이 수사력과 조직력을 동원해 과학자 사회에 수용되도록 만드는 과정을 통해 이루어지며 논쟁의 종결은 과학자들 사이의 '사회적 협상'의 결과라는 것을 밝힐 수 있다고 주장한다. 콜린스의 상대주의의 경험적 프로그램은 논쟁 종결 과정에서 과학자들의 이해관계가 반영된다는 점을 강조함으로써 '이해관계학파'로 불리기도 한다.

에딘버러 대학의 '강한 프로그램'과 배스 대학의 '상대주의의 경험적 프로그램'은 상대주의적 과학관을 채택하고 있다는 점에서는 공통점을 지니지만 과학지식의 선택에 물질적 실재계의 구속력을 어느 정도로 상정하느냐와 연구방법론에 있어서 차이를 보인다. 에딘버러 대학의 연구자들은 물질적 실재계가 과학지식의 선택에 일정정도 구속력을 가진다고 보지만 콜린스는 물질적 실재계의 구속력을 부정한다. 또한 전자가 과학지식 패러다임의 형성 및 전환에 관여하는 거시적 이해관계에 초점을 맞추고 역사적 방법론을 선호한다면, 후자는 미시적 과정에 초점을 맞추고 관찰적 방법을 주로 사용한다.

한편, 콜린스보다 더 강한 상대주의의 흐름도 형성되었는데, 이는 라투르와 울가(Latour & Woolgar)의 민속지적 방법론을 이용한 '실험실 연구', 크노르 세티나(Knorr-Cetina)와 멀케이(Mulkay)의 담론 연구 등이 해당된다. 라투르와 울가는 과학지식이 구성되는 현장인 실험실 내에서 일어나는 일상적 활동을 민속지적 참여관찰법을 통해 분석하였다(Latour& Woolgar, 1986). 실험실 연구의 목표는 실험실에서 벌어지는 일들을 '있는 그대로' 서술하고 과학자들의 아이디어가 '팩트(fact)'를 획득하는 과정을 파악하는 것이다. 라투르와 울가에 따르면, 실험실의 활동과 자료들은 혼란과 무질서라는 특징을 지니지만 과학자들은 자신들의 발견과 주장을 '사실'로, '참'으로 규정하기 위해 무질서한 과학 활동과 측정 결과들에 일관성 있는 질서를 부여하는 담론을 형성한다는 것이다. 따라서 과학자들이 발견한 자연법칙이란 과학자들의 담론에 의해 구성되는 것이다. 이러한 사유는 길버트(Gilbert)와 멀케이(Mulkay)의 담론분석으로 이어졌으며 이들은 자연과학적 실재가 상당부분 담론에 의해 구성되는 언어적 허구임을 밝히는데 주력하였다. '실험실 연구'와 '담론 분석'은 과학자들의 발견이 보편적 사실로 규정되는 과정에 주목함으로써 자연적 실재를 해체하고 과학의 합리성을 비판하는 것으로 나아갔다.

1990년대 이후 최근에는 '행위자-연결망 이론(actor-network, ANT)'[35]이 과학기술학의 새로운 흐름을 주도하는 이론으로 부상하였다. 행위자-연결망 이론의 창시자는 미셸 칼롱(Michel Callon)이지만, 그것을 심화, 확장시킨 것은 실험실 연구를 통해 새로운 과학지식사회학의 흐름을 형성하였던 라투르였다. 행위자 – 연결망 이론은 과학과 기술 간의 구분을 거부하고 하나의 '기술과학'으로 바라보며 기술과학(=지식)과 정치(=사회)간의 이분법적 구

35) 행위자-연결망 이론에 대해서는 김환석(2006), "과학기술학과 사회학의 혁신-행위자연결망이론(ANT)을 중심으로", 『과학사회학의 쟁점들』, 문학과 지성사, pp.62-97을 참조할 것.

분도 거부한다. 사회변동을 주도하는 전략적 장소가 산업혁명기에는 기업이었으나 오늘날에는 실험실로 옮아왔다고 보며 실험실로부터 이질적인 행위자들 간의 연결망을 통해 특정한 기술과 사회의 모델이 동시에 어떻게 구축되고 안정되는가를 보여주려고 한다. 이때 행위자란 인간적 요소 뿐만 아니라 재료들, 실험도구들과 같은 비인간적 요소들을 포함하며 이는 주체/객체, 사회/자연 간의 근대적 이분법을 극복하려는 연구지향을 함축하는 것이다. 이 연결망 속에서 특정 기술과 사회요소들은 하나로 교직되어 지배적 권력으로 성공하거나 다른 연결망에 의한 대체, 즉 패러다임의 변화를 경험한다. 행위자-연결망 이론은 실험실 내부의 분석뿐만 아니라 실험실 외부로까지 확장된다. 즉, 과학기술 영역만이 아닌 정치나 환경, 예술, 사법, 종교에 이르는 다양한 영역에 대한 분석에 적용된다. 라투르는 과학자들에 의해 '만들어지고 있는 과학'(science-in-the-making), '자연'이라는 실재가 구성되는 과정에 주목해야 하듯이 사회학자들의 해석에 의해 만들어지고 있는 지식, '사회'라는 실재가 구성되는 과정에도 주목해야 한다고 주장한다. 즉, 우리가 알고 있는 '자연'과 '사회'는 객관적이고 보편적인 실재라기보다는 과학자들과 사회학자들의 의식적인 연결망구축의 결과라는 것이다.

이해관계학파와 행위자-연결망 이론은 행위자들의 활동을 중심으로 과학기술이 사회적으로 구성되는 과정을 설명한다는 점에서는 공통점을 보이나 이해관계 학파의 주요 행위자가 인간집단인데 반해 행위자연결망 이론에서는 비인간적 요소까지 포함하는 차이를 보인다.

요약하자면, 1970년대 이후 '과학지식사회학'은 표준적인 과학관을 비판하고 과학지식의 내용이 어떻게 사회적 요인에 의해 영향 받거나 의식적으로 구성되는가를 밝히려고 노력해 왔다. 따라서 근대과학은 사회적 맥락과 무관한 초역사적이고 보편타당한 지식이 아니라, 다른 문화적 지식이나 산물과 마찬가지로 맥락 의존적이고 역사성·가변성을 갖는 특수한 지식체계로 이해된다.

2) 기술의 사회적 구성론

기술의 사회적 구성론은 과학지식사회학, 특히 콜린스의 이해관계학파(상대주의의 경험적 프로그램)의 영향을 받아 기술결정론을 비판하면서 형성되었다. 기술의 사회적 구성론의 기본 전제는 기술과 인간, 사회는 서로 독립적인 별개의 영역이 아니며 기술변화의 과정에 정치적, 경제적, 사회적 요소가 개입한다는 것이다. 또한 기술결정론에 내재되어 있는 본질주의를 비판하며 기술발전에 중요한 역할을 하는 행위주체, 즉 인간집단을 강조한다. 기술의 사회적 구성론은 핀치, 바이커 등 주로 과학기술사회학자들을 중심으로 발전하였으며, 이들은 구체적인 사례연구를 통해 궁극적으로 기술이 사회적 과정의 일종임을 밝히고자 했다.

핀치와 바이커(Trevor F. Pinch & Wiebe E. Bijker)의 자전거 변천사에 관한 사례연구를 통해 기술의 사회적 구성론을 알아보자.[36] 핀치와 바이커는 작은 앞바퀴와 공기를 주입한 고무타이어를 장착한 오늘날과 같은 형태의 '안전자전거' 모델이 정착하게 된 것은 자전거를 둘러싼 다양한 이해관계 집단의 협상과 합의에

---

36) 핀치와 바이커의 자전거 사례 연구는 송성수 편역(1999), "자전거의 변천과정에 대한 사회구성주의적 해석", 『과학기술은 사회적으로 어떻게 구성되는가』, 새물결, pp.30-80에 번역, 수록되어 있다.

의해 선택되었기 때문이라고 주장한다. 18세기 후반, 자전거가 처음 만들어졌을 때의 모양은 앞바퀴가 뒷바퀴보다 훨씬 크고 높았으며 공기타이어를 장착하지도 않았다.

〈그림 3-2〉 초기 자전거 모델

또한 당시만 하더라도 자전거는 주로 일상적인 이동수단이라기보다는 주로 남성들이 즐기는 스포츠 기구로 이용되었으며, 자전거 자체를 반대하는 자전거반대론자들도 상당히 많았다고 한다. 그러다가 자전거를 만든 기술자와 생산자들은 여성들도 자전거의 소비자로 주목하기 시작했고, 앞바퀴가 크고 공기타이어를 장착하지 않았던 초기 자전거 모델이 당시 긴 치마를 입고 생활해야만 했던 여성들에게는 적합하지 않다는 것을 알게 되었다. 즉, 자전거라는 인공물이 도입될 당시에 다양한 사회집단들은 자전거 디자인에 대한 서로 다른 선호도와 이해관계를 가졌던 것이다. 자전거를 둘러싼 관련 집단은 자전거를 만든 기술자, 생산자, 판매자, 스포츠 자전거 이용자, 남성, 여성이용자 뿐만 아니라 자전거 반대론자들까지도 포함되며 이들은 각각의 이해관계를 드러낸다. 예컨대, 자전거를 스포츠 용도로 사용하고자 했던 남성 이용자들은 약간의 위험을 감수하고라도 전진 속도가 빠르기 때문에 큰 앞바퀴에 용수철 프레임을 장착한 자전거를 선호하였고, 치마를 입는 여성 이용자들은 큰 앞바퀴로 인한 불편함과 진동을 흡수하는 고무타이어의 안전성 때문에 작은 앞바퀴와 공기타이어를 장착한 자전거 모델을 선호하였다. 이러한 각 집단의 선호와 이해관계에 따른 갈등과 논쟁은 복잡한 협상과정을 거치면서 일정정도 합의된 기술적 인공물을 선택하게 된다. 그러나 이러한 논쟁종결과 안정화 단계에서 안전자전거 모델에 대한 합의과정은 기술적 논리보다는 기술외적인 사회적 요소가 더 중요한 역할을 한다. 예컨대, 공기가 든 고무타이어는 스포츠 자전거를 이용하는 남성이용자들에게 불필요하게 여겨졌을 뿐만 아니라 상당수 기술자들에게도 골칫덩어리였다. 당시 기술로는 고무 타이어 안에 공기를 주입한 상태를 오랫동안 유지하기가 어려웠을 뿐만 아니라 길에서 미끄러지는 경우가 많았기 때문에 기술자들은 자전거의 진동을 줄이기 위한 장치를 경쟁적으로 개발하려고 했다. 그러나 당시 막 유행하기 시작한 자전거 경주에서 공기타이어를 장착한 안전 자전거가 다른 자전거보다 빠르다는 것이 입증되었고 이 과정에서 속도가 자전거의 중요한 특징으로 부각되었다. 즉, 자전거 경주와 같은 기술 외적 요소가 논쟁의 종결에서 중요한 역할을 했다는 것이다. 따라서 고무타이어를 장착한 안전자전거 모델의 승리는 그것이 기술적으로 더 효율적이거나 우월해서가 아니라 자전거를 둘러싼 다양한 이해를 가진 집단들간의 당시의 자전거에 대한 서로 다른 견해와 해결책을 내놓는 과정에서 합의된 결과물이다. 즉, 논쟁종결은 기술 자체의 논리에 의한 것이 아니라 기술을 둘러싼 사람들 사이의 협상을 통한 합의의 결과물인 것이다.

핀치와 바이커의 자전거 변천사 연구를 통해 기술적 인공물이 사회적으로 구성되는 과정을 일반화시켜 보면, 특정 기술적 인공물과 관련된 사회집단은 엔지니어와 기업가 뿐만 아니라 소비자도 포함되며 각각의 집단은 해석적 유연성을 가지고 있어서 자신의 이해관계에 따라 기술이 지니고 있는 문제점을 서로 다르게 파악하고 상이한 해결책을 제시한다. 이는 각 집단들 사이의 갈등과 논쟁을 유발하며 이러한 갈등과 논쟁은 사법적, 도덕적, 정치적 성격을 가지는 매우 복잡한 협상 과정을 거쳐 결국 어느 정도 합의에 도달한 기술적 인공물이 표준으로 채택된다. 이 과정에서 각 이해집단들은 핵심적인 문제가 새로운 기술에 의해 해결된 것으로 여기게 된다. 즉, 논쟁의 종결은 기술적 효율성에 의해서가 아니라 기술을 둘러싼 사람들 사이의 협상을 통해서 이루어진다. 따라서 기술의 방향, 내용, 결과는 관련 사회집단, 그들의 이해관계, 특정 기술 사이의 상호작용에 의해 사회적으로 구성되는 것이다.

3) 기술의 사회적 구성론에 대한 비판

기술의 사회적 구성론은 기술결정론의 한계를 극복하고 기술의 변화 과정에 인간, 사회적 요소가 개입된다는 것을 밝힌 중요한 이론적 의의에도 불구하고 그것의 형식적 방법론과 사회 결정론적 혐의, 상대주의적 인식론에서 기인한 정치적 불가지론의 경향성을 지니고 있다는 비판을 받기도 한다.

먼저, 방법론이 너무 정형화되어 있고 같은 방법론을 서로 다른 기술에 '기계적으로' 적용한다는 것이다(Winner, 1993). 기술의 사회적 구성론은 기술적 인공물을 둘러싼 관련 사회 집단을 나누고 이들이 어떻게 서로 다른 해석을 하며 어떤 과정을 통해 논쟁이 종결되는가를 분석하는 것으로 방법론이 정형화되어 있는데, 이러한 방법론을 다른 기술들에도 똑같이 적용하기는 어렵다는 것이다. 다음으로 인간, 사회적 요소가 특정기술이 선택되는 과정에 어떻게 개입하는지에 대한 분석에만 중심을 두고, 기술이 인간관계 및 사회문화에 미치는 영향에 대해서는 소홀히 다룬다는 것이다. 즉 사회가 기술에 미치는 영향에만 관심을 가질 뿐 기술이 사회에 미치는 영향에 대해서는 무관심하다는 것이다. 기술의 사회적 구성론자들은 이러한 비판을 받아들여, 기술이 사회에 미치는 영향에 대한 사례 연구를 수행했다. 바이커는 형광등 사례연구를 통해 기술 변화의 과정에 기술 외적 요인이 영향을 미치기도 하지만 형광등이 확산되는 과정에서 관련 사회집단의 이해관계가 변화되거나 새로운 사회적 문제를 발생시키기도 한다고 주장했다.[37] 또한 핀치는 기술사학자 로널드 클라인(Ronald Kline)과의 공동연구를 통해 운송수단으로 개발된 포드의 T자동차가 농촌지역의 동력원으로 사용되면서 농업 생산 환경을 변화시켰음을 밝혔다.[38]

마지막으로, 기술변화에 영향을 미치는 사회구조나 권력관계를

37) 위비 바이커의 형광등 사례연구는 송성수 편역(1999), "형광등의 사회적 구성", 『과학기술은 사회적으로 어떻게 구성되는가』, 새물결, pp.31-119에 번역, 수록되어 있다. 바이커는 '기술 프레임'이라는 개념을 통해 기술에 대한 사회적 형성과 기술의 사회적 영향을 연결시킬 수 있다고 주장한다.

38) Ronald Kline and Trevor J. Pinch(2002), "Users as Agents of Technological Change: The Social Construction of the Automobiles in the Rural United States," *Technology and Culture*, 37.

무시하며 기술의 내용과 방향을 어떻게 재구성할 것인가에 대해 정치적 불가지론의 입장을 보인다는 비판이 존재한다. 즉, 기술의 구성과정보다는 기술중심적인 사회를 어떻게 재구성할 것인가가 더 중요한 문제라는 것이다. 그러나 구성론자들은 이러한 비판에 대해서는 전적으로 수용하지 않는다. 존 로(John Law)와 바이커는 더 좋은 사회를 만들기 위해 지금과는 다른 기술을 구성해 나가는 것이 자신들의 궁극적 목표이며 이를 위해 구성적 기술영향평가(constructive technological assaeement)나 과학기술학의 교육확산을 위해 노력하고 있다고 밝혔다(이장규・홍성욱, 2006:108). 기술의 사회적 구성론에 대한 또 다른 비판은 주로 개별 기술의 변화과정에만 관심을 두고 개별 기술들이 모여 거대한 기술기스템을 형성하는 과정에 대해서는 무관심 하다는 것이다. 현대기술의 중요한 특성 중 하나는 기술이 발전하면서 개별기술들이 결합, 거대한 기술시스템을 형성하는 것이다. 기술시스템론에 대해서는 5절에서 자세히 다루기로 하자.

4. 페미니즘 기술관

페미니스트들의 과학기술에 대한 접근(페미니즘 과학기술학)은 앞서 살펴본 새로운 과학지식사회학 및 맑스주의 기술관, 기술의 사회적 구성론 등과 상호 영향을 미치며 발전해 왔다. 먼저, 페미니스트들은 근대적 과학지식의 구성과 과학기술의 실천에서 대체로 여성은 배제되고 젠더[39]가 고려되지 않음을 비판했다. 이는 두 가지 방향으로 나타나는데 하나는 과학기술자사회의 상대적 여성

39) 젠더(gender)는 생물학적 성을 나타내는 sex와 대비되는 개념으로 사회문화적으로 구성된 성을 말한다.

부재에 대한 비판이며, 다른 하나는 과학지식의 내용과 구성 및 기술의 성격과 적용 자체가 지니는 가부장성에 대한 비판이다.

전자는 과학자 및 기술자 사회가 주로 남성들로 이루어져 있으며, 이는 과학기술자로서의 여성의 자질이나 능력 부족에서 기인한다기 보다는 과학기술자 사회의 남성중심 문화와 과학기술을 남성들만의 일로 여기게 만든 성차별적인 사회화 과정에서 기인한다는 비판이다. 그래서 페미니스트들은 더 많은 여성들의 과학기술자사회로의 진입을 위한 사회제도적 장치와 문화적 조건들을 만들어 나가야 한다고 주장한다.

근대적 과학지식의 내용과 구성에 대해 페미니스트들은 표준적 과학관에 대한 새로운 과학지식사회학의 비판을 받아들이면서도 그것이 표준적 과학관이 반영하고 있는 남성중심성을 간과하고 있다고 지적한다. 켈러(Keller)는 "과학지식사회학이 과학의 중립성을 부인하면서도 공적인 것/사적인 것, 비개인적인 것/개인적인 것, 남성성/여성성 사이의 구분을 지지하는 견지에서 과학을 비판해 왔다(Keller, 1996:16)"고 주장하면서 서구의 근대적 과학지식이 어떻게 객관성·이성·정신을 남성적인 것으로, 주관성·감정·자연을 여성적인 것으로 신화화하면서 여성을 배제해 왔는지를 설명했다. 하딩(Harding) 역시 기존의 지식체계의 객관성은 남성중심성을 반영하고 있음을 지적하면서 맑스주의적 인식론을 끌어들여 타자이며 피억압자로서의 여성과 젠더정치가 반영된 지식이야 말로 진정한 객관성('강한 객관성')을 확보하는 것이라고 주장했다. 그녀는 과학기술을 지배하는 사람들의 정치적 권력과 서구 과학의 권위, 그리고 그것이 부정의의 확산에 기여해 온 방식에 도전하기 위해서는 과학적 지식에 대해 윤리적, 정치적으로 접근해야 한다고 주장한다(Harding, 1986). 하딩은 여성주의적인 정치적 입장을 가지고 과학지식에 접근해야 한다고 주장함으로써, 과학지식을 정치적 활동을 통해 구성되는 것으로 규정하고, 새로운 과학지식사회학에서 간과하고 있었던 젠더관계를 문제설정 했다는 점에서 의의가 있다.

페미니즘 과학기술 이론가들은 근대적 과학지식이 여타의 권력관계 뿐만 아니라 젠더관계도 반영하고 있는 것처럼, 기술도 중립적이고 고정된 것이 아니라 젠더관계를 반영하면서 구성, 재구성된다고 본다. 페미니스트들은 기술의 사회적 구성론에 대해서도 기술의 사회적 구성과정에 중요한 역할을 담당하는 '관련 사회집단'에 일반적으로 여성이 포함되지 않으며, 여성이 포함된다 하더라도 보편적인 이해관계집단으로 상정함으로써 가부장적 자본주의 사회에서의 성별권력관계를 보지 못하고, 그럼으로써 기술에 대한 젠더분석이 간과되는 경향이 있음을 비판했다. 한편, 기술의 사회적 형성론 내부에서 페미니스트들은 맑스주의 기술관이 기술변화와 관련한 계급지배에 주목했던 것처럼, 계급지배와 병행하는 여성에 대한 체계적인 남성지배에 대해 논의했다. 이러한 논의는 맑스주의 기술관이 자본-노동관계에 대해서는 매우 정교한 논리를 갖는 분석을 제공했지만 젠더관계에 대해서는 무감각하다는 문제의식과 비판 속에서 이루어졌다. 그러나 이러한 접근은 기술 자체가 지니는 가부장성을 강조함으로써 여성을 주로 새로운 기술의 수동적 피해자로 바라보며, 성평등을 위해 새로운 기술을 어떻게 다시 설계할 수 있는가와 기술변화에 관여하는 역동적인 여성의 주체성에 대해서는 간과하는 경향이 있었다. 페미니스들은 인간과 비인간 요소들, 즉 행위자들의 네트워크를 통해 기술과 사회를 동시에 설명하고자 했던 행위자-연결망 이론 역시 행위자들의 남성성을 간과함으로써 젠더와 기술 간의 관계, 기술의 전 과정에서 작동하는 성별화된 주체성에 대해서는 주목하지 않는 경향이 있다고 비판한다. 그러나 기술의 사회적 구성론과 행위자-연결망 이론은 기술변화 과정에서의 젠더관계를 강조하고 기술의 설계자와 소비자, 전문가와 일반인의 이분법적 구분 해체, 관련 집단 및 행위자로서의 여성을 부각 시려고 노력했던 페미니스트들의 이론적 자원이 되기도 했다.

예를 들면, 신시아 콕번(Cockburn)과 수전 옴로드(Susam Ormrod)는 전자렌지에 대한 사례연구를 통해 기술의 구상단계부터 소비에 이르기까지 각 단계마다 성별 분업이 어떻게 작동하고 있는지를 밝혀냈다. 전자렌지는 엔지니어이자 경영자로서의 지위를 갖고 있는 남성에 의해 고안되고 생산되었지만 여성들, 특히 가정학자들의 전문적인 요리 실력은 생산 공정 외부에서 전자렌지의 성공적인 설계에 필수적인 요소였다. 여성들은 자신들이 숙련된 과학적, 공학적 활동을 하고 있다고 여겼지만 남성문화가 지배적인 공학자 사회에서는 이를 인정하지 않았다. 결과적으로 여성들은 새로운 기술개발에 참여했음에도 불구하고 여성성과 결부된 전문적 요리 실력은 평가 절하되고 기술혁신 과정에 영향력을 발휘할 수 없었다. 콕번과 옴로드는 설계와 생산과정에서만이 아니라 마케팅, 판매, 사용자의 이용 과정 등 전 과정에 걸쳐 각 단계에 모두 성별화 과정이 작동하고 있음을 보여주면서 마케팅과 소비까지도 기술의 사회적 형성의 일부로 포함시킨다.[40)]

40) Judy Wajcman(June 2000), "Reflection on Gender and Technology Studies: In What State is the Art?", *Social Studies of Science*, 30/3.

젠더와 기술에 대한 페미니스트들의 초기 연구에서는 젠더를 기술과 독립적으로 또는 기술에 앞서 존재하는 고정되고 단일한 현상으로 이론화하는 경향이 있었지만 최근에는 기술에 젠더가 이미 반영되어 있다는 입장이 수용되고 있다. 기존의 이론들은 어떤 기술의 성공이란 이미 존재하는 것, 더 이상 설명이 필요 없는 권력 집단의 경제적·정치적 이해관계로 설명해 왔다. 그러나 주디스 버틀러(Judith Butler) 등의 최근 페미니스트들은 남성과 여성의 이해는 객관적으로 고정되어 있는 것이 아니라 끊임없이 집합적으로 창조된다고 주장한다.[41] 버틀러는 젠더가 사회적 상호작용에 앞서 고정된 것이 아니라 상호작용 과정에서 구성된다는 점을 강조하기 위해 '수행성(performance)으로서의 젠더'라는 개념을 제안한다(Judith Butler, 1990). 즉, 젠더는 사회적으로 성취되는 것이다. 젠더를 집합적 행위를 통해 구성되는 것으로 보는 것은 기술과 사회를 행위자들의 네트워크로 설명하는 행위자-연결망 이론과 맞닿아 있다. 성적 정체성의 구성은 기술의 구성과 마찬가지로 사회적 상호작용에 의해 성취되는 다양하고 복잡한 관계적 과정이다. 기술과 젠더가 각각 고정된 것이 아니라 성취된 결과라면 어떻게 젠더와 기술이 함께 만들어지고 있는가에 주목해야 한다(Oudshoorn, 1994).[42] 따라서 특정한 젠더-권력 관계와 기술혁신에서 각인되는 젠더-권력 관계 사이의 관계는 훨씬 섬세하고 다차원적으로 분석되어야 한다. 이를 통해 기술과 이해관계를 특정 기술과 연관된 상호동맹 및 상호의존의 결과물로 이해할 수 있게 된다.

---

41) Judith Butler(1990), *Gender Trouble*, (New York: Routledge).

42) Nelly Oudshoorn(1994), *Beyond the Natural Body: An Archaeology of Sex Hormones*, London: Routledge.

기술에 대한 페미니스트들의 분석은 초기에는 기술에 대한 여성들의 접근성, 여성에 대한 기술의 차별적 영향, 기술의 가부장적 설계 등에 대해 관심을 가졌다면, 최근에는 기술과 새로운 형태의 성별 관계 및 성별화 된 문화가 어떻게 함께 만들어지고 있는가에 관심을 갖고 있다. 즉, 젠더-권력관계는 기술 형성에 영향을 미칠 뿐만 아니라 기술의 영향을 받기도 한다는 것이다. 그래서 페미니즘 과학기술학은 기술형성의 전 과정이 젠더관계와 어떻게 상호작용하면서 함께 구성되고 있는지에 주목하면서 그것에 적극적으로 개입하고자 한다.

5. 기술시스템론

기술시스템론(technological system)은 기술결정론과 기술의 사회적 구성론의 대안으로 등장하였다. 미국의 기술사학자 토머스 휴즈(Thomas P. Huges)에 의해 제안된 기술시스템론의 기본 전제는 기술과 사회는 어느 한쪽이 일방적으로 영향을 미치는 것이 아니라 상호작용하고 있다는 것이다. 즉, 사회는 기술형성에 영향을 줄 뿐만 아니라 기술로부터 영향을 받기도 한다. 또한 기술이 발전하면서 개별 기술들의 연계가 이루어지며, 이를 통해 하나의 시스템이 형성된다는 것이다. 예를 들면, 산업혁명 당시에 증기기관은 광산의 석탄 생산량을 늘리기 위해 개발, 사용되었고 공장의 동력원으로 이용되기도 하였다. 또한 광산의 석탄을 도시의 공장으로 운송하기 위해 철도기술이 발전되었다. 즉, 광산기술, 증기기관, 공장, 운송기술이 발전하면서 이 개별 기술들이 서로 밀접히 연결되는 현상이 나타났던 것이다. 철도와 전신의 경우에도 처음에는 서로 독립적인 기술이었지만 전신선이 철도를 따라 놓이면서, 철도 운행을 통제하고 철도회사 조직의 위계적 효율성을 높여 주었기 때문에 철도회사는 전신기술을 발전시키는 데 중요한 역할을 했다 (이장규·홍성욱, 2006:110).

휴즈의 전력시스템 사례 연구를 통해 기술시스템이 만들어지는 과정과 기술시스템의 특성을 알아보자.43) 일반적으로 우리는 에디슨을 위대한 발명가로만 알고 있지만, 그는 전등 및 전력 시스템을 구축했을 뿐만 아니라 유통과 판매에까지 관여했던 기업가이기도 했다. 전력 시스템은 전기의 생산, 송전, 소비, 측정기술이 네트워크로 연결된 기술 시스템이다. 에디슨은 전기 생산을 위해 발전기를 개량했고, 송전을 위해 3선 송전방식을, 소비를 위해 수명이 긴 진공램프를 발명했으며 전기화학의 원리를 이용해 전기의 소비를 측정하는 미터기를 개발했다. 이러한 작업들은 에디슨 혼자서 이루어 낸 것이 아니라 수많은 연구원들의 공동 작업이었으며 수많은 실패를 극복하기 위한 실험을 거듭한 결과였다.

휴즈는 에디슨의 전력시스템 연구를 통해 기술시스템의 특성을 일반화했다. 먼저, 기술시스템에는 기술적인 것과 사회적인 것이 공존한다는 것이다. 이런 점에서 기술시스템을 '사회기술시스템(sociotechnical system)'으로 부르기도 한다. 기술시스템은 물리적 인공물 뿐만 아니라 기업, 법적 제도, 정치, 과학, 자연자원 등 무형 인공물까지 전부 포함하는 것이며 각각의 인공물은 다른 인공물과 상호작용하며, 모든 인공물은 시스템 전체의 목표에 기여한다. 따라서 각 구성 요소의 특성은 시스템 전체 속에서만 제대로

---

43) 토머스 휴즈의 전력시스템 연구는 송성수(1999), 『과학기술은 사회적으로 어떻게 구성되는가』, 새물결, pp.123-172에 번역, 수록되어 있다.

파악할 수 있다.

다음으로, 기술시스템은 고정된 것이 아니라 진화하고 발전한다는 것이다. 기술시스템은 발명, 개발, 혁신을 통해 탄생하고 기술이전의 과정과 경쟁 및 성장과정을 거쳐 승리한 기술시스템이 공고화된다. 공고화된 기술시스템은 모멘텀을 획득하게 된다. 즉, 기술시스템은 탄생, 이전, 경쟁 및 성장, 공고화라는 단계를 거쳐 진화하게 되는데, 각각의 단계는 핵심적인 역할을 하는 사람들과 해결해야 할 문제가 다르게 나타난다. 기술시스템의 탄생과 이전 단계에서는 시스템을 디자인하고 초기 발전을 추진하는 기술자들의 역할이 중요하며, 경쟁 및 성장단계에서는 기업가들의 역할이, 공고화 단계에서는 자문 엔지니어와 금융자본가의 역할이 중요해진다. 시스템의 탄생 단계에서는 시스템 전체를 디자인하는 문제가 중요하고, 기술 이전 단계에서는 서로 다른 지역들 사이의 문화적, 제도적, 법률적 차이를 이해하는 것이, 경쟁 및 성장 단계에서는 '역돌출(reverse salient)'을 해결하는 것이, 공고화 단계로 가기 위해서는 이윤증가와 시장 장악이 중요해진다. '역돌출'이란, 시스템의 다른 요소들에 비해 뒤처져 있거나 다른 요소들과 제대로 상호작용을 해내지 못하는 요소를 말한다.[44] 예컨대 19세기 말, 전화회사의 '역돌출'은 장거리일 경우 전화의 신호가 약해진다는 것이었다. 전화회사는 이 역돌출을 해결하기 위해 기업 연구소를 통해 연구 활동을 집중한 결과 1900년에 가는 코일을 꼬아 만든 장하코일을 발명함으로써 신호의 감쇠를 줄일 수 있었다. 그런데 이

44) '역돌출'이란 원래 군사적으로 사용된 용어인데, 전선 중에 아직 아군이 미처 점령하지 못한 지점을 말한다. 휴즈는 전쟁에 승리하려면 이 지점에 군사력을 집중시켜야 하듯, 시스템 건설자도 기술적 역돌출 지점에 자신의 노력을 집중하면서 문제를 풀어나간다고 설명한다.

장하코일도 더 먼 거리의 통화는 불가능 했고 이를 해결하기 위해 기업의 연구소는 더 좋은 증폭장치를 발명하는 데 몰두하였고 3극 진공관을 발명, 이용해 이 문제를 해결하였다. 그러나 역돌출은 기술적인 문제에만 국한되는 것이 아니라 조직이나 재정과 관련해 발생할 수도 있다. 이 경우, 문제의 해결을 시도하는 사람은 전문 관리자나 재정가가 될 것이다. 즉, 기술시스템의 경쟁과 성장 단계에 집중적으로 나타나는 역돌출은 그 유형에 따라 발명가, 엔지니어, 관리자, 재정가, 법률가 등 다양한 문제해결사들을 요구하게 되는 것이다.

기술시스템은 오랜 시간의 성장과 공고화를 거치면서 모멘텀을 가지게 되는데 높은 수준의 모멘텀을 가진 시스템은 관성과 유사한 특성을 지니게 된다. 그러나 기술시스템의 이러한 관성은 기술 자체가 아니라 시스템에 다양한 이해관계를 가지고 있는 조직과 사람들에 의해 만들어지고 유지된다. 예컨대, 자동차는 디자인 및 연구, 핵심 부품 및 기타 사양, 도로, 도시·토목공학, 국토개발에 관한 장단기 계획, 도시구조, 주택구조, 주유·정유체계, 신호체계, 주차 등 수많은 제도와 인적 자본이 얽혀 있는 시스템이다. 오늘날 자동차가 수많은 문제를 안고 있지만 대체 교통수단이 발달되지 않는 이유도 자동차 시스템이 엄청난 모멘텀을 가지고 있기 때문이다. 현대의 자본집약적인 기술 시스템들은 쉽게 제거될 수 없는 많은 대규모 인공물들로 이루어져 있어 외부 요인이나 주변 환경으로부터 쉽게 영향을 받지 않을 뿐만 아니라 오히려 필요에 따라 그것들을 시스템 안으로 흡수시키고, 만약 흡수되지 않고 확장에 방해가 되는 주변 환경이 있다면 그 힘을 축소시켜 버리는 막강한 힘을 지니고 있다. 이런 이유 때문에 기술시스템은 인간이 만들었지만 인간의 통제를 거역하고 인간을 지배하고 있는 것처럼 보이는 것이다. 이 때문에 기술 프로젝트 및 시스템의 통제되지 않은 파괴성이 지닌 위험성에 주목해야 한다. 맨하탄 프로젝트가 낳은 군산복합체의 원자폭탄 투하는 수많은 사람들의 목숨을 앗아갔고 대규모 생산 기술시스템은 환경오염 및 생태파괴의 주요한 원인이기도 했다. 석유를 둘러싼 사회기술시스템은 대체 에너지 기술 개발의 장애요인이 되기도 한다. 또한 기술시스템이 발전하고 복잡해지면서 각 단계는 각각의 전문가들에 의해 주로 다루어지는데, 이러한 전문화와 파편화는 전문가 중심주의를 만들어 내거나 종종 전체를 볼 수 없게 만들어 큰 사고를 일으키는 원인이 되기도 한다. 따라서 기술시스템을 형성하는 과정에서 전문가중심주의에 대한 비판과 기술시스템이 낳는 위험에 대한 분석은 현대 기술과 사회의 상호작용을 이해하는 데 가장 핵심적인 문제인 것이다.

6. 기술과 인간, 사회

지금까지 살펴본 기술과 사회 간의 관계에 대한 이론적 논의를 요약, 정리해 보자면 기술결정론은 기술이 사회 변화의 중심 동인이라 주장하는 이론이다. 그러나 기술결정론은 인간의 의식적인 활동 및 기술과 관련된 여러 가지 사회경제적 이해관계를 간과했다는 한계를 지닌다. 맑스주의 기술관은 노동자의 노동력, 숙련지식, 경험 등의 인적 요인을 많이 포함하고 있을 뿐만 아니라 기술을 계급관계 속에서 작동하는 정치적 활동으로 바라본다는 점에서 기술결정론으로 보기는 어렵다. 기술의 사회적 구성론은 기술 변화의 과정에 정치적, 경제적, 조직적, 문화적 요소가 개입하는 현상을 분석함으로써 궁극적으로는 기술이 사회적 과정의 일부분이라고 주장하는 이론이다. 그러나 방법론의 형식성과 사회결정론적 혐의, 기술변화에 수반되는 사회구조나 권력관계를 무시하며, 정치적 불가지론에 빠질 수 있다는 비판을 받기도 한다. 페미니즘 기술관은 맑스주의 기술관이나 기술의 사회적 구성론이 여성과 젠더 관계에 대해서는 무감각하다고 비판하면서 하나의 사회적 관계로서 젠더-권력관계가 기술의 형성과정과 어떻게 상호작용하며 함께 만들어지고 있는지에 주목한다. 기술시스템론은 기술이 발전하면서 개별 연관 기술들 사이에 거대한 시스템이 구성된다는 점을 지적하고 거대해진 기술시스템은 스스로 모멘텀을 획득하게 되는데, 이 단계에 이르면 기술시스템은 외부의 환경을 종속시키며 관성을 띠게 된다는 것을 보여준다. 그러나 기술시스템의 형성과정에서 나타나는 전문가 중심주의와 기술시스템이 낳는 위험성을 충분히 보여주지 못하는 한계가 있다.

기술이 사회에 미치는 영향은 낙관적 영향 혹은 비관적 영향만이 존재하는 것이 아니라, 가능성을 열어주는 면과 기존의 현실 중 일부를 무력화시키는 측면이 공존하고 있다. 즉, 새로운 기술은 기술적 환경을 바꾸고 새로운 환경을 형성한다. 또한 새로운 기술 때문에 더 힘을 얻게 되는 집단과 그렇지 않은 집단이 발생하며 이에 따라 사회의 역학 관계와 사회구조가 바뀐다. 이러한 논의를 종합해 볼 때, 기술과 사회의 관계는 먼저, 새로운 기술은 다양한 사회문화적 요소의 영향을 받으며 디자인된다. 이렇게 도입된 새로운 기술은 기존의 기술적 환경을 바꾸고 새로운 환경을 형성하며 사회를 변화시킨다. 또한 이러한 기술은 종종 기술시스템으로 진화하고, 원숙한 기술시스템은 엄청난 모멘텀을 가진다. 기술시스템은 사회를 변화시키고 변화된 사회구조는 다시 기술이 발전하는 새로운 조건을 만든다. 기술과 사회의 상호작용은 서로가 서로를 바꾸며 나선형으로 얽히면서 발전하는 양상을 보인다.

기술의 발전은 불규칙한 경로를 따르며, 더 중요한 것은 기술을 둘러싼 다양한 사회 세력들 사이의 힘 관계이지, 기술의 초기 디자인에 각인된 발전 방향성이 아니라는 사실을 주목해야 한다. 즉, 기술이 권력 집단의 통제를 위해 사용될 것인가, 대중의 저항을 위해 사용될 것인가는 기술 그 자체의 논리가 아니라 기술과 사회 세력들의 다양한 개입의 상호작용이며 이는 자동적으로 이루어지는 것이 아니다. 따라서 현대 기술과 사회의 상호작용을 이해하는 데 가장 핵심적인 것은 시스템을 형성하는 과정에서 권력집단 중심주의에 대한 비판과 기술시스템이 낳을 수 있는 위험성에 대한 면밀한 성찰이며, 이를 통해 위험성을 최소화하기 위한 적극적이고 다각적인 실천이 요구되는 것이다.

생각해 볼 문제

1. 일상생활 속에서 접한 기술결정론적 시각의 사례를 들어보고, 그에 대한 자신의 견해를 밝혀보자.
2. 기술과 사회의 관계에 대한 기술결정론과 기술의 사회적 구성론의 입장 차이를 비교, 설명해 보고 자신의 입장을 피력해 보자.
3. 맑스주의 기술관과 페미니즘 기술관에서 강조하는 기술이 계급 및 성별 권력관계를 반영하고 그것에 영향을 미친다는 주장에 대한 지지 및 비판을 수행해 보자.
4. 기술시스템의 특성과 혁신과정을 구체적인 사례를 통해 설명해 보고 자신의 견해를 밝혀보자.

참고문헌

강양구(2006), 『세바퀴로 가는 과학자전거』, 뿌리와 이파리.

김환석(2006), 『과학사회학의 쟁점들』, 문학과 지성사.

송성수 편역(1995), 『우리에게 기술이란 무엇인가』, 녹두.

송성수 편역(1999), 『과학기술은 사회적으로 어떻게 구성되는가』, 새물결.

이영희(2000), 『과학기술의 사회학』, 한울.

이장규 · 홍성욱(2006), 『공학기술과 사회』, 지호.

한양대학교 과학철학교육위원회 편(2004), 『과학기술의 철학적 이해』, 한양대학교 출판부.

Bloor, D.(1976), *Knowledge and Social Imagery*, London: Routledge and Kegan Paul.

Collins, H.(1983), "An Empirical Relativist Programme in the Sociology of Scientific Knowledge", in Knorr-Cetina, K. D. & M. Mulkay (eds), *Science Observed*, London: SAGE Publication.

Harding, S.(1986), 이박혜경 · 이재경 역(2002), 『페미니즘과 과학』, 이화여대 출판부.

Jacques Ellul(1967), *The Technological Society*, Vintage.

Judith Butler(1990), *Gender Trouble*, New York: Routledge.

Judy Wajcman(June 2000), "Reflection on Gender and Technology Studies : In What State is the Art?", *Social Studies of Science*, 30/3.

Kaczynski, T.J., 조병준 역(2006), 『산업사회와 그 미래: 우리가 사는 이 세상은 정말 잘못되었다』, 박영률 출판사.

Keller, E. F., 민경숙 · 이현주 역(1996), 『과학과 젠더』, 동문선.

Kuhn, Thomas(1962), 김명자 역(1999), 『과학혁명의 구조』, 까치글방.

Latour, B. & S. Woolgar(1986), *Laboratory Life: The Social Construction of Scientific Facts*, Princeton University Press.

Lewis Mumford(1952), *Art and Technics*, Columbia University Press.

Lewis Mumford(1966), *The Myth of the Machine*, Harcours Brace Jovanich.

Lynn White Jr(1962), *Medieval Technology and Social Change*, Oxford University Press.

Mackenzie, D. (1984), "Marx and the Machine" *Technology and Culture* 25.

Markenzie, D. & Wajcman, J. eds.(1985), *The Social Shaping of Technology*, Milton Keynes: Open University Press.

Marx, Karl & Frederich Engels, *The Communist Manifesto*, 이진우 역(2002), 『공산당 선언』, 책세상.

Marx, Karl, *The Poverty of Philosophy*, 강민철 · 김진영 역(1988), 『철학의 빈곤』, 아침.

Nelly Oudshoorn(1994), *Beyond the Natural Body: An Archaeology of Sex Hormones*, London: Routledge.

Robert K. Merton(1973) *The Sociology of Science*, 석현호 역(1998), 『과학사회학』1 · 2, 민음사.

Ronald Kline and Trevor J. Pinch(2002), "Users as Agents of Technological Change: The Social Construction of the Automobiles in the Rural United States," *Technology and Culture*, 37.

제 4 장 기술과 정치

1. 기술은 정치적으로 중립적인가?

우리는 기술을 흔히 도구(tool)나 수단(means)으로 간주하는 경향이 있다. 즉 어떠한 목적을 이루기 위해 도구나 수단을 선택할 경우, 도구나 수단은 목적이 내포하는 정치적 성격에 종속되며, 기술 자체는 중립적인 것이라 보는 것이다. 우리는 쉬운 예로 의사의 손에 들려진 칼은 사람의 목숨을 구하는 유용한 도구이지만, 강도의 손에 들린 칼은 사람의 해칠 수 있는 흉기가 된다는 식으로, 기술을 양날의 칼로 간주하면서 기술의 중립성을 믿는다. 하지만 이런 믿음은 기술이 의도에 따라 다양하게 사용될 수 있는 무정형적인 것일 때만 가능하다는 사실을 간과한다. 칼의 예를 들자면, 그것은 잠재적으로 흉기의 역할을 할 수 있는 형태로 이미 만들어져 있기 때문에, 칼이 흉기로 변하는 경우 이것이 완전히 중립적인 기술이라 보기는 어려운 것이다.

또한 반대의 경우, 즉 기술이 단순한 도구나 수단이 아닐 경우, 그리고 도구나 수단이 그 자체의 정치적 속성을 가질 경우도 얼마든지 생각해 볼 수 있다. 이 후자의 경우 기술은 충분히 정치적이라고 말할 수 있는 것이다. 20세기 미국 건축의 거장 중의 하나인 로버트 버제스(R. Burgess)가 로드 아일랜드에 조성한 존스비치 공원은 유색인종들이 많이 이용하는 이층버스가 공원으로 진입할 수 없도록 고가다리를 낮게 설계해서 만들었다.[45] 그것은 외양적으로는 중립적인 건축이지만, 실상은 유색인종의 접근을 차단하는 인종차별적인 정치를 건축을 통해 실현한 것이었다. 이 경우 건축기술이 순수히 정치적으로 중립적인 것이라 말할 수 있을까? 버제스가 자신의 건축을 만들던 시기가 사회적으로 인종차별적인 분위기가 만연했기 때문에, 버제스의 건축은 사회의 정치적 관계가 기술적 디자인에 크게 영향을 미쳤던 것으로 해석하는 것이 타당할 것이다.

한번 디자인된 기술은 쉽게 그 성격을 변경하지 못하는 경향이 있으며, 이 때문에 만들어진 디자인이 정치적 효과를 가지게 되는 경우도 존재한다. 그 대표적인 예가 핵기술이다. 핵미사일이건 핵발전소건, 핵기술은 가장 높은 파괴력을 가진 기술에 속한다. 이러한 기술이 개인이나 집단, 민간의 손에 놓여졌을 때 발생할 수 있는 재앙이라는 이유 때문에, 핵기술은 어느 사회에서나 중앙집권적인 관리와 통제 메커니즘을 창출한다. 즉 핵기술은 집권적인 강력한 정치를 옹호하는 경향이 있는 것이다.

어쩌면 기술이 중립적이냐 정치적이냐 하는 논란은 닭과 달걀의 문제처럼 쉽게 해결될 수 없는 것인지도 모른다. 하지만 분명한 것은 이런 논란이 끊임없이 제기되는 바로 그 상황이 기술과 정치의 깊은 관련성을 예증해준다는 것이다. 기술이 명백히 정치적으로 중립적이라면 이런 논란은 애초에 발생하지 않았을 것이기 때

45) 이층버스의 높이는 12피트였던 반면, 고가도로의 높이는 9피트였다.

문이다.

이 장에서는 크게 세가지 사례를 중심으로 기술과 정치의 문제를 생각해 볼 것이다. 하나는 자본주의 노동과정의 모체가 되었던 테일러주의(Taylorism)의 형성과정을 중심으로 기술이 가져온 정치적 결과들을 검토해 볼 것이다. 두번째로, 현대 기업들에서 지속적으로 시도되고 있는 신기술 도입을 둘러싼 정치적 쟁점들을 살펴볼 것이다. 마지막으로, 최근 우리 사회에서 크게 논란이 되었던 황우석 사태와 배아줄기세포를 둘러싼 정치적 쟁점들을 살펴보고자 한다.

2. 테일러주의와 자본주의 노동과정

역사적으로 테일러주의는 최초로 인간의 노동을 파편화, 단순화시키는 원리에 기초하여 경제적 효율성을 극대화하는 노동과정을 완성하였다. 테일러에 의해 이름붙여진 과학적 관리법(Scientific Management)은 '작업을 조직적으로 연구하고 몇개의 단순한 요소로 분해하여 노동자가 이 요소를 실행하는 것을 조직적으로 개선하는 것'을 목적으로 한다. 테일러가 발전시킨 조직적 개선의 핵심이 바로 시간(동작) 연구였다. 작업과정을 각 단위로 나누어 그 시간을 측정하고 동작을 관찰한 후 순수 기본동작만을 가장 빠른 시간 내에 행할 수 있는 최선의 방법을 찾아내는 것이 이 시간(동작) 연구의 목적이었다. 이를 통해 테일러는 작업 중에 이루어지는 거짓 동작, 느린 동작, 불필요한 동작, 순간 휴식 시간을 제거하여 인간 노동을 기계화하고자 했다. 테일러는 '노동자들이 이 표준(=최대치)을 달성하는데 있어서 최대의 장애가 되는 것은 천천히 작업하는 것 혹은 속된 말로 시간을 때우는 것이다', 그리고 '관리가 성공적인 것이 되기 위해서는 작업에 대한 어떠한 결정도 노동자에게 위임되어서는 안된다'라고 언급함으로써 자신의 과학적 관리법이 가지는 의도를 명백히 드러냈다. 그것은 노동의 과학화라기보다는 특정 형태로 노동을 변형시키고, 그럼으로써 노동자들에 대한 통제를 강화하겠다는 의도였다.

마글린(Marglin)은 자본주의적 기업조직의 위계구조는 그것의 기술적 효율성 때문이 아니라, 노동과정에 대한 통제를 확보하고 유지하며 강화시키고자 하는 목적과 연관해서 발전되었음을 역사적 사례를 통하여 보여주고 있다.[46] 즉, 그는 수직적 위계구조의 발전, 지식-육체노동의 분업은 지배를 위한 것임을 역사적으로 검토하였다. 예컨대, 선대제는 통상 자신의 도구를 소유한 가내 노동자들이 자기 집에서 일하며 화폐임금을 받았으며, 상인(즉, 선대인 putter-outer)은 단지 원료를 공급하였고 최종생산물을 소유하였다. 이는 선대인과 가내 노동자의 관계가 독립적이고 자발적인 관계라는 점에서 신분제적 혹은 위계적 장벽을 가진 길드제도와는 큰 차이를 보인다. 그러나 선대제 하에서 노동자가 갖는 그러한 독립적이고 자발적인 지위는 통제와 효율성을 추구하려는 상인자본가들의 주도하에 점차로 침식되어갔다. 그러한 침식은 노동자들에게 빚을 지우고, 도구를 소유하지 못하게 함으로써 이루어졌고, 이는 자신의 몸 이외에 어느 것에도 의지할 수밖에 없는 임금노동자의 출현에 길을 터 주었다. 또한 선대제 하에서 점차로 분산된 생산자들 사이의 세분된 분업이 발전되어 갔다.

또한 테일러의 과학적 관리법은 당시의 경제적 상황에 부응하는

46) S. Marglin(1976), "What do bosses do?," in A. Gorz(ed.), *The Division of Labour*, Brighton of Harvester, pp.55-62.

관리체계의 확립과 합리화과정으로 볼 수 있다. 통제하기 어려운 숙련공으로부터 노동과정에 대한 재량권을 체계적으로 훈련받은 관리자에게 이전시킴으로써 숙련공의 탈숙련화를 가져오게 되었으며, 노동공급의 부족을 충당하기 위해 끌어들인 이민노동자의 비숙련성의 문제를 해결할 수 있는 기계화된 작업장의 관리를 합리화시켜주는 관리방법이었던 것이다.[47)]

브레이버만(Braverman)은 테일러주의의 실질적인 원리를 3가지로 요약한다. 그 제1원리는 노동자의 기능으로부터 노동과정을 분리하는 것이었다. 노동과정(labor process)이란 본래 인간의 고유한 창조적 기능으로 이루어지는 통합적인 과정이고, 여기서 핵심은 노동자가 노동과정의 전과정에 대한 총체적 지식을 소유한다는 점이다. 테일러는 노동자들이 전과정에 책임을 지는 노동과정으로부터 노동자들을 분리하고, 대신 '관리자(manager)가 과거에 노동자들이 소유하고 있던 모든 전통적인 지식을 모아 분류하고 도식화하여 규칙, 법칙, 공식으로 만드는 일을 맡아야 한다'고 주장한다. 이를 통해 노동자들의 지식은 체계적으로 관리자, 기업에게로 이전되고 노동자들이 가진 지식은 소멸하게 된다. 테일러주의의 제2원리는 '구상과 실행의 분리'이다. 테일러는 '두뇌작업은 가능한 한 공장으로부터 분리되어 계획부나 설계부에 집중되어야 한다'고 주장하였다. 즉 지식은 관리자와 기업으로 집중되어 노동자는 단순한 실행(execution)만을 수동적으로 행하는 존재로 바뀌어야 한다는 것이다. 마지막 제3원리는 이러한 기업의 독점을 통해 노동과정의 각 단계와 그 각각에서의 노동자의 행위양식을 통제하는

47) Clegg, S. & D. Dunkeley(1987), 김진균 · 허석렬 역(1987), 『조직사회학』, 풀빛.

것이다. 즉 노동과정은 노동자들의 지식이나 숙련, 경험 속에 존재하는 것이 아니라 관리자들의 계획과 사고 속에 존재해야 한다는 것이다. 즉 브레이버만은 테일러리즘의 핵심이 효율적 노동 기술이라기보다는 '통제의 기술'이라 주장한다.

> 관리자가 노동을 통제할 수 있는 권리를 가지고 있다는 생각은 테일러 이전에도 존재했지만 실제로 그 권리는 단지 작업을 행하는 노동자의 방식에 대한 직접적 언급 없이 작업의 일반적인 상황만을 설정하는 것을 의미했다. 테일러의 공헌은 이러한 관행을 뒤집어엎고 그것을 정반대의 것으로 대체했다는 데 있다. 그는 통제가 성공적인 것이 되기 위해서는 작업에 대한 어떠한 결정도 노동자에게 위임되어서는 안된다고 주장했다. 그의 체계는 가장 단순한 것에서부터 가장 복잡한 것에 이르기까지 모든 노동의 실제 행위양식에 대한 통제를 달성하기 위한 통제의 수단에 불과했다(Braverman, 1974: 85).

테일러주의가 정치적 기술, 통제의 기술이었다는 점은 노동자들의 숙련을 의도적으로 쇠퇴(degrading)시키고 이를 관리자로 이전시키고자 한 의도에서 명백히 드러난다. 이를 통해 현대의 기업, 즉 노동자들이 지녔던 지식과 기술을 모두 독점한 기업과 미숙련, 반숙련 노동만을 행하는 노동자들이라는 형태가 완성되었던 것이다.

3. 작업장 신기술 도입의 정치

1) 신기술의 개발과 선택 및 적용

작업장에서의 기술 개발, 도입, 적용은 기업의 권력관계 및 이해갈등을 포함한 복잡한 사회적 관계에 의해 결정된다. 언제나 새로운 기술을 작업장에 도입할 때는 그것의 의도와 효과를 둘러싼 논란이 발생하기 마련인데, 그것은 신기술이 매우 강한 정치적 효과를 미치기 때문이다. 역사적으로 이러한 신기술 도입이 가진 정치적 성격은 1880년대 사이러스 맥코믹사의 공기주형기계 도입의 사례에서 잘 드러난다. 수확기 제조공장이었던 사이러스 맥코믹사는 당시로서는 그 기술의 성능이 의심스러운 공기주형기계를 도입하였는데, 이것은 기존의 숙련노동자에 의존하던 공정을 미숙련 노동력으로 대체할 수 있는 기술로 선전되었다. 하지만 이 신기술이 기존의 기계보다 많은 비용을 들이고도 품질이 떨어지는 주물을 생산하였음에도 불구하고, 회사는 새로운 신기술이 노동력을 절약할 수 있다는 것을 이유로 노동조합 지부를 조직했던 숙련 노동자들을 해고하였다. 그리고 노조를 조직함으로써 기업의 통제를 어렵게 만들었던 노동자들이 사라지자 사이러스 맥코믹사는 이 공기주형기계를 폐기하였다. 이 사례는 신기술 도입을 통해 노동조합을 파괴하고, 단기간의 손실을 감수하면서 노동자 통제라는 장기적 이익을 추구하는 정치가 이루어졌음을 보여준다. 이렇듯 신기술 도입은 매우 정치적인 의도와 결합될 가능성이 매우 큰 것이다.

이와 유사하게, 신기술의 개발·선택 및 적용이 사회적 생산관계에 의해 어떻게 결정되는지를 노블(D. Noble)은 N/C공작기계의 발전에 관한 역사분석을 통해 잘 보여 주고 있다.[48] 초기의 자동화된 공작기계의 개발과 산업에의 도입은 미 공군의 무기개발과 연관된 군사전략적 목적에 따라, 경제 외적이고, 기술 외적인 동기

48) D. Noble(1986), *Forces of Production: A Social History of Industrial Automation*, N.Y.: Oxford Univ. Press; “Social Choice in Machine Design,” in A. Zimbalist(ed.)(1979), *Case Studies in the Labour Process*, N.Y.: Monthly Review. pp. 18-50.

에 의해 선택되었다. 당시 공작기계 기술 중에서 유력한 경쟁력을 갖고 있었던 레코드-플레이백(record-playback) 방식은 숙련노동자의 최초의 작업수행을 녹음·재생함으로써 숙련성과 작업에서의 통제가 가능한 가운데, 기계가 이 최초의 숙련노동자의 동작을 반복 수행하도록 하는 방식이다. 이에 비해 수치 제어 방식(N/C방식)은 프로그래머와 단순 기계조작자 사이의 지식-육체노동의 분리를 꾀함으로서 작업자의 숙련성과 통제를 배제하는 기술이다. 미 공군은 N/C 방식을 선택하였는데, 미 공군은 당시 공작기계 개발비를 투자하고 있었고, 거의 유일한 시장을 제공하고 있었다. 노블은 이러한 결정과 선택이 엔지니어 및 경영층의 인간능력에 대한 불신과 노동자에 대한 적대적 태도에 기초하여 이루어진 것임을 생생하게 보여 주고 있다.

클레그 등(Clegg et. al)은 신기술이 제도화되는 과정을 다음과 같이 요약한다.

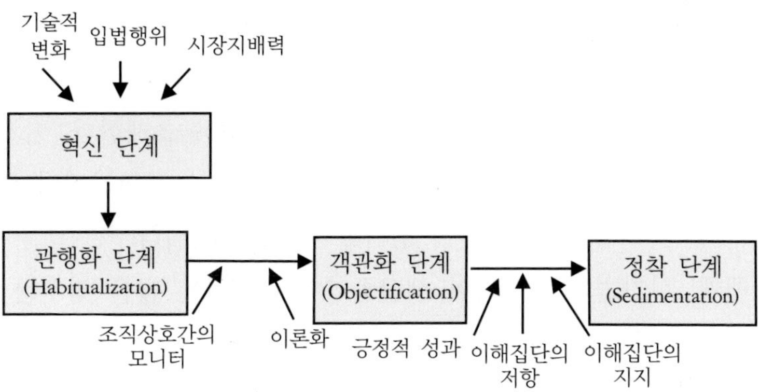

(출처: Clegg et al(1996), *Handbook of Organization Studies*, Sage, p.182)

〈그림 4-1〉 기술혁신의 제도화 모형.

<그림 4-1>은 신기술의 도입이나 기술혁신 과정에 이해관계가 얼마나 복잡하게 얽혀 있는지를 보여준다. 즉 신기술은 의사결정을 내리는 사회집단의 권력과 이데올로기에 의해서, 그리고 그것의 적용은 실제 작업장에서의 경영층과 노동자 사이의 이해갈등과 대립에 의해서 복잡하게 결정된다. 따라서 신기술 도입이나 기술혁신 과정에는 다양한 이익집단들의 이해관계가 얽힌 문제이기 때문에 이들 사이의 조정과 협상이 중요한 과정으로 대두된다. 결국, 신기술과 연관된 노동과정의 전략적 통제는 제품시장, 노동시장, 조직 내 중간층의 반응, 노조의 대응전략, 그리고 조직 내 권력관계 등 경영전략의 중심성이 어떤 부문에 두어지게 되는지를 결정하는 제 조건에 의해 보다 다양한 결과들을 낳게 되는 것이다.

2) 신기술과 노동과정 통제

역사적 사례에서도 보았듯이 신기술의 도입과 적용은 노동과정에 대한 경영층의 통제 및 조직형태의 변화와 연관성이 있다. 경영혁신 즉, 공정 및 제품의 혁신은 다시 말하자면 신기술의 적용과 노동과정의 변형 및 재조직에 연관된 기술적·조직적 변형, 그리고 기술적 분업 및 사회적 분업관계의 변형을 초래한다. 이처럼 신기술과 연관된 경영전략적 의도와 그 효과가 노동과정에의 통제에 갖는 의미를 다음과 같이 정리할 수 있을 것이다.[49]

첫째, 신기술의 도입하여 생산공정에 적용하는 많은 경우는 생산공정의 무인화(완전자동화로 인한 직접노동의 소멸)를 지향하는 것이 일반적이다. 1970년대부터 생산공정에 투입되기 시작한 자동

49) 신병현(1990), “신기술 적용전략과 노동과정통제”, 『경영논총』, 홍익대학교 경영연구소, 14. pp.221-241.

화 기술은 이제 어느 정도 일반화되어 있으며, 비록 제조부문별로 자동화와 기계화의 정도는 차별성을 띠고 이루어질지라도 생산공정에의 신기술 도입은 급속한 증대추세를 보이고 있다. 이와 같은 신기술의 도입과 적용을 통한 직접노동의 제거는 시장수요에의 신축적인 적응을 가능하게 하고, 컴퓨터화를 통하여 경영자와 엔지니어의 노동과정에 대한 직접적인 통제를 확대시킨다. 이러한 과정은 조직 내 노동력구성뿐 아니라 감독노동의 제거 또는 역할 변화를 초래하며, 나아가서 노동시장에서의 이들의 지위하락을 초래한다. 통제론적 관점에서 본다면 자동화 신기술은 노동력 통제의 가장 효과적인 수단인 것이다.

일부에서는 신기술을 이용하고 자동화가 증대됨에 따라서, 저기능(unqualified), 반복 작업이 고기능의 유지보수 및 모니터 활동에 연관된 새로운 직무로 대체되어지고, 더욱 더 도전적이고 보람을 느낄 수 있는 직무를 새롭게 창출한 것이라는 견해를 제시하는데 이는 지나치게 낙관적인 견해다. 사실상 생산공정에서 로봇과 같은 신기술의 이용하는 것은 극히 미미한 정도의 새로운 직무를 창출할 뿐이어서 고용에 심각한 부정적 효과를 창출하게 된다. 특히, 제조업에서의 조립작업(assembly work)을 담당하는 노동자의 경우 심각한 타격을 받게 된다.

둘째, 신기술의 이용은 다양한 부품생산의 하도급계약을 가능하게 하며, 파트타임제와 핵심과 주변으로 분단된 내부노동시장(internal labor market)의 발전을 촉진시킨다. 기술변화에 따른 상이한 시장부분(예컨대 독립적, 종속적 1차 노동시장, 2차 노동시장)으로의 노동시장 분단화(labor market segmentation)를 주장하는 연구들은 공통적으로 신기술이 노동과정에 미치는 영향이 실제로 노동시장 및 경영전략에 의해 상이한 효과를 동시에 산출하고 있음을 보여준다. 한편으로 신기술은 새로운 생산라인이나 생산물을 창출함으로써 노동력충원의 새로운 기회를 창출할 뿐 아니라 새로운 산업부문(예를 들어 교육, 보건 등)에서의 고용증대를 초래하기도 한다. 하지만 다른 한편으로는 기존노동자의 숙련을 해체하거나 노동시장에서의 지위하락, 교섭력의 하락을 초래한다. 과거 과학적 관리법의 도입으로 인한 숙련노동자(craft labourer)들의 지위하락은 신기술의 도입이 노동통제전략의 일환으로 이용될 수 있음을 보여준다. 신기술 도입에 의해 창출된 새로운 직업 및 직무영역의 독립적 1차 노동시장으로의 새로운 포섭은 기업 특수적 기능(firm-specific skill)을 사내 훈련시킴으로써 조직구성원의 몰입과 충성심을 제고할 수 있는 동시에 노동자 간의 기능적 차별성을 강조하는 분할지배(divide and rule) 전략의 일환으로 이용될 수 있다. 또한, 정보기술은 하도급계약을 새로운 형태로 재생산하게 된다. 특히, 분리된 과업 또는 여러 단계에 걸쳐서 이루어지는 생산 활동의 경우, 단일 장소에서 이루어지던 통합적 노동이 컴퓨터 프로그램에 의해 지역적으로 분리될 수 있게 된다. 이것은 사무실 및 관리노동의 경우에도 확대 적용될 수 있다. 즉 네트워크(networking)에 의한 중앙 사무실과 가정 또는 격리된 장소에서의 작업은 거리를 초월하여 전자적으로 연결되어 광범위한 외주(outsourcing)와 파트타임(part-time)제 운영이 가능하게 될 뿐만 아니라 노동력 집중으로 인해 초래되는 경영층의 부담을 줄여줄 수 있다. 이러한 신기술에 의거한 고용관행의 변형 및 생산과정의 재조직은 장기고용계약으로부터 초래되는 일반관리 및 노무비의 절감뿐 아니라 노동시장의 분할 지배 및 통제와 같은 노사관계 통제전략의 가능한 대안의 범위를 넓혀 준다.

셋째, 탈숙련화(deskilling)의 기본적 내용은 신기술 및 노동과정의 재조직으로 인한 숙련의 파괴와 노동의 미세한 분할이다. 이것은 자본주의적 기계 적용의 일반적 경향임을 이미 앞에서 살펴 보았다. 구상과 실행의 분리 또는 숙련노동자로부터 작업장통제권의 관리자로의 이전이라는 경영통제전략과 연관된 테일러리즘의 작업장 재조직화는 일면으로 직접노동자의 지위하락(dequalification)을 일반적으로 초래하게 되는 반면, 극소수의 계획, 프로그램, 유지·보수 등의 직무영역에 속한 노동자의 새로운 기능 향상(qualification)을 수반하는 양면적인 과정이다. 이처럼 탈숙련화 경향은 신기술 도입이 축적 과정과 연관된 다양한 매개적 과정을 통하거나 직접적인 전략의 일환으로서 불균등하게 관철되는 경향으로 볼 수 있다.

4. 생명공학, 과학과 국가 정치: 황우석 사태를 중심으로

1) 황우석 사태의 전개과정

'황우석 사태'는 생명공학이라는 첨단 기술과 사회, 정치가 결합된 가장 극적인 사건 중의 하나였다. 황우석 사태는 통상적으로 2005년 11월 미국의 섀튼 교수가 난자수급과 관련한 의혹을 제기하며 황우석 박사에게 결별을 선언했을 때부터 2006년 1월 10일 서울대 조사위원회가 황우석 박사의 2004년, 2005년 논문이 조작되었음을 밝힌 최종보고서를 발표한 시기까지를 말한다. 황우석 사태를 제대로 이해하기 위해서는 그것의 주요 전개과정을 살펴볼 필요가 있다.[50] 황우석 사태의 전개과정을 간략히 정리해 보자면 난자 수급과 관련한 연구윤리 위반, 논문 자체의 진위논란과 YTN의 MBC PD수첩의 취재윤리 위반 제기, 생물학 정보센터(BRIC)의 논문 조작 의혹제기와 황우석 지지세력의 저항과 책임회피 등으로 전개되어 나갔다.

황우석 사태를 촉발시킨 것은 섀튼 교수의 결별선언 이유이기도 했고 11월 22일 MBC <PD수첩> –'황우석 박사 신화와 난자매매의 충격–' 방송의 주요 내용이었던 난자수급과 관련한 연구윤리의 문제였다. 이날 방송에서는 난자를 매매한 여성들이 주로 경제적으로 빈곤한 여성들이었다는 점, 그리고 2004년 <네이처>지에서 의혹을 제기했고 황우석 박사가 계속해서 부인해 왔던 여성연구원의 난자가 제공된 사실도 드러났다. 이는 국제적 연구윤리 규범의 위반 문제 뿐만 아니라 여성연구원의 난자 제공에 대해 계속해서 거짓말을 해 왔다는 점에서 황우석 박사의 정직성에도 타격을 입히는 것이었다. 황우석 박사는 이틀 뒤인 11월 24일 기자회견을 통해 여성연구원의 난자 사용을 시인했지만 '해당 여성 연구원의 프라이버시 보호를 위해 숨겨 왔다'고 주장했다. 난자 수급과 관련한 윤리문제는 이후 대통령 소속 산하에 국가생명윤리심의위원회가 다루어야 할 중요한 쟁점이 되었다. 하지만 <PD수첩>의 난자수급과 관련한 윤리문제의 고발에도 불구하고 비난의 화살

---

50) 이글에서는 황우석 사태를 2005년 11월부터 2006년 1월까지 전개된 사건을 중심으로 정리하였지만 황우석 사태는 그 이전부터 이미 사태가 발생할 수 있는 사회적 조건들을 배태하고 있었다. 1999년부터 황우석 박사의 행보를 중심으로 지지집단의 형성, 생명윤리법 제정 과정, 인간배아복제 연구의 윤리적, 사회적 문제점, 본격적으로 드러난 황우석 사태에 이르기까지 생명공학과 사회 간의 관계를 광범위하면서도 구체적으로 다룬 책으로 강양구 외(2006), 『침묵과 열광』을 일독하기를 권한다.

은 황우석 박사의 연구진에게로 향한 것이 아니라 <PD수첩>의 취재진을 향해 돌아왔다. 황우석 박사를 지지하는 네티즌들은 프로그램을 제작한 PD를 비롯한 취재진들에게 인터넷 테러를 감행하고 프로그램 제작을 지원하는 기업의 불매운동을 조직함으로써 사상 초유의 무광고 방송을 이끌어 냈다. 심지어 일부 여론조사에서는 황우석 박사를 지지하는 여론이 98%에 달하는 결과가 나오기도 했다. 황우석 박사에 대한 비정상적인 전국민적 지지가 관철되는 상황 속에서 황우석 박사에 대한 어떠한 비판도, 배아줄기세포 연구에 대한 어떠한 비판적 성찰도 허용되지 않았으며 이론(異論)을 제기하는 모든 사람들은 테러의 위협에 시달려야 했고 매국노라는 비난을 받아야만 했다.[51] 사태가 자신들에게 유리하게 돌아가자 황우석 박사의 지지세력은 난자 수급과 관련한 연구윤리 위반 논란에 대해 적극적으로 대응하기 시작했다. 서울대 수의대 기관윤리 위원회(IRB)는 황우석 박사의 난자사용과정은 법적으로나 윤리적으로 문제가 없다는 보고서를 작성했고, 11월 23일 보건복지부는 이 보고서를 토대로 같은 내용을 발표했다. 특히, 보건복지부의 보고서에서는 여성연구원 난자제공의 연구윤리 논란을 보편적인 연구규범의 위반이 아니라 '문화적인 차이'에 기인한 문제라고 주장하여 새로운 논란을 만들어 내기도 했다. 그러나 2006년 2월 국가생명윤리심의위원회의 중간보고서에 따르면, 수의대 IRB 보고서 내용은 완전히 거짓이며 그것을 작성한 IRB의 구성과 운영에도 문제가 있었다는 점을 밝혔다. 또한 보건복지부의 발표는

51) 이러한 상황에 대해 최장집 교수를 비롯한 많은 학자들이 유사 파시즘 상태라는 진단을 내놓았고 이러한 민주주의의 위기 논란은 황우석 사태에서 나타난 두드러진 특징이 되었다.

당시 청와대 과학기술 보좌관이 지시를 내렸다는 점이 밝혀지면서 청와대의 개입이 있었다는 것도 확인 되었다.

황우석 사태는 11월 말부터 연구윤리 논란을 넘어 논문 자체의 진위 논란으로 변화하기 시작했다. 하지만 진위논란에도 불구하고 황우석 지지세력은 다른 언론 매체를 통해 적극적인 대응을 준비했는데, 그 내용은 <PD수첩>이 "황우석을 죽이러 왔다"며 김연구원을 협박했다는 주장이었다. 이를 통해 <PD수첩>의 취재윤리 위반 문제를 제기하였으며 MBC는 대국민 사과를 발표하고 논문 진위 여부를 규명하려 했던 <PD수첩>제 2탄은 방영을 취소했다. MBC의 취재윤리 위반 사실은 '황우석 신드롬'을 더욱 부추겼고 난자 수급과 관련된 연구윤리 위반문제까지도 덮어버리는 듯했다. 하지만 12월 5일 과학기술부가 지원하는 생물학정보센터(Biological Research Information Center: 약칭 BRIC)를 이용하는 익명의 젊은 생물학자들이 황우석 박사의 논문에 실린 사진이 조작되었을 가능성을 체계적으로 분석하여 사이트에 올렸고 배아복제 줄기세포의 DNA지문 분석자료도 조작되었을 가능성을 제기했다. 이어서 12월 8일에는 서울대 소장파 교수들도 황우석 박사의 논문에 대한 자체 재검증을 서울대 총장에게 요구했고 재검증을 위한 서울대 조사위원회가 조직되었다. 이러한 상황 속에서 논문의 진위 여부가 밝혀질 것이 예상되자 황우석 박사와 노성일 미즈메디 이사장은 서로에게 책임을 떠넘기는 기자회견을 가졌고 결국 논문이 조작되었다는 사실이 공개적으로 확인되었다. 12월 15일, 노성일 이사장은 '맞춤형 줄기세포가 없다'라는 폭탄발언을 하였고 같은 날 취소되었던 <PD수첩> 2탄도 방영되었다. 다음날 황우석 박사도 기자회견을 통해 일명 '원천기술'론과 줄기세포 '바꿔치기' 주장을 통해 자신을 변호하였다. 그러나 2006년 1월 10일 서울대 조사위원회는 2004년과 2005년 논문 모두가 조작되었으며 난자채취와 관련한 연구윤리도 위반하였고 맞춤형 줄기세포를 만들어 냈다는 증거도 찾을 수 없다고 결론지었다. 사태의 추이를 관망하고 있었던 「사이언스」지도 황우석 박사의 논문에 대한 철회 결정을 내렸으며, 서울대는 황우석 박사를 비롯한 관련자들을 징계위원회에 회부했다. 이후 검찰 수사, 국가생명윤리심의위원회의 조사, 감사원의 특별감사가 이루어지면서 황우석 박사의 위법행위와 비윤리적 행위가 속속들이 드러났다. 황우석 사태의 전개와 결말은 우리 사회에 큰 충격을 안겨 주었다. 황우석 박사의 맞춤형 줄기세포 연구에 기대를 건 많은 희귀 난치병 환자와 장애인들은 서울대병원에 설치된 세계줄기세포허브에 대거 등록했다가 큰 실망과 낙담을 하였다. 황우석 박사의 연구가 거짓이었음이 밝혀 진 이후에도 황우석 박사의 원천기술론과 줄기세포 바꿔치기 주장은 황우석 박사를 지지하는 다양한 모임을 만들어 냈고 현재까지도 원천기술확보와 연구재개를 외치며 황우석 박사를 지지함으로써 한국 사회는 소위 황우석 박사를 지지하는 사람들(소위 '황빠')과 비판하는 사람들('황까')로 크게 양분되었다.

2) 황우석 사태의 정치적 성격

황우석 사태가 전개되는 과정에서 가장 두드러지게 나타난 특징은 아마도 '황우석 신드롬' 현상이었을 것이다. 황우석 신드롬은 세계적인 과학 스캔들의 원인이면서 동시에 결과로 작용했다. 이것은 단순히 황우석 개인의 사기극이 아닌, 황우석을 둘러싼 다양한 이해관계들이 결합되어 발생한 것으로, 실제로 '황우석 신드롬'

이 가능했던 것은 정부 각 부처의 600억원 대에 달하는 전폭적 지원,[52] 정치·경제인들과의 유착관계, 언론의 왜곡·과장보도, 과학사회의 검증시스템 부재 등의 사회적 조건이 뒷받침 되지 않았다면 불가능한 일이었다.

이 사건의 정치적 성격은 우선 그것의 상품화 문제와 관련되어 있다. 황박사의 배아복제줄기세포연구가 난치병 치료의 가능성을 열고 그것을 상용화한다면 엄청난 고부가 가치, 경제적 이익을 얻을 수 있을 것이라는 기대가 크게 작용했다. 물론 이러한 기대는 상당부분 언론에 의해 과장된 측면이 있지만 만일 환자맞춤형 줄기세포가 만들어지게 된다면 그 경제적 효과는 엄청날 것이다.[53] 그러나 그 경제적 가치는 현재의 기술력으로는 '실제'가 아닌 '가상'의 가치일 뿐이며 고가임에도 불구하고 이 기술을 이용할 수 있는 사람들에게만 해당되는 가치라는 것을 고려해야 한다. 그럼에도 불구하고 이 상품을 선점하기 위한 다양한 기업집단들이 후원회의 형식으로 황우석의 연구를 지원해왔던 것이다. 특허로 대

---

52) 정부 각 부처(교육부, 농림부, 과기부, 정통부)가 1998년부터 2005년까지 황교수에게 지급한 정부지원예산은 676억원에 달한다. 한재각(2006), "황우석 사태를 키워온 자 누구인가? -정부와 정치권의 책임-",「황우석 사태로 본 한국사회의 현재와 미래」생명공학감시연대 토론회 자료집. p.25.

53) 2005년 말, 연일 언론에서는 '황우석 경제가치', '황우석 가치', '황우석 파급효과 33조'라는 기사를 실었다. 이는 2005년 8월에 과학기술정책연구원에서 발간한 보고서('황우석 연구성과의 경제적 가치 및 시사점') 내용을 토대로 작성되었는데, 당시 보고서는 줄기세포의 신규시장 창출규모를 전망하면서 세가지 시나리오를 제시하였으나 언론은 그 중 가장 낙관적인 전망을 기정사실화하면서 계속적으로 유포하였고 이는 당시 <PD수첩>을 공격하는데 일조하게 되었다. "황우석 몰락과 함께 꺼져버린 '33조 신기루'", 김종철, 오마이뉴스, 2005.12.16.

변되는 기술적 선점과 상용화의 가능성은 동료 의과학자들 뿐만 아니라 경제인들을 유인하는 강력한 매개가 되었을 것이다.[54)]

두번째로, 배아복제줄기세포연구의 고부가 가치에 대한 기대는 잇단 경제정책의 실패로 인한 정치적 비난을 받아 왔던 정부에게 하나의 기회로 작용했을 것이며, 2004년, 2005년 논문을 통해 세계적인 스타과학자로 부상한 황박사의 대중적인 영향력은 표심을 의식하지 않을 수 없는 여러 정치인들을 유인할 수 있는 충분한 동인이 되었다. 다수의 언론 역시 이 연구의 과학적 검증 여부와 정확한 정보전달, 이 연구가 야기할 수 있는 사회적 문제들에 대해 성찰적으로 접근하기 보다는 황박사의 입을 통해 발표된 내용만을 그대로 전달하기에 바빴다. 이 모든 것들은 '배아복제줄기세포연구=국익=발전'이라는 의미 연쇄를 만들어냈다. 황박사에 대한 폭발적인 대중적 지지에는 경제적 국익론만 영향을 미쳤던 것은 아니다. 가난한 농부의 아들로 태어나 세계최초의 성공신화를 이뤄 낸 세계적인 과학자에 대한 동일시와 대리만족, 그리고 민족적 자긍심이 있었다. '과학에는 국경이 없어도 과학자에게는 조국이 있다'[55)], '미 생명공학기술 고지에 태극기를 꽂고 왔다'[56)]는 황박사의 발언은 대중들에게 일명 '황우석 어록'이 되었고 미국도, 일본도 해내지 못한 일을 대한민국이 이뤄냈다는 민족적 자부심을

54) 노무현 대통령은 황교수의 광우병 내성 유전자조작 복제소 등의 연구에 대해 동북아 시대 2만 달러 시대의 가능성과 희망을 발견했다고 칭송했다. 황교수에 대한 정치인들의 신뢰와 지지는 황우석 교수를 돕는 국회의원 모임(가칭) 결성 등으로 나타났고, 삼성, SK, LG, 포스코 등 기업들의 후원금도 100억원 대에 달한다.

55) 조선일보, 2005.6.7.

56) 동아일보 2004.2.19.

심어 주었다. 따라서 '황박사 지지=애국', '황박사 비판=매국'이라는 공식이 성립될 수 있었고 배아복제연구는 국익을 앞당기고 애국을 실천할 수 있는 과학기술로 의미화되었다. 황우석 사건이 진행되는 동안, 황박사가 설사 연구윤리나 생명윤리의 위반 소지가 있다 할지라도 자국민이기 때문에 덮어주어야 한다는 논리는 이러한 민족주의적 정치의 기반 위에서 가능했던 것이다.

또한 난치병, 불치병 환자와 그 가족들은 이 연구를 통해 치료의 가능성과 희망을 가질 수 있게 되었다는 점에서 전폭적인 지지를 보냈다. 이 연구에 대한 기독교의 공식적 입장과 다르게 척수장애 아들의 체세포와 아내의 난자를 제공한 한 목사와 그의 아내는 사랑하는 가족의 불편과 고통을 해결해 줄 수 있을지도 모른다는 희망을 품고 있었을 것이다. 배아복제연구의 난치병, 불치병 치료의 가능성은 환자와 그 가족들을 넘어 이웃, 친지, 민족의 고통을 해소해 줄 수 있는 아이콘이 되었다. 따라서 배아연구를 지지하는 것은 이웃이나 민족의 고통을 이해하고 함께 하려는 것으로, 그것을 비판하는 것은 자기밖에 모르는 이기적인 것으로 이해될 수 있었다. 즉, '황박사 지지=이타, 황박사 비판=이기'라는 의미로 받아들여졌던 것이다. 이러한 사회문화적 배경 속에서 대부분의 대중들은 배아복제연구를 난치병 치료의 가능성 및 국가 성장의 매개로 동일시 할 수 있었다. 이 모든 것들이 맞물리면서 배아복제 연구에 대한 성찰적 목소리는 과학기술 발전과 국가 성장에 발목을 잡는 족쇄로 자리매김 되었던 것이다.

3) 배아복제줄기세포연구의 진실과 과제

배아복제 줄기세포연구는 그 기술적 가능성이 지나치게 과장되어 있다. 2005년 <사이언스>에 실린 논문에서 환자맞춤형 배아줄기세포주를 확보했고 이를 통해 황박사와 언론은 난치병, 불치병 치료의 가능성을 앞당길 수 있게 되었다고 강변했지만[57] 이는 전문가들 사이에서도 논란이 되고 있다. 2005년 12월 20일, 뒤늦게 나마 서울의대 교수 21명은 황박사의 '환자 맞춤형 배아줄기세포'의 의학적 응용가능성이 과장됐다는 내용의 성명서를 발표했다. 또한 설사 황박사의 연구가 성공했다 하더라도 상용화되기까지는 면역거부반응 극복, 세포분화 과정 등 해결해야 할 기술적 문제들이 많이 남아 있으며 이러한 문제들이 해결되기 위해서는 최소한 10년 이상의 기간이 필요하다고 한다. 또한 상용화된다 하더라도 이 기술의 수혜자가 누가 될 것인가의 문제는 여전히 남아 있다. '세계최초'의 신화, 성장주의에 입각해 엄청난 자본을 투여하여 발전된 기술이 투자자본 회수를 기본으로 하는 자본의 특성상 가난한 장애인, 난치병 환자에게 돌아갈 수 있을지도 의문이다. 문제는 언제가 될지도 모르는 미래의 난치병 치료 가능성을 위해 현재의 여성의 몸이 연구의 대상과 수단으로 전락할 가능성이 있다는 것이다. 그러나 줄기세포가 파킨슨씨병, 척수 손상, 뇌졸중, 심장질환, 당뇨병 등의 치료에 이용되는 대체세포를 만들 수 있는 잠재력이 있는 이상, 국익론과 전문가 집단의 이해관계, 그리고 난치병 환자 및 가족들의 요구가 맞물리면서 줄기세포 연구는 지속될 것이다. 그렇다면 줄기세포를 어떻게 확보할 것인가의 문제가 남는다. 줄기세포는 황우석 박사가 진행했던 배아복제(체세포 핵이식 방법)를 통해서 뿐만 아니라 시험관 시술 후 남은 잔여배아, 탯줄, 태아조직, 성체 조직 등에서도 얻을 수 있다.[58] 따라서 어떤 공급

57) "황우석 난치병 정복 길 열었다" 서울신문 2005.5.20.

원을 통해 줄기세포를 얻을 것인가는 사회적 힘 관계 속에서 변화될 수 있는 여지가 있다.

황우석 사태는 많은 해결되어야 할 문제를 남겨 주었다. 우선 생명공학기술, 특히 배아복제줄기세포 연구에 대한 과학적, 사회적 성찰이 필요하며, 이것이 단순히 경제적 이윤동기나 정치적 목적으로 접근하게 될 때 가지는 위험이 얼마나 큰지를 보여주었다. 또한 줄기세포를 마치 모든 불치병의 만병통치약인양 대중을 호도하는 요술램프로 둔갑시키기도 했다는 점에서, 줄기세포 연구 성과의 정확한 현황과 정보를 제공하도록 하는 장치의 마련이 시급히 요청된다. 연구윤리와 생명윤리를 둘러싸고 벌어진 문제들에 대한 사회적 제도 마련도 필요하다. 난자채취의 범위와 적법한 통로의 마련, 정보제공의 투명성과 과학자사회의 검증시스템 확보 등이 필요한 것이다. 하지만 무엇보다 생명공학이라는 과학기술이 정치와 직접 결합될 때 발생하는 정치적 위험을 경계해야 할 것이다. 과학기술을 애국주의나 민족주의적 잣대로 평가하고 지지 혹은 반대의 정치적 의사를 표현할 경우, 그 결과는 대중을 호도하고 과도한 정치적 대결의 장으로 끌어들이는 대중주의(populism)를 만들어낼 수 있다. 우리는 역사적으로 이 대중주의적 정치가 얼마나 위험한지를 이미 독일 파시즘의 경험에서 충분히 목격해 왔다.

5. 기술과 정치를 올바로 사고하기 위하여

우리는 적어도 기술이 중립적인 도구가 될 수 있으리라는 순진

58) 명진숙(2006), "배아복제줄기세포연구와 여성", 「생명과학기술시대 여성인권확보를 위한 국제포럼」 자료집, p.180.

한 믿음을 더이상 가질 수는 없다. 앞서 보았듯이 기술을 통해 이루어지는 정치, 혹은 기술에 내재한 정치적 성격은 신기술을 통해 노동자를 통제하려는 경우와 같이 명시적으로 정치적 목적을 달성하기 위해 기술이 이용되기도 하지만, 황우석 사태의 경우처럼 민족주의와 애국주의, 대중주의라는 의도하지 않은 정치적 상황을 구성해내기도 한다. 그 어떤 경우에서건 이렇게 기술이 정치의 핵심에 자리하게 될 때 그 결과는 대체로 부정적임이 드러난다.

더욱 복잡화, 거대화, 시스템화되고 있는 기술이 정당하지 않은 정치적 목적을 가지게 될 때 그 결과란 상상하기 어려운 재앙이 될 수 있다. 그렇기 때문에 역설적이지만 오히려 기술을 정치적으로 사고하는 것이 필요하다. 기술은 투명하지도 않고 대중이 알 수 없는 블랙박스인 것도 아니다. 기술이 가져오는 결과가 항상 정치적인 영향을 미친다면 오히려 기술을 정치적으로 그리고 비판적으로 사고해야 하는 것이다. 그것은 기술을 정치적 사고와 비판 앞에 드러내는 것이고, 기술을 공적 영역을 통해 토론하도록 만드는 것이다.

생각해 볼 문제

1. 여러 기술들을 사례로 기술이 가지는 정치적 성격을 토론해 보자.
2. 과학자나 공학자는 정치적으로 어떤 자세를 가져야 하는지 생각해 보자.
3. 신기술의 정치적 성격을 생산자가 아닌 소비자나 사용자의 측면에서 생각해 보자.
4. 미래의 신기술은 어떤 정치적 성격을 가지는지 토론해 보자.

참고문헌

강양구 외(2006), 『침묵과 열광』, 후마니타스.

김종철, "황우석 몰락과 함께 꺼져버린 '33조 신기루'", 오마이뉴스 2005. 12. 16.

명진숙(2006), "배아복제줄기세포 연구와 여성", 『생명과학기술시대 여성인권 확보를 위한 국제포럼』자료집.

신병현(1990), "신기술 적용전략과 노동과정통제," 『경영논총』, 홍익대학교 경영연구소, 14.

윤정로(2000), 『과학기술과 한국사회』, 문학과 지성사.

한재각(2006), "황우석사태를 키워온 자 누구인가? -정부와 정치권의 책임-", 『황우석 사태로 본 한국 사회의 현재와 미래』, 생명공학감시연대 토론회 자료집.

허상수(2004), "참여정부의 기술정책 평가": 연속성의 변화? '과학기술중심사회'와 '성장동력' 논의를 중심으로', 『동향과 전망』 통권 제60호, 한국사회과학연구소.

동아일보 2004. 2. 19.

서울신문 2005. 5. 20.

조선일보 2005. 6. 7.

Braverman, H.(1987), 이한주 · 강남훈 역, 『노동과 독점자본』, 까치.

Clegg et al(1996), *Handbook of Organization Studies*, Sage.

Clegg, S. & D. Dunkeley, 김진균 · 허석렬 역(1987), 『조직사회학』, 풀빛.

Heidegger, M., 이기상 역(1993), 『기술과 전향』, 서광사.

Littler, C.R.(1982), *The Development of the Labor Process in Capitalist Societies*, London: Heinemann.

Marglin, S.(1976), "What do bosses do?," in A. Gorz(ed.), *The Division of Labour*, Brighton of Harvester.

Marglin, S., "자본주의적 생산에서의 위계의 기원과 기능", 고훈석, 허석렬 편역(1986), 『현대자본주의와 노동과정』, 이성과 현실사.

Noble, D.(1986), *Forces of Production: A Social History of Industrial Automation*, N.Y.: Oxford Univ. Press.

Noble, D.(1979), "Social Choice in Machine Design," in A. Zimbalist ed.(1979), *Case Studies in the Labour Process*, N.Y.: Monthly Review Press.

Taylor, F.W.(1911), *Scientific Management*, Harper & Brothers Publishers.

제 5 장 기술과 예술

1. 예술과 과학기술

과학기술과 예술은 어떤 관계에 있는가? 기술이 자연을 이용하는 방법과 관련된 것이라면 예술은 세계의 미학적 재현과 관련된 것으로, 일견 이 양자는 가장 먼 관계에 있는 것으로 보인다. 하지만 기술의 발전과 동시에 예술적 양식과 개념의 변화는 이 양자의 관계를 더욱 가까운 것으로 만들고 있다. 아니 어쩌면 기술과 예술은 우리가 아는 것보다는 훨씬 더 가까운 친족관계를 유지하고 있었는지도 모른다. 예컨대 피타고라스에 의해 발견된, 아름다움과 안정감을 제공하는 황금비율은 오래전부터 건축에 응용되어 건축물을 예술로 만들어 주었다. 또한 화가 레오나르도 다빈치는 유명한 인체비례도를 통해 인체의 비율이 황금비율을 이룬다는 사실을 과학적으로 증명하고자 시도했었다. 이렇게 과학기술은 이미 예술 속에 내재해 왔던 것이다.

예술과 그것의 기술적 표현 역시 깊이 연관되어 있었다. 예술사가 하우저(Arnold Hauser)에 따르면, 예술의 전 역사는 표현의 기술적 수단의 계속적인 혁신과 개선의 역사이기도 했다. 예술의 발전은 이들 수단의 남김 없는 활용과 지배의 과정으로, 노력과 의도, 표현 매체와 표현내용의 조화된 일치로 정의할 수 있다. 예술은 언제나 그 생산 과정에서 기계를 사용하며, 이러한 표현 수단의 간접성과 물질성은 예술의 가장 본질적인 특성중의 하나인 것이다.[59] 특히 기술 발전이 본격화되는 근대 시기에 이르면 기술은 예술을 정의하는 핵심적인 기준 중의 하나로 변모한다. 예를 들어 19세기 자연주의 예술의 진실을 가늠하는 기준은 거의 전부 자연과학의 방법론에 기초하고 있다. 사실주의 회화의 완성자인 쿠르베의 회화는 인간의 신체를 신화적 몸이 아닌 현실의 몸으로 재현했다. 현실에 존재하지 않는 이상화된 육체가 아니라 직업 확인할 수 있고 결함이 있지만 진짜 인간의 육체가 경험적이고 과학적인 시선 하에서 그려졌다. 이것은 뒤에 살펴보겠지만, 투시법의 발견, 카메라 옵스큐라와 사진술의 발명 등 시각기계가 가져온 근대의 시각혁명을 반영하는 것이다.

물론 산업혁명이 가져온 거대한 변화가 과학기술에 대한 부정적 견해를 만들어내었고, 문인들과 사회비평가들은 기계를 예술의 정반대의 것으로 간주하기 시작한 것도 사실이다. 예술이 인간성의 정수와 같은 반면 기계는 비인간적 또는 반인간적인 것이나 마찬가지였다. 기계란 반복, 표준화, 자동화, 동일한 물건의 대량 생산, 수공적 기술의 붕괴, 그 순환 법칙의 단조로움, 비인간적 성격이 권태에 대한 노동자의 종속 따위를 의미했고, 예술은 개성적, 인간적 표현, 독창성, 유일함, 숙련된 수공적 가치를 상징했다(남택운,

59) 하우저에 따르면 예술의 표현 자체가 이미 도구와 기술에 얽매여 있으며 그것이 베틀이든 카메라든 붓이든 심지어 사람의 목소리까지도 물질적 도구일 뿐이지 그 자체가 정신적 실재인 것은 아니다.

1993: 264-5). 영국의 예술비평가이자 사회비평가인 러스킨(John Luskin)은 현대예술의 열등성과 예술적 문화의 저하 및 대중의 악취미의 원인을, 현대 공장의 기계적 생산방식과 분업으로부터 찾았다. 새로운 노동방식과 기계의 사용이 노동의 정신적 요소를 제거하고 예술을 타락하게 했다는 것이다. 그는 인간에게 기술적인 완전함을 요구하는 모든 양식을 예술의 비인간화를 초래하는 원인으로 보았다(김은경, 2000: 72). 그렇지만 기술의 의미를 지나치게 축소시켜 정의한 나머지, 예술은 그 생산과정에서 언제나 기계를 사용하며, 표현수단의 간접성과 물질성은 예술의 가장 본질적 특성중의 하나라는 것을 인식하지 못한 것 같다. 러스킨의 견해와는 달리, 당시 기술적 발전과 정신적 발전 사이의 관계가 불균형적이었던 것은 복잡하고 다양한 기계가 사용되기 시작했기 때문이 아니라 기술적 발전을 인간의 정신이 따라잡지 못했기 때문이다.

그러나 여기서 기술이 예술에 미치는 영향이 단순히 긍정적이거나 혹은 부정적인가하고 논하는 것은 그리 중요한 일이 아닐 것이다. 역사 속에서 문화예술은 항상 과학기술의 발전과 긴밀한 상호관계를 맺어 왔다. 예술과 기술을 구별 짓는 것은 과학기술 자체가 아니며 재료 및 도구가 습관적으로 사용되는 방식과 그에 상응한 형식적 관례에 따라 작품이 제작, 분배, 소비되고 마침내 분류되는 사회제도이다. 예술적 상상력이 새로운 과학기술에 영감과 원동력을 제공하는 것과 마찬가지로 과학기술의 변화가 직접적으로든 간접적으로든 동시대의 예술 작품에 영향을 미친다는 것 역시 분명한 사실이다(송진석, 2004: 72).

그렇다면 이렇게 기술이 예술에 영향을 미친다는 것은 무엇을 의미하는 것인가? 기술의 적용을 통해, 예술은 어떠한 새로운 기법을 발전시켰으며, 그것을 통해 무엇을 표현할 수 있게 되었는가? 어떤 예술적 표현 욕구가 그러한 기술의 발전과 결합하게 되었는가? 기술의 발전으로 일어나는 사회의 문제들에 대해 예술은 어떠한 방식으로 대응하고 비전을 제시하려 했는가? 이러한 질문에 답하기 위해, 여기서 우리는 그동안 기술과 예술 사이의 소통이 어떻게 이루어져 왔는지 살펴보게 될 것이다.

2. 근대 기술과 미술

현대 미술의 특징 중의 하나는 산업화 혹은 기계화가 가져온 사회 변화를 능동적으로 예술 속에 담고자 하는 노력을 보여왔다는 점이다. 그리고 그 노력은 기술이 가져온 예술적 영감의 표현, 기계 시대에 대한 예술적 개입, 기술적 수단을 통한 새로운 예술 형식의 모색 등 다양한 방향으로 표출되었다. 그렇다면 이러한 새로운 예술의 시작은 어디에서 비롯되었는가? 그 출발점을 근대적 시각의 출현으로 설정해 보자.

1) 근대적 시각의 출현과 시각기계

1426년과 1435년, 미술사에서 획기적인 사건이 발생했다. 마사치오(Masaccio, 1401-1428)는 최초의 투시법(perspective)을 적용한 「삼위일체」라는 회화를 그렸고, 알베르티(Alberti, 1404-1472)는 1435년, 이 투시법의 원리를 체계화한 『회화론』을 출판했다. 투시법은 2차원 평면에 3차원의 입체감을 부여하는 회화 기법의 하나다.

〈그림 5-1〉 마사치오, 3위일체

투시법은 이상적인 시점을 설정하고, 그것으로부터 대상을 체계적으로 부여하는 기법으로, 그 핵심은 바로 소실점의 설정에 있다. 소실점, 즉 인간의 시점으로부터 그어질 수 있는 선들이 수렴되는 하나의 점은 화면의 중심에 있어야 하고, 소실점을 중심으로 화면에 사물이 배치될 때 회화는 안정, 균형과 대칭, 그리고 실물감을 완성할 수 있다. 소실점은 실은 현실에는 존재하지 않는다. 앞으로 길게 뻗은 도로를 볼 때 인간의 시각은 그 도로가 결국 한 점, 즉 지평선에서 수렴하여 소멸되는 것처럼 보지만, 이 도로는 결코 현실에서 수렴되거나 소멸하지 않는다. 이러한 인간의 시각이 가진 특징, 혹은 맹점을 화면으로 옮겨 '실제'인 듯한 착각을 불러일으키는 방법이 바로 투시법인 것이다. 알베르티는 과학적 회화란 다음과 같은 원리로 구성되어야 한다고 주장한다. '평면적으로 관찰한 어떤 물체를 화면이나 벽면 위에 선으로 그리고 색을 입혀서 .. 마치 부조처럼 돌출하여 실물을 방불케 해야 한다'(Alberti, 2006).

이렇게 실제인 것처럼 보이게 하는 2차원 회화는 다른 표현으로 환영주의(illusionism)라 칭하기도 한다. 이것은 기본적으로 인간 시각의 착각에 근거하여 작용하기 때문이다. 그런데 이 투시법은 하나의 근본적인 전환을 이루었다. 투시법은 보는 주체와 보이는 대상의 관계를 매우 명확하게 인간과 사물의 관계로 정의한다. 대상은 인간의 보는 법(ways of seeing)에 따라 배치, 재구성되는 것이다. 대상은 이제 단순히 존재하는 것이 아니라 '질서 잡힌 공간'으로 전환된다. 투시법 이전의 자연 대상이 단순히 사물이 위치하는 장소 개념이었다면, 이제 투시법 하의 자연은 높이, 깊이, 그리고 넓이로 규정되는 체계적인 공간이 된다. 투시법의 발명은 실제공간을 체계적으로 구조화하고, 이를 회화에 응용하는 매우 다양한 실험들로 이어졌다. 예컨대 우첼로(Paolo Uccello, 1397-1475)는 「산로마노 전투」 연작을 제작하면서 전체 화면의 구조에 대한 다양한 스케치를 남겼는데, 이것은 모두 투시법과 알베르티 회화론을 구조화한 과학적 작업의 한 전형을 보여준다.

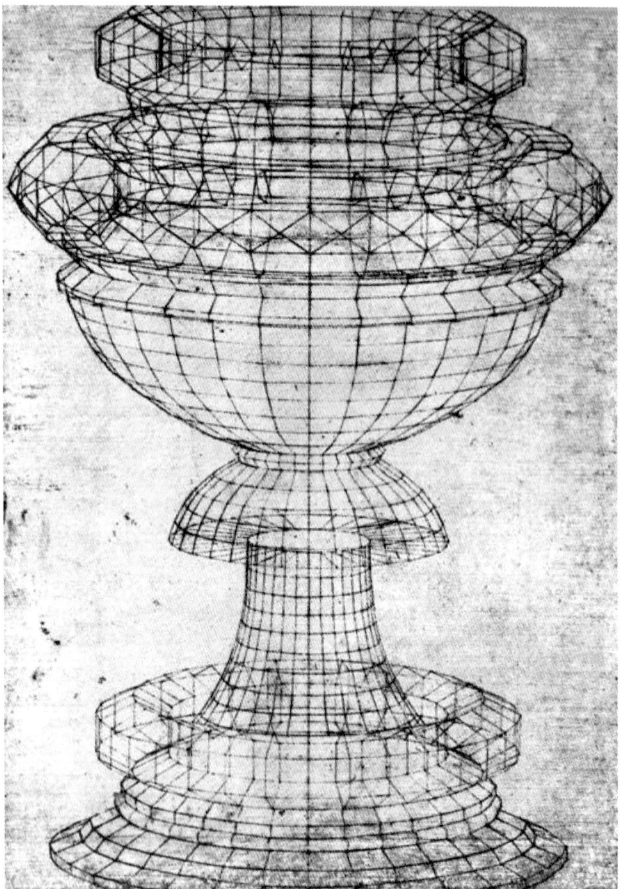

〈그림 5-2〉 우첼로 회화의 구조도

투시법의 등장은 인간의 눈이 모든 지식의 기초가 되고, 눈이 만들어내는 시각은 보편적인 가치판단의 기준이 되는 시각주의를 초래했다. 이러한 시각을 가진 화가의 시선은 수학자의 시선과 다름없는 과학자의 시선이다. 수학자는 대상의 물질성을 도외시하고 대상의 형태만을 측정하지만, 화가는 눈에 보이는 사물을 과학적으로 다룬다. '보는 것이 믿는 것'이라는 경험주의의 명제는 이러한 과학적 시선의 확립을 통해 자연스럽게 형성되어 온 것이다. 르네상스 혁명의 거장이었던 레오나르도 다빈치(Leonardo da Vinci, 1452-1519)는 눈과 시각에 대해 다음과 같이 단언하였다.

> '눈은 천문학의 대가이다. 우주의 그림을 그려낸다. 눈은 인간의 모든 예술을 선도하고 개선한다. .. 눈은 수학을 지배하는 군주이다.'

투시법의 원리는 하나의 기술적 고안물로 구체화되었다. 그것이 바로 카메라 옵스큐라(Camera Obscura)인데, 이것은 투시법의 원리를 기계화한 일종의 사생 도구라 할 수 있다. 암실의 원리가 적용된 이 기구는 자연을 정확하게 모사해서 그림을 편리하게 그릴 수 있는 장치로, 화가 뿐만 아니라 일반인들에 의해서도 사용되었다.

1753년에 발간된 Encyclopedia에 카메라 옵스큐라는 다음과 같이 설명되어 있다.

> '그것은 시각의 본성에 커다란 빛을 던진다. 그것은 매우 즐거운 스펙터클을 제공한다. 즉 그 물체와 꼭 닮은 이미지를 드러낸다. 그것은 다른 어떤 것보다도 물체의 색과 움직임을 잘 재현한다. .. 그 기구에 의해 그림을 그릴 줄 모르는 사람도 매우 정확하게 그릴 수 있다.'

〈그림 5-3〉 카메라 옵스큐라

카메라 옵스큐라는 단순한 회화의 보조 도구 이상의 의미를 가진다. 그것은 투시법이 새로운 시각의 중심성을 확립한 것 만큼이나, 이 투시법의 원리를 기계에 적용함으로써 자연을 인간의 시각, 특히 과학적 시각의 대상으로 확립시켰고, 인간을 자연에 대해 관찰자(observer)로 부각시켰다. 자연이란 기계화된 시각이라는 창(window)에 비쳐진 대상으로 여겨졌던 것이다.

사실 17세기에 광학에 대한 관심은 시각주의의 성립과 관련되어 다양한 관심들로 이어졌다. 데카르트의 굴절광학, 뉴튼의 광학, 그리고 헬름홀츠의 광학으로 이어지는 광학의 역사는 빛, 시선, 인간의 생리적 시각 등을 아우르는 학문이었다. 그리고 그 관심의 한 가운데에 카메라 옵스큐라가 있었다. 이것의 용도는 다양했다. 예컨대 뉴턴은 『광학』에서 카메라 옵스큐라를 이용한 다음과 같은 실험을 했다.

'아주 어두운 방안에서 창의 덮개로 만들어진 약 폭 1/3인치 정도의 둥근 구멍에 유리 프리즘을 놓았다. 그러자 햇빛이 그 구멍으로 들어와 빛살은 방 반대편 벽을 향해 위쪽으로 굴절되고 해의 색색 이미지를 만드는 듯 했다.'

카메라 옵스큐라는 분명 자연을 회화로 재현할 때 사용되는 기술적 보조수단이었지만, 그것이 가진 역사적 의미는 단순한 기구 이상의 것이었다. 그것은 세상을 바라보는 특권적인 눈이었고, 인간의 시각과 외부의 존재를 정의하는 수단이었다. 과학적인 시선은 이제 기계화된 시각이라는 새로운 힘을 획득하게 된 것이다. 투시법에서 카메라 옵스큐라로, 현미경과 망원경, 그리고 사진으로 이어지는 시각기계들의 출현은 과학적 시선의 확립과 발전이라는 관점에서 이해될 수 있으며, 카메라 옵스큐라는 그 출발점이었던 것이다.

2) 과학과 예술: 사실과 같은 회화

17세기 바로크 미술은 다양한 변종적 시도들을 자주 선보였다. 그러한 작품들 중에 주목되는 것이 바로 의학적 시선과 결합된 작품들이다. 1655년에 그려진 램브란트(Rembrandt, 1606-1669)의 「가죽벗긴 소」는 도살되어 가죽이 벗겨진 소를 매우 사실적으로 그림으로써 스캔들을 일으켰다. 해부학적으로 묘사된 죽은 소는 그것이 어떤 의미를 가지는지를 말하기에 앞서 사람들에게 강렬한 이미지를 불러일으켰다. 그런데 램브란트의 이런 작업은 단순히 개인적 영감을 일회적으로 표현했던 것이 아니라 사실은 일관된 과학적인 재현의 시선이 작용했던 것이다. 그것을 우리는 아래의 「툴프박사의 해부학 강의」(1632)라는 작품을 통해 알 수 있다.

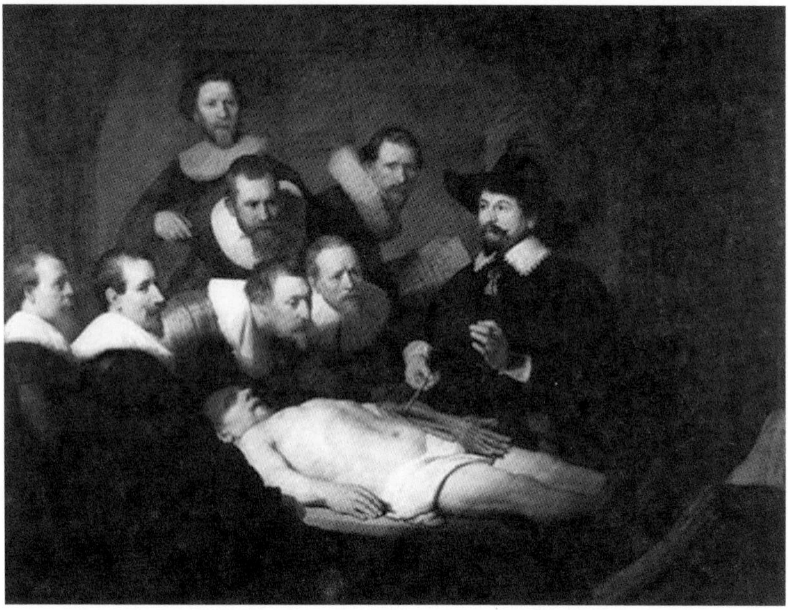

〈그림 5-4〉 램브란트의 「툴프박사의 해부학 강의」

이 작품은 시체를 가운데 두고 놀라움과 호기심, 두려움을 드러내는 학생들, 그리고 팔의 근육을 끄집어 내어 설명하고 있는 툴프 박사를, 관람자가 마치 해부학 강의에 참여하는 느낌을 받도록 생생히 그려내고 있다. 해부학 강의의 중심인 시체는 화면 정가운데 약간 아래쪽으로 밝은 빛을 받으면서 모든 생생한 근육과 피부를 사실적으로 보여주고 있다. 강의하는 툴프 박사는 놀라고 두려워하는 학생들과 달리 아무런 표정도 드러내지 않은 채 시체를 '사물'처럼 다루고 있다. 이것은 감정과 연민과 편견을 배제한 정확히 과학의 상황인 것이다. 이 놀라운 회화는 그 당시 큰 성공을 거두면서 일련의 해부 연작을 만들도록 이끌었다.[60] 「가죽 벗긴

60) 당시 귀족들은 램브란트의 해부학 연작에 자청하여 학생 중 하나로 그

소」도 그 연작의 하나라 할 수 있고, 1656년에는 머리를 해부하는 「데이만 박사의 해부학 강의」라는 작품으로 이어졌다. 17세기는 흔히 바로크 미술의 전성기로 얘기되는데, 이 시기는 또한 과학적 시선들이 발달한 시기이기도 했다. 투시법에 기초한 다양한 기교들이 화려하게 꽃피었던 시기가 바로 바로크였으며, 또한 새로운 시선들과 실험들이 등장하는 시기이기도 했다. 이러한 예술에서의 과학적 실험들은 19세기의 사실주의 미술로 연결되었다.

19세기는 서양 미술의 역사에서 사실주의의 시대였다. 사실주의 회화는 세계를 바라보는 예술가의 눈을 새롭게 정의했다. 세계란 보이는 그대로, 있는 그대로의 현실이며, 이 실재를 충실히 재현(represent)하는 것이 예술가의 임무라 여겨졌다. 이러한 신념은 과학주의적이고 경험주의적인 새로운 세계관을 반영하는 것이었으며, 이를 단적으로 확인할 수 있는 것이 바로 인간의 육체를 바라보는 방식의 변화였다. 사실주의 이전의 회화와 사실주의 회화를 비교해 보자.

비너스로 상징되는 인간의 육체는 이전까지 신이 부여한 가장 아름다운 육체, 즉 신화적 육체를 대표하는 것이었다. 8세기에 있었던 성상파괴 논쟁[61)]에서 드러나듯이 인간의 육체는 성스러움을 해하지 않도록 표현되어야 하며, 신의 권능을 드러내는 한에서만 표현될 수 있는 대상이었다. 하지만 사실주의 회화, 즉 과학적, 경험적 시각은 이러한 신화를 파괴하고, 예술의 대상으로서 실제 존

려줄 것을 요청했다고 한다.

61) 성상파괴(iconclasm) 논쟁이란 동로마 제국의 레오3세가 모세5경의 우상숭배 금지에 따라 726년 내렸던 성상숭배금지령과 그를 둘러싼 논란을 지칭한다. 하지만 결과적으로 이 논쟁은 성상 표현을 허락하는 종교회의 결과로 귀결되었다.

〈그림 5-5〉 우르비노의 「비너스」(1538)와 쿠르베의 「목욕하는 여인」(1853)

재하는 인간의 몸을 복원하였다. 예술은 과학적 시선과 결합하였고, 그 대상을 인간의 세계에서 찾았던 것이다. 이제 인간의 육체는 더 이상 '조각'처럼 아름답지 않다. 위의 두 회화는 신화적인 여성의 육체와 사실적인 여성의 육체의 차이를 극명하게 보여준다.

하지만 19세기는 사실주의의 시각, 과학적 시선이 확립되었던 시기이기도 했지만 동시에 사실주의 회화는 강력한 자신의 적수와 경쟁해야만 했다. 카메라 옵스큐라가 출발점이 되었던 시각기계가 사진과 영화라는 완성된 기계의 모습으로 등장했기 때문이다. 보이는 대상을 있는 그대로 재현하는 시각기계의 출현은 예술의 개념을 근본적으로 뒤흔들었다.

3. 사진과 영화

사진(Photography)은 예술인가, 아닌가? 다발(Jean-Luc Daval)이

지적하듯이 우리가 사진의 발전을 알아보는 데 있어서 예술, 즉 시각 예술로부터 기술적 측면을 분리시켜 생각하기란 불가능하다. 오랫동안 사진의 역사는 사진기술의 역사와 함께 도약 발전해왔으며 사진처럼 과학과 예술이 직접 결합된 예술 매체는 결코 없었다. 한편 사진과 영화는 어떤 관계인가? 정지영상에 대한 기록에서 움직임에 대한 기록으로 자연스럽게 발전한 결과가 영화인가? 여기서는 사진의 간단한 초기의 기술적 발전과정과 함께 사진이라는 기술이 보여준 이미지의 고정이 초창기에 어떠한 충격으로 다가왔으며, 또 사진과 회화의 관계는 어떠했는지 알아볼 것이다. 또한 우리의 통념처럼 영화는 사진의 기술적 결과물인지, 아니면 사진과 구분되는 영화 예술의 특징이란 무엇인지 살펴볼 것이다.

1) 사진

사진은 근대적 시각이 만들어낸 새로운 시각기계다. 16세기 발명된 카메라 옵스큐라의 원리는 그대로 오늘날의 사진으로 이어졌다. 사진의 탄생을 이끌어낸 결정적인 계기는 바로 암실에 맺힌 영상을 정착시키는 기술의 발명이었다. 18세기는 다양한 과학적 실험들이 행해지던 시기였는데, 이 중 화학에서 유행하던 실험 중 하나가 염화은을 바른 종이 위에 나뭇잎이나 꽃잎 등의 물체를 얹어 놓고 햇볕에 쪼여 물체의 윤곽을 얻어내는 것이었다. 이것은 사진의 기본 원리이지만, 이 때 만들어진 영상은 곧 사라져 버렸다. 니세포르 니엡스(Nicephore Niepce, 1765-1833)는 이 영상을 정착시키기 위해 석판 인쇄의 원리에 착안했다. 최초의 사진은 유태 지방에서 생산되는 역청(bitumen) 용액을 금속면에 발라 영상을 정착시키는 방법으로 만들어졌다. 니엡스는 이후 영상을 고정시키는 판을 금속에서 유리로 바꾸는 등의 실험을 진행했지만, 일생동안 수행했던 그의 노력은 알려지지 않은 채 1833년 가난 속에서 죽었다. 이 실험은 다게르(Jacques Daguerre, 1787-1851)로 이어졌다. 다게르는 니엡스의 발명 소유권을 가진 아들과 계약을 체결하고 연구를 계속하여 다게레오타입(daguerreotype)을 만들어 냈다. 다게르는 이 사진 기술을 프랑스 정부가 구매하도록 요구했으며, 그 결과 프랑스 하원은 다게르에게 종신연금으로 6천프랑을, 니엡스의 아들인 이시도르에게 4천프랑을 지급하도록 하고, 프랑스 정부는 이 사진술을 1839년 8월 19일 학술원 방청회를 통해 대중에게 공표했다.

이 사진술은 대중의 엄청난 관심을 끌었으며, 사진이 미칠 영향에 대한 수많은 예견들이 나왔다. 사진술은 고고학에서는 수많은 유적의 표면에 새겨진 상형문자들을 일일이 복사하는데 수십년이 걸릴 것을 단번에 해낼 수 있게 할 것이며, 미술가들은 새로운 보조수단을 사진술에서 얻게 될 것이며, 예술 자체를 민주화할 것이다. 이와 함께 사진술이 가져온 불안과 공포도 함께 표출되었다.

> "덧없는 순간적 그림자를 고착시키려 하는 것은 불가능할 뿐 아니라 독일에서 있었던 매우 심각한 경험들이 보여주듯이 불경스러운 일에 가까운 것이다. 신은 인간을 자신의 형상에 따라 창조하셨으며, 인간이 만든 어떠한 기계도 신의 형상을 고정시킬 수 없다. 어떤 프랑스인이 파리에서 그런 악마적인 발명을 세상에 내놓았다고 하는데, 이는 인간 자신의 영원한 원칙에 정면으로 위배되는 일이라 하겠다."(Freund, 2006: 81)

하지만 다게레오타입은 기술적으로 매우 취약한 것이었다. 햇빛에 감광시키는 은판은 사용 전에 요오드를 함유한 증기에 쐬어야 했고, 사진을 찍을 때의 노출도 30분 이상이 걸렸다. 그래서 초상사진을 찍을 경우에는 포즈를 취하고 30분 이상을 꼼짝 않고 있어야만 했고 뺨으로 땀방울이 흘러 분장을 흉하게 만든 것이 그대로 사진으로 찍히기도 했다. 게다가 처음 판매된 다게르 카메라는 무게가 50킬로그램이나 되었고, 가격 역시 당시로선 매우 고가인 3백 프랑 이상이었다(Freund, 2006: 34). 하지만 곧 광학기계 제조업의 발달과 함께 사진술의 기술적 혁신이 이어졌다. 1839년 세기에(Seguier) 남작이 만든 사진기는 무게가 14킬로그램 밖에 나가지 않아 진정으로 휴대가 가능해 졌고, 1841년에는 15분이나 걸리던 노출 시간도 2, 3분으로 짧아졌다. 또한 비슷한 시기인 1835년 탈보트(William Talbot)는 처음으로 종이인화를 만들었으며 자신의 포토제닉 드로잉을 다중복제 하는데 성공했다. 이를 좀 더 발전시킨 새로운 공정이 콜로타입(collotypes)인데, 이는 카메라 옵스쿠라에서 노출을 충분하게 준 다음 얻어진 음화로서 간단하게 상을 묘사하는 방법이다. 오늘날 우리가 사용하는 사진의 의미에 해당하는 것이 바로 이 탈보트의 방법이다(Daval, 1999: 9-17).

그렇다면 이렇게 만들어진 사진들은 어떻게 이용되었을까? 사진이 거둔 최초의 대중적 성공은 초상화였다. 산업화와 함께 새롭게 등장한 중산층들은 유화의 비싼 가격을 지불할 능력이 없었지만, 초상화에 대한 욕구는 매우 강한 집단이었다. 당시의 초상화에 대한 열망은 신분과 위세를 상징하는 것이었고, 자신의 자취를 남기고 싶어 하는 구귀족의 문화가 새로운 집단으로 이전된 결과였다. 19세기 중반 초상사진을 크게 성공시킨 대표적인 사진가가 나다르(Felix Tournachon Nadar, 1820-1910)였다. 젊은 보헤미안이자 신문에 데생을 팔아 살아가던 나다르는 이 새로운 직업을 선택하자

마자 파리의 유명인사가 되었고, 당대 유명인들이 모두 와서 이 사진관에서 초상사진을 찍었다. 나다르의 초상사진이 유명해진 것은 그 시기 사진이 보여줄 수 있는 새로운 미학이 표현되었기 때문이었다. 이후 곧 사진은 기계적으로 대량 복제되었고 서적이나 정기간행물 또는 신문에 삽화로 사용되기 시작했다. 사진에 대한 대중의 관심은 곧 포토저널리즘을 등장시켰고 중요한 사건이 발생한 곳에는 사진가들이 어김없이 등장하게 되었다.

사진은 이미지를 누구나 볼 수 있게 하면서 이미지를 세속화시켰는데, 지금의 우리로서는 그리 놀라운 일이 아니겠지만, 당시 대중들에게는 굉장히 대단한 일이었다. 대중은 박람회에서 수많은 명사들의 사진을 볼 수 있었는데, 그때까지 멀리서 신기하게 바라만 보았던 유명한 배우나 저명인사 등의 공인을 가까이서 실제로 쉽게 볼 수 있었다는 것은 이루 말할 수 없는 놀라움이었을 것이다. 사진은 처음부터 대중문화의 일부였으며 배우기 쉬웠기 때문에 아마추어가 많이 생겨났고 그 때문에 예술가와 대중사이의 경계가 불분명해지기 시작했다. 사진은 대중에게 예술품에 접근할 기회를 줌으로써 시각적 이미지의 수용을 민주화했고, 화가의 영역에 침입함으로써 화가의 작업 방식을 변화시켰다.

또한 사진은 자연을 정확히 모방할 수 있었고 기술은 예술가를 앞질렀으며 이미지의 대량복제가 가능해지면서 명작의 유일무이함, 곧 한번뿐인 아우라(aura)를 파괴했다. 사진이 예술인가 아닌가 하는 논쟁은 계속되었고 예술가의 자연모방은 사진을 통해서 과학적이 되었다. 사진은 인간의 시각을 연장했다. 사진은 사물을 사실 그대로 재현할 수 있게 만들었다. 그 전까지만 해도 그림을 그리기 위한 보조 수단으로 사진을 찍었던 화가들은 이제 사진에 대항하여 새로운 기술에 맞서서 스스로를 방어하려고 했다. 사진이 포착할 수 없는 이미지를 그려내면서 사진과의 경쟁을 피했다.

다발은 사진이 오늘날 이용되고 있는 모든 복제수단들 중에서 가장 명백하고 편견없는 것 중의 하나로 알려져 있다고 말했지만, 실상 사진은 자연의 편견없는 재현 도구가 아니다. 수잔 손탁(Susan Sontag)은 비참한 전쟁의 실상을 찍으면서, 사진을 통해 병사의 신원파악으로 인한 자국민의 사기 저하를 우려해 자국의 병사들의 얼굴은 멀리 잡는 반면 고통 받는 이슬람의 여성들이랄지 아사지경에 이른 제3세계의 맑고 큰 눈망울의 얼굴을 크게 클로즈업 시키는 사진들을 비판한다. 자신의 고통스러운 모습은 최대한 작게 멀리 잡고 타인의 고통은 고발이라는 명목으로 피해 입은 사람들의 감정을 그대로 드러내고 있다는 것이다. 이러한 의미에서 보면, 사진이 보이는 그대로를 찍는다는 생각은 너무나 순진한 것 같다. 사물이 그대로 찍히는 것이 아니라, 우리가 사물을 보는 시각대로 찍히는 것이다. 손탁은 오히려 너무나 강렬하고 사실적인 사진들이 대중을 무감각하게 만든다고 말한다. 우리가 잔인하고 가슴 아픈 사진을 처음 보게 되면 처음에는 두려움과 고통을 느끼지만 나중에는 그보다 더 고통스러운 사진을 보지 않고서는 그러한 감정을 느낄 수 없는 것처럼 말이다. 또 빈민가를 찍은 사진이 결과적으로 그 빈민가를 없애고 거기서 살고 있던 빈민들을 몰아내버린 정책을 불러일으킬 수도 있다. 사진은 말 그대로 자연을 정확하게 재현하는 것에 머무르는 차원의 것은 아니다. 기호학자 롤랑 바르트(R. Barthes)는 이런 의미에서 '사진도 거짓말을 한다'고 단언하는데, 그것은 사진의 속성을 가장 잘 파악한 언급 중의 하나가 되었다.

2) 영화

영화는 전적으로 새로운 기술이 탄생시킨 산물이었다. 사진이 회화와 경쟁하면서 모종의 협력관계를 형성해 왔던 반면, 영화는 회화나 사진과는 아무런 관계 없이 독자적인 자신의 영역을 개척했다. 크게 볼 때 영화는 두가지 전통을 초기에 이미 갖고 있었다. 뤼미에르 형제가 10초 정도의 짧은 영상으로 '뤼미에르 공장을 나서는 노동자'나 '역으로 들어오는 기차'를 찍었을 때, 이것이 무엇을 의미하게 될 지 몰랐지만 적어도 보이는 움직이는 대상을 그대로 기록한다는 '사실'의 전통을 무의식적으로 드러낸 것이었다. 이 사실의 전통은 오늘날 다큐멘터리의 전통으로 발전해 왔음을 알 수 있다. 하지만 곧 영화는 그 이상을 보여줄 수 있음이 드러났다. 그것을 최초로 발견한 사람은 말 그대로 마술사였다. 직업 마술사였던 멜리에스(Melies)는 영화가 쉽게 환상을 만들어 낼 수 있다는 사실을 발견했다. '머리없는 사나이'(1898)나 최초의 SF 영화로 기록되는 '달세계 여행'(1902)은 영화라는 '기술'이 보여줄 수 있는 새로운 세계, 실제 세계와는 다른 환상의 세계를 만들어 낼 수 있는 힘이 있음을 증명했다. 이것이 영화의 두번째 전통인 '환상'의 전통이라 할 수 있다. 멜리에스는 자신의 영화를 '트릭 영화'(trick film)라 불렀는데,[62] 이것의 발견은 아주 우연히 이루어졌다. 어느날 멜리에스는 거리에서 영화를 찍다가 영사기가 고장나 수리를 한 후 찍힌 영상을 살펴본 결과 마차는 장의차로 여자는 남자로 바뀌어 찍힌 것을 발견하였다. 오늘날 정지 트릭이라 불리는 이 효과를 멜리에스는 자신의 영화에 활용하여 마술과도 같은 환상을

62) 트릭을 지능적으로 응용하면 초자연적인 것, 상상적인 것, 불가능한 것까지 눈에 보이게 할 수 있다.

〈그림 5-6〉 머리없는 사나이의 한 장면

만들어냈던 것이다.

사실의 전통에서 발전한 다큐멘터리는 기록영상이 가지는 힘에 기초한다. 예컨대 최초로 대중적으로 성공한 '북극의 나누크'(Nanuk of North, 1921)는 플레허티(Robert Flaherty)가 북극 이누이트족의 생활을 3년간 추적하면서 기록한 흥미진진한 기록 영상이다. 나누크라는 위대한 사냥꾼 가족의 생활을 기록한 이 영화는 사냥하는 장면, 물고기를 잡는 장면, 눈을 잘라 집을 만드는 장면 등을 생생하게 보여주면서 있는 그대로의 사실의 세계를 말하고 있는 것으로 보인다. 하지만 실제 이 영화도 순수한 사실을 재현한 것은 아니었다. 바다 표범을 힘겹게 잡는 장면은, 당시 이미 이누이트들이 총을 사용하고 있었음에도 불구하고 전통적인 작살 잡이를 보여달라고 요청하여 만들어진 장면이다. 환상의 전통 혹은 픽션의 전통은 말할 것도 없이 처음부터 허구의 세계를 만들어내는 것에 촛점이 맞추어져 있었다. 영화라는 기술은 현실을 그대로 옮기지 않으면서도 '현실적인' 것을 만들어낼 수 있는 힘을 갖고 있었던 것이다.

하지만 우리는 영화라는 '기술'이 갖고 있는 공통점을 찾을 수 있다. 그것이 현실을 그대로 재현하든지 환상을 만들어내든지에 관계없이, 영화라는 기술은 새로운 영상을 '창조'하는 기술이라는 점이다. 두가지 영화의 전통을 공통적으로 새로운 현실의 창조로 이끄는 것은 바로 영화의 언어라 할 수 있다. 카메라의 눈은 인간의 눈이 아닌 기술적인 눈이며, 이것은 어떻게 대상을 찍느냐에 따라 완전히 다른 의미를 만들어낸다. 예컨대 우리가 샷(shot)이라 흔히 말하는 영상의 기술적 단위들은 완전히 다른 의미들을 창출하는데, 클로즈 업(close-up)은 친근감, 세부적 묘사, 내면세계와 감정이입을, 롱샷(long-shot)은 맥락의 이해, 객관적 이해라는 의미를 지시한다. 또 카메라의 시선이 가지는 각도, 즉 앵글에 따라서는, 높은 앵글은 등장인물의 나약함과 무기력을, 낮은 앵글은 등장인물의 지배력과 권위를 효과적으로 표현한다. 이런 기술적 장치들로 인해 영화는 항상 동일한 대상을 재현하면서도 완전히 다른 의미들을 산출할 수 있는 것이다.

기술의 산물인 영화라는 예술의 본질은 무엇일까? 1895년의 첫 영화, 카페에서 커피를 마시는 사람들의 모습이나 공장에서 퇴근하는 사람들의 모습 그리고 멀리서 기차가 플랫폼에 다가오는 모습 등의 일상적인 모습을 10초에서 30초 정도로 담은 10개의 필름을 살펴보는 것은 기계가 도대체 '무엇'을 탄생시킨 것인가를 알아보는데 매우 중요하다. 이 영화가 상영되었을 때, 사람들은 그 어느 누구도 시네마토그래프(cinematograph) 기계를 보고 놀라지 않았다. 사람들이 놀란 것은 기계가 보여준 것, 바로 움직이는 이미지가 탄생했다는 것에 있다. 다시 말하면 기계를 통해서, 움직이는 이미지로 대상을 재현하는 방법이 탄생한 것이다. 영화는 바로 새로운 방법의 재현이다. 영화는 사람들에게 변화/움직임/현상을 있는 그대로 던져주었으며 처음으로 현상을 조명할 수 있는 가능성을 열어주었다. 즉 영화는 세계를 우리 눈이 보는 방식과 동일한 방식으로 보며, 이 눈이 어떻게 작용하는지를 묘사하고 드러내는 도구인 것이다(김성태, 2003: 15-44).

흔히 우리의 시대를 이미지(image)의 시대라 자주 얘기한다. 카메라 옵스큐라로부터 사진, 영화, 그리고 오늘날의 웹 시대에 이르면서 이미지는 영상기술이 만들어낸 하나의 새로운 언어가 되었다. 이렇게 기계복제되는 이미지들이 예술과 문화, 그리고 우리의 삶에 어떤 영향을 미치는지를 살펴보자.

4. 기술과 문화예술의 쟁점

1) 기술 복제 시대의 예술

우리는 예술작품이 예술적 창조성의 결과이며 유일무이한 작품으로 구체화된다고 일반적으로 믿고 있다. 하지만 사진처럼 얼마든지 복제가능한 예술, 혹은 기술적으로 복제되는 복제품 예술에 대해서는 어떻게 생각해야 할까? 비판이론가 벤야민(Walter Benjamin)은 이를 '기술 복제'라 지칭하면서 이것의 발전과 확산이 예술 전체의 사회적 위상과 기능에 변화를 초래하고 있다고 진단한다. 그래서 창조성, 천재성, 영원한 가치와 비밀 등과 같은 예술의 전통적 개념들은 사라져 버린다고 단언한다. 예술 작품은 언제나 모방이라는 형태로 복제 가능하였지만 사진과 같은 원리적으로 복제가능한 예술은 완전히 새로운 상황을 만들어낸다.

복제된 예술작품은 그것이 아무리 정교하더라도 거기에는 한 가지가 빠져 있다. 그것이 바로 작품의 유일무이한 현존성, 예술작품이 위치하고 있는 장소에서 그 예술작품이 지니는 일회적 현존성, 즉 아우라(Aura)이다. 벤야민에 따르면 어떤 사물의 진품성이란 그 사물의 물질적 지속성과 함께 그 사물의 역사적인 증언적 가치까지 포함하고 또 그 사물의 원천으로부터 전수되어질 수 있는 사물의 핵심을 뜻한다. 진품성이 위협받으면 그 사물의 권위는 위험한 상황에 놓이게 된다. 따라서 예술 작품의 기술적 복제가능성의 시대에서 위축되고 있는 것은 예술 작품의 아우라이다. 기술 복제 시대가 됨에 따라 원본은 복제품에 위조품이라는 낙인을 찍을 수 없게 되고 자신의 아우라를 상실하면서 예술의 사회적 기능 또한 변화를 맞게 된다. 예술의 세속화와 더불어 종교적 의식가치(Kultwert) 대신 전시가치(Ausstellungswert)라는,[63] 정치에 근거를 두고 있는 다른 사회적 기능이 들어서고 있다. 사원이나 수도원에 숨겨져 보이지 않았던 예술품들이 종교 의식의 모태에서 해방됨에 따라 예술 작품이 전시되어질 기회는 날이 갈수록 많아지고 대중이 고급 예술을 접할 기회가 늘어난다. 아우라가 상실되는 대신 예술의 이러한 전시 효과는 사회와 현실에 대한 인지방법을 바꾸게 하고 예술 작품의 기술 복제 가능성은 예술을 대하는 대중의 태도를 변화시킨다. 이때부터 관중의 예술 감상 태도는 집단에 의해 직접적으로 영향을 받게 된다. 예술은 이제 숭배의 대상이

63) 의식적 가치는 예배의 대상이 되는 예술이 가지는 가치를 의미한다. 성당의 천정화는 성당의 천정에 있을 때 가장 아름다운 대상이 된다. 반면 전시적 가치란 예술이 세속화되고 소유의 대상이 되면서 작품이 있어야 할 곳이 아닌 소유자, 관람자가 자유롭게 감상, 소유하게 되는 가치를 의미한다. 미술관이나 작품의 경매는 예술작품의 예배적 가치를 침식시키고 전시적 가치를 부각시킨다.

아닌 유희와 소유의 대상이 된다.

벤야민은 예술작품의 아우라의 상실을 비판적으로 받아들이긴 하지만, 역설적으로 이렇게 집단화된 예술에서 진보적인 잠재성이 있다고 판단하는 것 같다. 영화 자본이 발언권을 쥐고 있는 한, 오늘날의 영화에서 기대할 수 있는 것은 영화가 전통적인 예술관에 대한 혁명적 비판을 촉진하고 있다는 점일 뿐이다. 하지만 벤야민은 영화가 특수한 경우에는 이를 넘어서서 사회적 상황이나 소유관계에 대한 혁명적 비판을 촉진할 수 있다는 점은 부인하지 않는다.

더불어 벤야민은 대중 매체를 통한 혁신적 작업이 라디오를 통해서도 가능하다고 생각했다. 실제로 그는 1927~33년에 프랑크푸르트와 베를린의 라디오 방송국에서 스스로 집필하고 진행했던 84편의 프로그램을 방송했는데, 베를린 청소년 대상 고정 프로그램도 그 중 하나였다. 그 프로그램은 재미와 유머도 있었지만, 청소년 청취자가 도시의 풍경과 여기서 파생된 문학 텍스트를 사회사의 표현으로 읽을 수 있게 한다는 교육적 의도를 가지고 있었고 정치적으로 비판적인 입장도 분명히 드러냈다. 예를 들면, <프랑스 국립감옥, 바스티유>라는 프로그램은 이렇게 끝난다. '이 모든 것은 바스티유가 정의의 수단이 아니라 권력의 도구였음을 보여준다.' 이들 프로그램은 라디오라는 새로운 의사소통 매체가 본질적으로 진보적이고 반엘리트주의적인 가능성을 가지고 있음을 확인한다. 라디오가 서민 문화의 새로운 형식을 확립할 수 있다는 것이다(Morss, 2004: 57-59).

이러한 벤야민의 견해에는 기술 복제 자체에 예술의 탈신비화를 가능케하는 비판적, 참여적 성격의 강화 경향이 내재해 있다는 식의 기술결정론적 독해를 가능하게 하는 측면이 담겨있다는 것은 분명하다. 그리고 그의 예상과는 달리 사진과 예술이 예술적 아우라를 차용하기 급급했던 것은 분명한 사실이다. 그렇지만 적어도 기술 복제의 진행이 순수예술의 지위를 크게 약화시키고, 새로운 기능을 가진 예술의 확산을 촉진시킴으로써 20세기 예술의 지형과 성격을 변화시켰던 주요 동인의 하나였다는 사실은 틀림없다.

2) 문화산업과 대중기만

오늘날의 문화(예술)은 산업 생산품이다. 문화산업(culture industry)이라는 표현은 1947년에 출간된 호르크하이머(Max Horkheimer)와 아도르노(Teodor Adorno)의 『계몽의 변증법』에서 처음으로 사용되었다. 대중에 의해 만들어진 문화 또는 국민예술을 대변하는 것으로 해석될 여지를 배제하기 위해 대중문화라는 표현 대신 문화산업이라는 개념을 사용하게 된 것이다. 즉 문화산업은 대중에 의해서가 아니라 산업적으로 생산된 문화와 예술, 그리고 대중에게 일방적으로 부과되는 문화예술을 가리키는 개념이다.

아도르노는 문화와 문화산업을 구별하여 사용하는데, 산업화 이후에 관리된 세계에서 조작되는 문화인 문화산업을 주요 비판의 대상으로 삼고 있다. 특히 아도르노에게 있어서 문명화 과정의 산물인 문화산업은 대중의 순응을 이끌어내기 위한 도구이다. 아도르노에 따르면 대중문화란 문화산업에 다름 아니며, 2차 세계대전 중에 망명하여 목격한 미국의 문화산업이란 파시즘과 스탈린주의와 다를 바 없는 정치적 지배의 선전수단일 뿐이었다. 문화산업은 대중에게 조작된 완전한 세계상을 제시하고, 모든 개별적 주체들의 역량을 떠맡으면서 총체적 이데올로기화에 기여한다(피종호,

1998: 4). 대중은 이데올로기적으로 이용되면서 기만당하며, 소비자는 문화산업의 속셈을 꿰뚫고 있으면서도 어쩔 수 없이 거기에 동화되지 않을 수 없다(Horkheimer & Adorno, 2001: 251). 문화산업의 기술은 규격화나 대량 생산을 통해 일의 논리와 사회 체계의 논리를 구별시켜 줄 수 있는 무엇을 희생시켰다. 중앙 통제로부터 벗어나려는 욕구는 개인들의 의식 내부에서 이루어지는 통제에 의해 사전 봉쇄됐다. 문화산업이 제공하는 대중의 개성적 표현은 실상은 사이비 개성에 지나지 않으며, 이를 통해 대중은 오히려 획일성에 물들게 된다(Horkheimer & Adorno, 2001: 185).

벤야민과 달리, 호르크하이머와 아도르노는 대중의 잠재력은 이미 문화산업과 자본에 종속되어 있다고 생각한다. 대량생산되는 비아우라적 예술은 대중예술로서, 이는 예술의 퇴보를 의미한다고 생각하며 영화나 라디오에 대해서도 부정적이었다. 영화는 억압적인 현실과 동일시되며 특히 유성영화는 주체의 인식 능력을 말살시킨다. 영상, 제스처, 대사가 만드는 영화의 세계에 사로잡힌 인간은 마치 상품처럼 재생산되기 때문이다. 또한, 문화생산물을 상품화시키는 라디오도 영화는 이데올로기의 도구로서 이용된다고 보고 있다. 라디오는 파시즘 시대의 권위의 상징이며 대중기만의 도구였다. 문명화 과정의 산물인 기술은 물화(reification) 과정의 수단이 되며 기술의 발달은 사회의 지배 메커니즘을 더욱 공고히 하는데 쓰였다. 기술은 과학문명과 생산력의 확장을 가져오지만 동시에 아도르노가 '관리되는 사회'라고 명명하는 기술적인 사회 통제 시스템으로 변질 고착된 것이다.

'관리되는 사회'를 벗어나기 위해, 아도르노는 예술에서 그 힘을 구한다. 위대한 예술작품은 상품을 생산하는 사회와 대립을 만들어 낼 수 있다. 모더니즘, 아방가르드적인 예술이 끊임없이 낯설고 새로운 형식을 찾아 나서는 것은 자본에 포섭되어 상품화되지 않으려는 노력의 일환으로 이해해야 한다. 예술작품은 그 자율성으로 인해 철저한 교환법칙에 지배된 상품세계의 법칙에 저항하기 때문이다. 아도르노는 이러한 자율성 예술을 '진정한 예술'이라고 부른다. 진정한 예술은 관리된 세계를 인식하는 기능을 가지고 있으며 예술의 실험적 형식이 완전하면 완전할수록 사회에 대한 비판은 더욱 과격하게 된다(피종호, 1998).

3) 기술, 예술, 시뮬라크르

포스트모더니즘(Postmodernism) 이론가 보드리야르(Jean Baudrillard)는 현대사회에 와서 본격화된 대중문화와 복제기술들을 설명하기 위해 생산, 노동, 교환 가치를 소비의 문제로 전환시킨다. 기호(sign)가 사물을 대체하고 시뮬라크르(Simulacrum)가 실재를 대신하는, 그럼으로써 재현과 실재, 모사와 실물 사이의 관계가 단절되고 역전되는 사회가 바로 보드리야르가 정의하는 포스트모던 사회이다. 시뮬라크르라는 용어는 1960년대 맥루한(McLuhan)이 사용했던 것을 보드리야르가 예술과 대중문화에 관한 담론 속으로 끌어들인 것으로, 이는 실재로는 존재하지 않는 대상을 존재하는 것처럼 만들어놓은 모사물로, 원대상을 모방한다는 뜻과는 달리 흉내낼 대상이 없는 이미지를 말한다. 그에 의하면 이 원본 없는 이미지가 그 자체로서 현실을 대신하고 현실은 그 이미지에 의해서 지배받게 되므로 오히려 현실보다 더 현실적인 것이 된다(최광진, 2002: 80-81). 이는 오늘날 무엇이 실물이고 무엇이 그 모사인지 분명하지 않게 되었을 뿐만 아니라 현실보다 더 현실적인 재현의 질서가 새로운 문화적 질서로 되어 가고 있음을 뜻한다. 시뮬라시옹의 시대에는 재현과 현실의 차이 내지 간극이 없어져 버리고 심지어 현실을 모방한 것이 재현이 아니라 재현을 통해서 현실이 확인되는 전도가 일어난다.

예를 들어 텔레비전 쇼 프로그램에서 대통령을 성대모사하는 것을 보았다고 생각해보자. 대통령의 성대모사는 실제로 대통령의 목소리를 따라서 재현한 것이지만, 그 프로그램을 보는 대중은 대통령의 목소리를 따라하는 것이 아니라 대통령의 목소리를 흉내내는 그 개그맨을 흉내내게 된다. 원본과 시뮬라크르가 완전히 뒤바뀐 것이다. 이와 같이 현실을 압도하는 가상현실을 보드리야르는 극실재(hyper-reality)라고 부른다. 이는 현실보다 더 현실적인 재현, 원본보다 더 원본 같은 시뮬라크르를 이르는 말이다. 보드리야르는 시뮬라크르의 개념이 드러난 팝아트(pop art)에 이르러서야 비로소 현대 미술로 부를 수 있다고 생각했다. 팝아트에서 형이상학적 초월성이 완전히 극복되었다고 믿었던 것이다. 그에게 팝아트의 의미는 단순히 눈에 들어오는 것을 재현하는 자연 발생적인 리얼리즘에 있는 것이 아니다. 팝 작가들이 실제로 눈에 비친 그대로의 모습을 그리지만 그것은 놀이도 리얼리즘도 아니며 사물과 제품의 진짜 모습은 그것들이 표지라는 소비사회의 특징을 명백하게 인정하는 것이다.

그러나 포스트모던 예술에서 가장 중요한 것은 그 시대성에 있다. 모든 예술 작품은 시대성이 있다. 예를 들면 현대에 살고 있는 우리는 결코 중세시대라든가 고대 그리스인들의 시대적 예술 감각을 가질 수 없다. 현 시대의 예술인 포스트모던 예술은 현 시대의 정치, 경제, 사회, 문화 환경에 연동되어 빠르게 발전하며 변화하고 있다. 미술에서 유화, 파스텔화, 목탄화 등은 컴퓨터 등의 과학기술 발전에 의해, 수작업이나 붓을 사용하지 않고도 새롭게 이미지를 탄생시키는 기술들, 즉 미디어 아트, 웹아트, 설치미술의 도전을 받고 있다. 전통 회화 기법은 신기술과 예술의 접목으로 허물어지기 시작했고 이제 그림을 제작하는 도구 혹은 기계를 얼마나 잘 조작하느냐 하는 것은 기본이 되었다. 디지털 이미지는 기본적으로 레디메이드(ready-made)를 재현하는 것이고, 포스트모더니즘에서 예술에서의 권위와 장벽은 무너진다. 고급문화와 대중문화의 경계는 무너지고 예술 역사상에 있었던 모든 예술 형식이나 장르는 절충되어 사용된다. 이 모든 변화는 기술의 변화, 매체의 형식 변화가 아니었다면 결코 일어날 수 없었을 것이다.

5. 기술과 예술의 미래

우리는 지금까지 기술이 예술에 어떠한 영향을 미쳤는지 살펴보았다. 역사 속에서 문화예술은 과학기술의 발전과 긴밀한 상호관계를 맺어 왔으며 과학기술의 변화는 시대의 변화를, 그리고 예술의 변화를 가져왔다. 1855년 파리 박람회에서 처음으로 사진이 전시되었을 때부터, 사진은 회화의 권위를 위협하는 신기술로 인식되었지만 동시에 대중에게 접근이 용이한 민주적 매체로 인식되기도 했다. 영화는 처음부터 대중을 위해 만들어진 예술이었다. 아우리 상실의 예술, 문화산업적 예술은 이렇게 양가성을 가진다. 이것은 기계의 시대에 들어선 우리가 겪어야 하는 불가피한 상황이다. 기술이 예술에 미치는 양가적인 면은 벤야민과 아도르노의 견해에서 충분히 발견할 수 있다. 벤야민에 따르면 아우라가 사라진 만큼 예술작품은 좀더 대중에게 접근이 용이하고 민주적인 형태를 띠게 되므로 진보적이다. 벤야민은 사진과 예술에서 충분히 대중의 혁명 가능성을 발견 할 수 있다고 믿는다. 반면 아도르노는 대량생산되는 비아우라적 예술은 대중예술로서 예술의 퇴보를 의미한다고 생각하며 기술은 '관리되는 사회'라고 명명된 기술적인 사회 통제 시스템으로 변질 고착되어 버릴 뿐이다. 기술이 예술에 미치는 영향은 진보인가, 퇴보인가? 이들의 논의는 1930년대에 이루어진 것이지만 아직도 여전히 유효한 분석이다.

포스트모더니즘으로 가면 보드리야르는 현대사회에서 본격화된 대중문화와 복제 기술들을 설명하기 위해 시뮬라크르라는 개념을 도입한다. 그는 재현에 관한 인식의 변화를 살펴보면서 자신이 내세우는 시뮬라크르 개념이 드러날 때에 비로소 현대미술이라고 부를 수 있다고 생각했다. 시뮬라시옹의 시대에는 재현과 현실의 차이 내지 간극이 없어져 버렸고 심지어 재현을 통해서 현실이 확인되는 전도가 일어나게 된다. 보드리야르는 이러한 시뮬라크르가 팝아트에서 가장 잘 표현되고 있다고 생각했고 앤디 워홀(Andy Warhol, 1928-1987)이 가장 성공적인 작업을 했다고 평가했다.

이렇듯 현대의 미의 개념은 과학 기술의 영향으로 변화하고 있고 과학 기술은 예술적 상상력과 결합하여 다양한 발전 가능성을 보인다. 과학기술과 예술적 상상력의 결합은 항상 새로운 미적 범주를 탄생시킨다. 과학기술과 예술은 서로 단절되어 있는 것이 아니라, 활발하게 소통하며 서로를 변화시키고 있다. 하지만 이런 상황에서 전통적인 예술 개념은 급격히 퇴보하였으며 창조성과 유일무이성이 아닌 새로운 미의 개념은 아직 출현하지 않고 있는 것도 사실이다. 아도르노가 우려하듯이, 문화예술마저 관리되는 사회 속에서 대중을 옥죄는 수단이 되어버린다면, 이것은 기술에 의한 인간 지배에 다름 아닌 것이다. 예술적 상상력은 그래서 기술발전과 긴장관계를 형성할 필요가 있는 것이다.

생각해 볼 문제

1. 기술이 예술에 미친 다양한 사례들을 찾아보자.
2. 문화예술적 상상력이란 무엇인지 토론해 보자.
3. 기술을 이용한 다양한 예술의 표현들, 즉 CG나 뉴미디어 등에 대해 생각해 보자.
4. 왜 현대 철학자들은 기술이 발전시킨 예술 형식들에 대해 비판적인지 토론해 보자.

참고문헌

권오문(2001), 『디지털 문화읽기』, 새미.

김성태(2003), 『'영화'-존재의 이유를 위하여』, 은행나무.

김은경(2000), "존 러스킨의 미술사관 : 미술 양식의 도덕성", 『미술사학보』 13호.

남택운(1993), "앤디 워홀의 대중적 이미지의 표현에 관한 연구", 『미술교육논총』 2호.

송진석(2004), "과학기술과 상상력", 『대한토목학회지』.

심광현(1996), "전자복제 시대와 이미지의 문화정치 : 벤야민 다시 읽기", 『문화과학』 9호.

차건희(2000), "보드리야르", 『사회비평』 제23권.

최광진(2002), "보드리야르와 현대 미술", 『미술세계』 215.

피종호(1998), "아도르노의 비판이론과 미학", 『뷔히너와 현대문학』.

한국 영상 자료원 http://www.koreafilm.or.kr/

Barthes, R., 정현 역(1995), 『현대의 신화』, 현대미학사.

Baudrillard, Jean, 하태환 역(1992), 『시뮬라시옹: 포스트모던 사회문화론』, 민음사.

Benjamin, W., 성기완 역(1983), 『발터 벤야민의 문예 이론』, 민음사.

Daval, J.L., 박주석 역(1999), 『사진예술의 역사』, 미진사.

Freund, Gisele, 성완경 역(2006), 『사진과 사회』, 눈빛.

Hauser, A., 백낙청, 염무웅 역(1999), 『문학과 예술의 사회사 4』, 창비.

Horkheimer, M. & T. Adorno, 김유동 역(2001), 『계몽의 변증법』, 문학과 지성사.

Kellner, D., 김수정·정종희 역(2003), 『미디어 문화』, 새물결.

Morss, S.B., 김정아 역(2004), 『발터 벤야민과 아케이드 프로젝트』, 문학동네.

Smith, E.L., 김춘일 역(1992), 『1945년 이후의 현대미술의 흐름』, 미진사.

Sontag, S., 이재원 역(2004), 『타인의 고통』, 이후.

Tomkins, C., 송숙자 역(1993), 『아방가르드의 다섯 노총각들』, 현대미학사.

Turner, G., 임재철 외 역(1994), 『대중 영화의 이해』, 한나래.

Tzara, T. & A. Breton, 송재영 역(1991), 『다다/쉬르레알리슴 선언』, 문학과지성사.

제 6 장 정보기술과 사회

1. 정보사회란 무엇인가?

1946년 머클리와 엑커트(J. Mauchly & J.P. Eckert)에 의해 최초의 컴퓨터(ENIAC)가 만들어진 이래 정보통신기술의 눈부신 발전을 따라 인류 사회는 지식 · 정보사회의 단계로 접어들고 있다. 그렇다면 어떤 사회를 정보사회라 정의하는가? 정보사회학자인 웹스터(F. Webster)는 정보사회를 다섯가지 기준에서 판단해 볼 것을 제안한다. 이 기준을 따라 정보사회의 성격을 이해하고, 우리사회의 정보화는 어느 지점에 와 있는지를 판단해 볼 수 있을 것이다.

첫번째 기준은 기술적인 것으로, 전사회적인 정보기술의 사용에 의해 정의된다. 특히 정보의 관리 및 분배의 증가가 전사회적으로 얼마만큼 이루어지는가가 중요한 판단 기준이 되는데, 우리 사회의 경우 몇가지 지표에서 이미 정보사회로 진입했다는 사실을 알 수 있다. 아래의 표에서 보듯 2004년 현재 초고속 인터넷 서비스에 가입한 사람은 1200만명에 이르고 있다. 이것은 우리나라 국민 4사람 당 1명 꼴로 초고속 인터넷을 이용하고 있다는 것을 의미한다. 2005년, 현재 우리 국민의 인터넷 이용율은 70% 정도로 조사

〈표 6-1〉 초고속인터넷서비스 가입자 현황

단위: 명

	2002	2003	2004
KT	4,922,395	5,589,058	6,077,694
하나로통신	2,872,351	2,725,563	2,748,934
두루넷	1,301,620	1,293,364	1,287,916
온세통신	452,109	423,062	391,289
드림라인	169,528	149,598	133,927
데이콤	146,336	201,704	206,197
부가통신사업자	367,135	619,103	857,026
별정통신사업자	174,012	177,047	218,456
합　계	10,405,486	11,178,499	11,921,439

자료: 정보통신부, 2005. 4.

되고 있다.

두번째는 경제적 기준으로, 정보 부문이 전체 경제에서 차지하는 비중이 얼마나 되는가를 통해 정보사회 여부를 판단해 볼 수 있다. 매클럽(F. Machlup)은 『미국에서의 지식의 생산과 분배』(The Production and Distribution of Knowledge in the United States)라는 책에서 정보 부문을 교육, 통신매체, 정보기기, 정보 서비스, 기타 정보활동의 5개 부문으로 구분한 후 이들 부문이 전체 경제에서 차지하는 비중을 GNP로 계산한 결과, 전체 GNP의 29%를 차지하는 것으로 나타났다. 또한 포럿(M. Porat)은 『정보경제』라는 책에서, 매클럽의 분류가 다른 산업 부문 속의 정보경제를 포착하는데 어려움을 있다는 점을 반영하여 정보 부문을 1차정보부문, 2차 정보부문, 비정보부문으로 분류한 후 전체 경제에서 1, 2차 정보부문이 차지하는 비중을 조사한 결과 전체 GNP의 29%를 차지한다고 주장한 바 있다. 이러한 분류 결과를 이용한 우리 사회의 조사는 이창식의 "한국 정보부문의 성장과 경제성"에서 72년 전체 GDP 생산의 39.8%를 차지하던 정보 부문이 88년 50.2%로 성장하였다는 결과가 제시된 바 있다.

세번째 기준은 직업적인 것으로, 전체 직업 중에서 정보관련 직업이 얼마나 성장하였는가가 기준이 된다. 다니엘 벨은 정보사회의 뚜렷한 한 지표로 서비스 직업의 성장을 제시하고 있는데, 정보화의 진전이 직업적으로 비육체 화이트칼라 노동의 증가로 진행되는 것은 사실이지만, 모든 서비스직업이 다 정보직업은 아니기 때문에 어떤 서비스직업이 정보화의 지표가 되는지에 대한 논의는 아직은 불명확한 상태다. 참고로 2000년 센서스 자료를 이용한 한 연구는 우리나라의 정보통신직업을 전체 직업의 13.6%로 추정하고 있다(조동기, 조희경: 2002).[64]

네번째 공간적 정의로, 정보 네트웍의 전사회적 확장 여부를 통해 정보사회로의 진입 정도를 판단해 볼 수 있다. 정보사회는 네트웍으로 둘러싸인 사회(wired society) 이미지를 갖고 있다. 정보의 전사회적 흐름을 가능하게 해 주는 통신망의 확충은 정보사회를 정의하는 가장 기본적인 요소 중의 하나다. 정보 네트웍의 확장은 정보 소통의 속도와 양의 변화와 함께 새로운 시공간 경험, 즉 '시-공간 축약'(time-space compression)을 가져온다. 국가간 무역도 통

---

64) 정보통신직업에 포함된 직업은 직업분류상 '023 생산 및 운영부서 관리자' '024 기타부서 관리자' '030 일반관리자' '120 컴퓨터관련 전문가' '전기·전자 및 기계공학 전문가' '220 컴퓨터 관련 준전문가' '232 전기·전자 및 기계공학 기술 종사자' '235 광학 및 전자장비 기술 종사자' '262 판매 준전문가' '317 사무지원 종사자' '733 전기, 전자장비 설비 및 정비 종사자' '829 기타 기계조작 종사자' '832 전기 및 전자장비 조립 종사자' 등이다.

신망을 통해 실시간으로 처리되며, 다른 사회들에 있는 사람들도 동시에 메시지를 교환할 수 있다. 앞서 보았듯이 우리 사회는 초고속 인터넷망이 다른 국가들에 비해 상대적으로 잘 확충되어 있는 편이다. 게다가 모바일 인터넷이 빠르게 확대되고 있어 네트워크로 둘러싸인 사회로의 면모를 여실히 보이고 있다.

마지막으로 정보사회의 문화적 정의가 존재한다. 문화적으로 정보사회는 유통되는 정보량이 비약적으로 증가하고, 정보 교류와 이용을 통해 일상생활 속에서 형성되는 새로운 문화, 즉 사이버 문화(cyber-culture)를 통해 판단된다. CMC(Computer Mediated Communication)에 기초한 소통은 과거의 대면적 접촉과 달리 E-mail, 인스턴트 메신저, 게시판, 블로그 등 새로운 의사소통 양식을 만들어내고 있다. 또한 사이버 공간은 현실공간과는 다른 새로운 삶의 공간으로 이미 우리의 일상에 깊숙히 침투해 있다. 이 점에서 최근의 인터넷 문화는 이미 정보사회적 형태를 보이고 있음을 알 수 있다.

하지만 정보사회의 미래가 어떤 모습을 띨 것인가에 대해서는 많은 논란이 존재한다. 그 이유는 정보사회가 외형적인 정보량의 증가, 정보산업의 발전, 정보망의 확장 등에서 단순히 판단될 수 있는 것이 아니라, 정보사회란 어떤 '역학'에 의해 움직이며 인간의 삶을 어떻게 바꿀 것인가에 대한 판단이 엇갈리기 때문이다. 예컨대 많은 미래학자들은 정보사회가 산업사회의 문제점을 해결한 유토피아 같은 사회가 될 것이라 주장하는 반면, 비판적인 사회이론가들은 정보사회가 지식의 소유를 기초로 한 새로운 불평등을 만들어 낼 것이라 주장한다. 양자의 주장을 비교해 보면 다음과 같다.

〈표 6-2〉 정보사회 낙관론과 비관론

	낙 관 론	비 관 론	비 고
누구에게 이득인가?	정보사회는 모든 이에게 유용하다. 특히, 기존 산업구조에서 불리한 위치에 있던 사람들에게 새로운 기회를 부여한다. "정보화를 통해 사회적 생산력과 효율성이 경이적으로 높아져 누구나 혜택을 본다."	정보사회는 국경을 넘나들며 이윤을 찾아 헤매는 다국적 자본과 기존의 기득계층, 그리고 정보에 쉽게 접근할 수 있고 전문적으로 다룰 능력을 갖춘 자들에게만 유리하다.	
사회조직의 원리 및 조직의 변화	중앙집중화되고 수직적인 조직원리에서 분권적이고 유연한 조직원리로; 업무중심적 기능위주의 수평구조* ; 속도의 경제, 범위의 경제(중소기업의 능력 향상)로 변해감	기존의 대기업 위주의 조직원리가 지속	*기능별로 나뉜 수직적 위계와 프로젝트 중심의 수평조직이 결합된 matrix 조직이나 프로젝트 중심의 팀제구조로 변할 것이다.
정보의 생산/유통/분배	정보의 본질적 요소는 소통성이다. 따라서 정보사회의 네 가지 운영원칙* 만 지켜진다면 여러 방면으로 많은 사람들에게 도움을 줄 것이다.	악순환 : 정보불평등 → 소득불평등 → 정보불평등	*1.보편적 접근 2.최대한 접근 3.최소 비용 4.최소 규제
정보기술 혁명의 의미	정보기술혁명은 대량의 정보를 적은 비용으로 신속하게 처리할 수 있는 인간능력의 획기적 신장을 의미 → 인류생활의 근본적 변화 예 : 거래비용의 획기적 감소 연결성(connectivity)의 증대	자본주의의 경기침체를 극복하기 위해 모색된 위기극복 방안(장기파동론); 정보기술혁명의 잠재적 가능성은 이와 관련된 사회세력간의 역관계에 달린 문제이다(사회구성주의)	

	낙 관 론	비 관 론	비 고
노동의 변화	단순반복적 노동이 사라지고 정신노동이 육체노동의 지위를 대체한다(노동의 숙련화); 많은 사람들이 힘든 육체노동에서 벗어날 수 있고 “여가”를 즐길 수 있게 된다.	노동의 탈숙련화 지속; 정보화와 자동화의 진전으로 실업률이 높아지고 특히, 주변적 노동과 육체노동의 지위가 하락/임시고용의 증가로 고용불안정 증가	제레미 리프킨, 《노동의 종말》 참고.
주요 지식형태의 변화	경험적, 감각적 지식 → 이론과 분석, 체계적 훈련으로 얻어지는 지식; 테일러적, 포디즘적 노동과정에서는 “숙련지식”이 중요했으나 새로운 생산방식에서는 “성찰적이고 담론적 지식”이 중요하다.	근대화와 더불어 ‘지식’은 이미 체계화된 분류체계로 조직되기 시작했으며, 지식의 생산과 분배, 소유가 특정집단에게 유리하게 조직되고 있다.	
성별분업과 가사노동	가정과 일터의 융합으로 가정내 성별분업이 완화; 기술발달로 가사노동이 경감; 사이버공간에서 다른 性역할을 경험하므로 다른 성에 대한 이해가 높아짐.	여성은 재택근무, 임시고용과 같은 노동양식의 변화로 가사와 노동을 이중으로 부담하게 됨; 기술발달에도 불구하고 가사노동의 총량은 변하지 않았다는 경험연구; 사이버 공간 역시 성과 욕망의 상품화라는 현실정치를 벗어날 수 없다. 사이버 스페이스의 남성문화	

	낙 관 론	비 관 론	비 고
정보공간 에서의 정체성 (identity)	사이버 공간이 제공하는 양방향적 의사소통은 수동적 소비자들을 생산자이자 창조적 능력의 주체로 재구성할 긍정적 기회를 제공한다.	현실적으로 성찰적 의사소통의 조건이 부재한 상태에서 이미지만이 난무하는 폐쇄적 사이버 공간이 새로운 긍정적 정체성을 구성하리라고 낙관할 수 없다.	
공동체	물리적으로는 분리되어 있지만 공통의 신념과 활동을 같이 하는 사람들의 집합체가 형성될 것이다. 예 : 가상공동체	기존의 게마인샤프트적 인간관계가 해체되고 개별적이고 고립된 인간관계가 주도할 것이다.	
문 화	보편적인 세계문화가 형성되어 민족문화와 지역문화와 양립할 것이다.	문화제국주의론 : 한 나라의 문화, 특히 미국문화가 다른 나라의 문화에 침투, 지배하게 될 것이다. 상업화된 문화산업이 계속 확장될 것.	
시 · 공간의 변화 : 지역간 · 국가간 변화	시간적 · 공간적 제약과 장애 극복 communication network의 확장을 통한 지역간 · 국가간 조화로운 발전 ; 지리적 거리 개념을 소멸시켜 정보공간의 확장이 촉진되어 지역간 · 국가간 불평등 문제가 해결된다.	공업화 과정에서 발생한 기존의 지역 불균형을 더욱 심화시킨다*; 개발도상국에서 지나치게 상업적으로만 흐르는 정보의 일방유통은 별다른 생산성의 증가 없이 상품 수요만을 자극하여 정치 경제적 종속보다 더 심각한 사회 문화적 종속을 낳는다.	*예 : 정보관련 산업의 서울과 수도권 집중현상

	낙 관 론	비 관 론	비 고
계급의 변화	'상징 분석적 서비스'(Reich), '지식인 집단'(굴드너), '지식노동자'(드러커)가 급격히 증대하고 주도적 직업 집단이 될 것이다.	새로운 전문관리층, 지식과 정보를 자산으로 삼은 전문기술계급인 고급 테크노크라트들이 문화적으로 지배하게 될 것이다(5장). "정보화가 진행될수록 지식노동자와 반숙련노동자, 주변적 노동자 사이의 소득격차가 점차 커질 것이다*".	* '정보부자/정보강자'와 '정보빈자/정보약자'의 대립적 계층으로 양분화될 것이다.
의사소통 방식의 변화	'一對一' 또는 '一對多' →多對多의 의사소통이 가능해지고* computer network을 통해 인간관계가 형성된다.	정보화로 발생한 분리된 계층 내부, 특히 전문지식인들의 폐쇄적인 의사소통(정보독점)이 많아질 것이다.	* 쌍방향적 의사소통
문 화	다원화된 문화	문화에 대한 자본의 지배력 확대	
민주주의	전자민주주의 : 사람들 간의 연결망을 통해 시민사회 내부의 의사소통을 활성화하여 권력을 시민사회에 분산시킨다. 특히 시공간의 제약을 뛰어넘는 정보통신기술을 통해 국내적으로는 지방자치를 활성화하고 세계적으로는 세계 시민사회를 형성시킨다.	오히려 지역간·국가간 불평등이 심화되고 정보통신기술을 통한 감시와 정보수집이 확장될 것이다. 갈수록 상업적 연결망이 주도하게 될 것이고 정보를 쉽게 이용할 수 있는 사람들만이 이 연결망과 의사결정에 참여할수 있게 될 것이다. 오히려 빈자와 주변인들의 민주적 권리는 악화된다.	

	낙 관 론	비 관 론	비 고
통제방식의 변화	공식적인 관료제적 규칙에 의한 통제와 권위의 위계구조에 위한 통제에서 고객 통제와 동료 통제, 자동화된 컴퓨터 통제로 변할 것. 따라서 통제지향 관리의 필요성은 한층 감소하게 되며, 감시는 시민권을 보호하는 데만 쓰인다.	최고 경영층이 모든 근로자의 업무수행을 컴퓨터 연결을 통해 시공의 제약없이 점검할 수 있게 되므로 신속하고 광범위한 통제력을 확보하게 된다. 뿐만 아니라 일상생활의 모든 측면에 걸쳐 고도의 감시와 통제사회가 될 것이다. 예 : 프라이버시 침해	
교 육	대중교육 시대의 종말. 위계에의 복종을 강조하고 개성발달을 제한했던 기존의 교육방식에서 창의력, 상상력, 도전정신을 중시하는 협동적·개별적 학습이 주도하게 될 것이다. teaching 중심 → learning 환경 중심	인터넷을 통한 음란물의 유통과 인터넷을 상업적으로 이용하는 기업의 비윤리에 학생들이 쉽게 노출된다. 정보기술을 이용한 원격교육의 일반화는 대면접촉을 통한 사회적 관계의 형성과 훈련의 기회를 박탈하게 될 수도 있다.	

자료: 정보사회학회 편, 1998: 87-9.

이런 낙관론과 비관론의 대립을 통해 알 수 있듯이, 우리가 맞이하고 있는 정보사회의 모습은 아직 그 모습이 정해지지 않았으며, 그렇기 때문에 많은 토론과 갈등과 실천을 통해 적극적으로 만들어가야 할 열려 있는 대상이라 할 수 있다.

2. 정보기술과 소통, 미디어

1) 미디어의 발달

인간은 언어를 가지게 되면서 복잡한 사회 생활을 만들어낼 수 있게 되었다. 언어는 인간의 상호작용과 소통을 가능하게 하는 수단으로서, 풍부한 소통 수단을 가진 존재는 그만큼 더 자신의 신체, 자신의 영역을 확장할 수 있게 된다. 맥루한(M. McLuhan)은 이런 언어의 특징과 소통의 확장에 대해 탁월한 통찰을 발휘하여, 미디어의 발전이란 바로 인간의 확장이라 정의한 바 있다. 인간의 확장으로서의 미디어의 발전은 미디어 기술의 발전과 그것의 결합, 그리고 사회적 요인들이 함께 작용함으로써 가능했다. 하지만 미디어의 발전은 또한 인간의 소통에 심대한 변화를 가져오면서 사회를 재구조화하는 큰 힘으로 작용했다.

인간의 소통을 직접적 대면으로부터 매개된 것으로 바꾸어 놓은 획기적인 사건이 발생했는데, 그것이 바로 매스미디어(mass media) 기술의 출현이다. 물론 하나의 소통수단으로서의 매스 미디어는 오랜 기술적 역사를 갖고 있다. 그것은 이전에 축적되어온 기술 요소들의 구비, 그리고 특정한 사회적 조건이 결합됨으로써 가능한 것이었다. 매스미디어는 소통의 즉각성을 보장하지는 못하지만 대신에 다량의 메시지를 대량의 수신자에게 전달한다는 장점을 가진다. 매스미디어의 출현은 사회의 형태를 근본적으로 바꾸어 놓았다.

18세기 영국에서 매스 미디어가 처음 출현하던 상황은 여러 점에서 시사적이다. 신문을 필두로 잡지, 광고 등의 매스 미디어의 출현은 대중이라는 독자를 탄생하게 했다. 이 대중은 한편으로 산업혁명 과정에서 도시로 유입된 대량의 인구이자, 또 한편으로는

〈표 6-3〉 매스미디어의 발전연표

연 도	매스미디어 기술의 발전 상황
BC 3500	진흙판에 문자를 기록
2500	파피루스 (이집트)
150	양피지 (그리스)
AD 100	종이 (중국)
150	양피지로 두루마리 대신 제본이 된 책을 만들기 시작
1450	활자인쇄술 (구텐베르크, 독일)
1702	최초의 일간신문인 The Daily Courant (영국)
1833	최초의 염가신문(Penny Press)인 New York Sun (미국)
1876	벨(Bell)의 전화발명
1891	에디슨의 활동사진기(Kinetoscope) 발명
1895	황색신문(Yellow Journalism) 등장 뤼미에르 형제의 영화(Cinematograph) 발명 마르코니(Marconi) 무선통신 성공
1920	최초의 정규라디오방송국 KDKA (미국, 피치버그)
1926	베어드(Baird) 영국에서 텔레비전 시험방송 시작
1927	최초의 유성영화 '재즈 싱어'(Jazz Singer)
1936	FM 라디오 시작 BBC 영국에서 정규 텔레비전 시험방송 시작
1939	미국 뉴욕에서 RCA/NBC 텔레비전 정규방송 시작
1946	최초의 현대식 컴퓨터 ENIAC 탄생
1949	미국 텔레비전 네트워크 방송 시작
1962	최초의 상업용 통신 위성 Telstar 발사
1968	휴대용 비디어레코더 발명
1975	HBO(Home Box Office)가 인공위성을 통해 케이블 텔레비전에 프로그램 전송 시작
1977	애플사 최초의 PC 개발
1981	IBM 286XT 컴퓨터 등장
1983	미국 이동전화 보급
1980년대	뉴미디어 본격 개발
1990년대	인터넷 보급 확산
2000년대	멀티미디어의 발전과 융합

자료: Crowley & Heyer, 1991; 이정춘, 2000: 46에서 재구성.

그 과정에서 높아진 문자해득력과 교육의 결과로 새로운 문화적 욕구를 갖게 된 집단이었다. 하지만 동시에 이들은 이전의 귀족들만큼 높은 수준의 문화예술 향유 능력을 지니지는 못한 집단이기도 했다. 18세기까지 문화의 창작자들, 즉 작가들은 그 이전까지 한번도 대중을 위한 작품 생산의 경험을 갖지 못했다. 이들의 예술은 특정 집단, 즉 귀족이나 엘리트 집단만을 수용층으로 삼고 있었으며 또한 그들의 생계를 이들 집단에 의존해왔다[65]. 하지만 매체의 발전과 함께 이런 사정이 변하였다. 예술가들은 한편으로 후원 관계로부터 자유롭고자 하는 욕구와, 또 한편으로 그러한 자유의 댓가로 해결해야 하는 경제적 문제를 대중에게서 얻고자 했다. 이러한 예술가들과 대중을 연결시켜 준 것은 미디어였다. 1702년 영국에서 최초의 일간지가 등장하였고 더불어 잡지 등 다양한 미디어들이 발전하기 시작했다. 특히 이 시기 영국의 낭만주의 문학가들은 신문연재를 통해 대중에게 문화예술 생산물을 제공하기 시작하였고, 출판을 통한 대중적 소설의 보급 등이 이루어지기 시작했다. 대중의 문학 탐식, 특히 소설에 대한 욕구는 대단한 것이어서 19세기 말에 불어닥친 연애소설 등의 소설 탐식증에 대해 영국의 문화비평가인 리비스(F.R. Leavis)는 '소설 약물중독'이라는 경멸조의 표현을 쓰기도 했다.

대중매체는 분명 하나의 수단으로서, 사회의 다양한 정보들을 개인들에게 실어 나르는 소통의 유익한 통로다. 하지만 동시에 미디어는 그 안이 비어있는 단순한 '그릇'은 아니다. 18세기 매스 미디어의 등장을 간략히 살펴본 것은 이런 이유 때문이다. 매스 미디어는 이미 등장 초기부터 대중이라는 수용자를 적극적으로 구성

65) 후원자(patron)라는 개념이 바로 그것이다.

해왔고, 미디어 기술의 발달이 대중의 성격을 지속적으로 변화시켜 왔던 것이다. 이러한 매스 미디어가 대중에게 미치는 영향은 이미 초기에 효과이론이라는 이름 하에 미디어 연구의 핵심 영역이 되었고 문화연구의 핵심 주제가 되기도 했다.

2) 매스미디어의 영향: 효과이론과 문화연구

매스 미디어 효과 이론은 매스 미디어 기술이 대중에게 어떤 영향을 미치는가, 그 영향의 실체는 무엇인가에 대한 탐구 영역이다. 최초의 효과 모델은 탄환이론(the bullet theory)으로 불린다. 다소 단순한 이 이론은, 매스 미디어의 메시지는 노출되는 모든 수용자에게 강력하고도 보편적인 효과를 미친다고 본다. '탄환'이라는 이미지는 초기 대중 매체가 가졌던 강력한 힘과, 1차대전 중에 발휘되었던 미디어의 선전 효과를 잘 반영한다[66]. 선전과 세뇌, 사기와 동원 등의 개념은 초기 매스 미디어에 대한 가장 심각한 우려를 표현하는 어휘들이었다.

하지만 탄환이론은 크게 지지를 받지 못했다. 선전으로서의 미디어는 정보전달에는 효과적이었지만 이것이 수용자의 태도 변화를 유발한다는 증거들은 발견되지 않았으며, 그래서 클래퍼(Joseph Klapper)는 매스 미디어의 효과에 대한 제한효과 모형을 제시하며, 그것을 다음과 같이 정리한다. (a) 매스 미디어는 항상 수용자에게 미치는 효과의 필요·충분조건으로서 작용하는 것이 아니라 중개변인들의 영향과의 유대관계를 통하여 이루어지는 기능적 측면이

66) 1차대전 중에 매체는 선전의 효과를 강하게 발휘했다. 예컨대 독일 병사가 저지른 잔혹한 일을 퍼뜨리는 것은 연합군의 선전의 중요한 내용이었고, 이것은 사람들에게 크게 효과를 미쳤다.

강하다. (b) 이러한 중개 변인들은 현 상태를 강화하는 과정에서 유일한 원인이 아니라 매스 커뮤니케이션을 하나의 보조 동인(contributory agents)으로 만든다(이정춘, 1997: 70-71). 제한효과 이론은 매스 미디어의 효과를 크지 않은 것으로 본다는 점에서 소효과이론으로도 불린다.

계발이론(cultivation theory)이란 매스 미디어가 가지는 계발, 즉 가르침의 기능에 주목하는 이름이다. 죠지 거브너(Geroge Gerbner)에 의해 발전된 이 이론은 텔레비전이 미국사회의 중심적인 문화 무기가 되었다는 주장에서 출발한다. '텔레비전 수상기는 많은 시간 동안 이야기를 전달하는 가족의 주요 구성원이 되었다'는 것이다(Gerbner et. al, 1980: 14; Severin & Tankard, 1997: 349에서 재인용). 텔레비전을 일상적으로 시청하는 수용자들에게 텔레비전은 사실상 정보, 지식, 의식의 원천들을 독점하여 제공하고 이를 통해 수용자들을 포섭한다. 이러한 반복적 노출을 통해 수용자들은 보편적 세계관, 보편적 역할, 보편적 가치에 대한 가르침을 배운다는 것이다. 하지만 계속된 연구는 미디어의 효과가 일률적이고 보편적인 것이 아니라 집단에 따라 차별적이며, 텔레비전에 대한 동의는 수용자의 상당한 능동성이 개입된다는 사실이 밝혀졌다.

경험적 접근을 통한 효과 연구가 효과의 존재를 적절히 입증해내지 못하면서 효과연구의 방향은 '수용자들은 미디어를 갖고 무엇을 하는가'라는 수용자 중심의 연구로 초점이 옮겨졌다. 카츠(Elihu Katz, 1959)는 1949년에 행해진 베럴슨(Berelson)의 신문파업 기간 동안 사람들과 행했던 인터뷰를 재인용한다. 신문이 배달되지 않는 2주일 동안 독자들은 그들이 원하는 뉴스를 다른 정보원에서 찾아야만 했는데, 많은 사람들이 신문이 사회적으로 용인되기 때문에, 또는 어떤 사람들은 신문이 세상의 일들을 전해주는데 없어서는 안될 것이어서 신문을 구독하는 것이 밝혀졌다. 또다른 사람들은 현실도피와 휴식, 오락, 사회적인 위신 등을 추구했다. 이것은 사람들이 미디어에 대해 서로 다른 욕구를 갖고 접근하며, 그것에서 얻는 충족 역시 상이하다는 사실을 의미한다. 이것이 미디어 효과 연구의 '이용충족 접근의 출발점이 되었다. 이용충족 모델은 다음과 같은 원칙을 포함한다(Severin & Tankard, 2002: 386-7).

(a) 수용자는 능동적인 존재로 이해된다. 즉 매스 미디어 이용의 핵심이 목적지향적임을 가정한다.
(b) 매스 커뮤니케이션 과정에서 욕구충족과 미디어 선택을 연결시키는 주도권은 수용자에게 있다.
(c) 미디어는 사람들의 욕구를 만족시키는 어떤 다른 것들과도 경쟁한다.

하지만 이용충족 연구는 방법론이나 이론적 가정에서의 허술함으로 인해 많은 비판을 받았다. 즉 수용자 개인의 동기를 찾기위해 자기 보고하도록 하는 연구 방법은 지나치게 순진하며, 또한 개인의 주관적 선택을 지나치게 강조한다는 것이다. 개인들은 오히려 '습관적'으로 텔레비전을 시청한다고 보는 것이 타당하다. 또한 이용충족 접근은 문화적 헤게모니의 문제를 등한시한다는 오류를 보였다. 즉 매스 미디어는 지배적 문화와 세계관을 강조하는 경향이 있으며, 수용자들이 이러한 관계에서 '무엇'을 받아들이는가는 그렇게 단순한 문제가 아니라는 것이다.

이용충족 접근은 매스 미디어의 효과 연구로부터 수용자 중심의 연구로, 그리고 기계론적 전달 모형(즉 S-R 모형)으로부터 수용자의 의미세계에 대한 연구로 선회하는 한 가능성을 제공했다. 특히 문화연구로서의 매스 미디어 연구는 미국으로부터 영국으로 그 중심이 옮겨간다.

미국 중심의 효과모델과 문화연구를 통합하려는 노력은 영국 문화연구(cultural studies) 집단에 의해 수행되었다. 이들은 미국 중심의 커뮤니케이션 연구가 의미 전달이 이루어지는 문화적 맥락을 무시한 채 기계적 모델에만 집착함으로써 매스미디어를 단순히 중립적인 전달수단으로 간주해버리는 오류를 범했다고 비판하면서, 새로운 매스미디어 전달 모델을 구성하고자 한다. 대표적으로 아래의 모델은 홀(S. Hall)이 제시한 '부호화/해독' 모델이다.

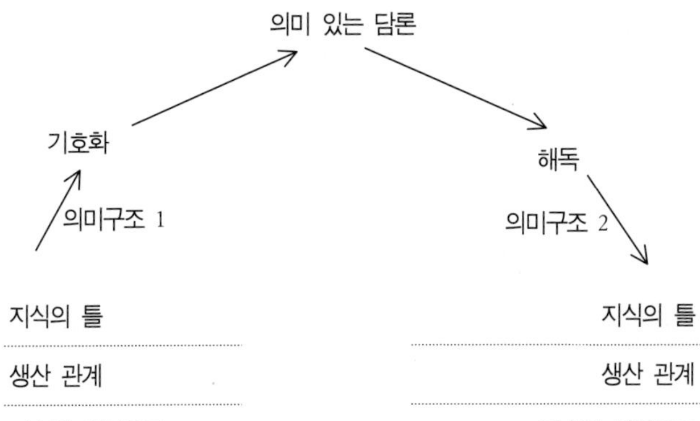

〈그림 6-4〉 홀의 부호화/해독 모델

홀의 'encoding/decoding' 모델은 메시지의 교환이 어떤 조건 하에서 이루어지는지를 발신자와 수신자의 두 주체의 상황을 고려하여 재구성하며, 또한 발신-수신 관계 속에 담론으로서의 미디어 메시지 분석을 통합시켰다는 점에 그 특징이 있다. 메시지를 생산하는 미디어나 그것을 수용하는 수용자 모두 각자의 기반 하에서 해석 작업을 수행하며, 이 상황에서 각각 작동하는 의미화의 규칙, 즉 부호화와 해독의 약호는 서로 다를 수 있다는 것을 명확히 했다. 홀은 미디어 연구에 있어 기계적 전달이 모델이 갖는 한계를 비판하면서, 미디어 메시지와 수용자의 상호관계와 의미작용에 초점을 맞추고 있다. 홀이 이 모델을 통해 강조하고자 하는 것은, 메시지가 만들어지는 과정에 부호화의 과정이 개입된다는 사실이다. 부호 혹은 약호란 의미를 만들어내는 사회적 의미규칙이라 할 수 있는데, 이러한 부호화를 통해 미디어 메시지는 '의미있는 담론'이 되는 것이다. 마찬가지로 수용자 역시 이러한 담론을 이해하기 위한 해독과정을 수행하는데, 이 때 해독은 메시지 작성자의 의미규칙을 이해하는 방식에 따라 가능한 세가지 수용의 입장, 즉 지배적 / 교섭적 / 저항적 해독 중 하나를 취하게 된다. 즉 메시지의 원래 의미를 충실하게 받아들이는 선호된 독해를 하거나, 자신의 지식체계와의 교섭 속에서 타협적인 독해를 하거나, 혹은 메시지를 전복적을 재구성하는 저항적 독해를 하게 된다. 그렇지만 이 세가지 가능성이 동일하게 주어진 것으로 보기는 어려우며, 지배적인 독해 형태는 선호된 독해가 된다고 보아야 할 것이다.

수용자 연구는 홀의 모델을 계기로, 미디어에 대해 수용자들이 능동적으로 구성하고 의미세계에 대한 연구로 이어졌다. 이 수용자연구의 핵심은 '다의적 해독'(multiple reading) 개념에 있다. 즉 수용자들은 효과모델에서처럼 일방적인 효과의 대상으로 존재하는 것이 아니라, 미디어에 대해 어떤 방식으로 반응하며 또 스스로의 의미를 구성해낸다는 것이다. 그리고 이러한 의미 구성은 수용자들이 처한 사회적 위치나 계급, 공동체, 의미세계 등에 따라 차별적일 수 있다는 것이다. 이러한 관점에서의 대표적인 연구로 몰리(Morley)의 Nationwide audienc은 연구를 들 수 있다. 몰리는 영국에서 저녁 시간에 방송되는 nationwide 라는 프로그램을 다양한 직업을 가진 사람들에게 보여준 후 그것에 대해 어떤 의미를 만들어내는가를 분석했다. 개인이 아닌 26개 그룹으로 구분하여 프로그램의 의미를 토론하도록 한 결과, 그룹별로는 다양한 의견 차이가 발견되었으나, 그룹 내에서는 의미 차이가 크지 않았다. 홀의 모델을 따라 지배적 해독 그룹으로 분류된 것은 기술자, 남학생들, 은행 매니저들이었지만, 그 밖의 그룹들은 사회적 지위와 해독 방식 간의 뚜렷한 관계가 설정되지 않았다. 이것은 해석의 어려움을 불러일으켰지만, 적어도 텔레비전 프로그램은 '다의적'이며, 그것에 대한 해독 역시 수용자들이 가진 또다른 요인들, 즉 '능동성'이라 불릴 수 있는 요인들을 통해 설명되어야 한다는 사실은 받아들여졌다. 수용자 연구는 홉슨(D. Hobson)의 『교차로: 솝 오페라』 Crossroads: The Drama of a Soap Opera(1982), 이엔 앙(I. Ang)의 『댈러스 시청』 Watching Dallas(1985), 래드웨이(J. Radway)의 여성용 애정소설 연구 등으로 이어져 수용자 연구의 흐름을 형성했다.

영국 문화연구의 수용자 연구는 텔레비전 제작자들이 가정하는 수용자 상(像), 즉 '허구적이고 유아적인 수용자'라는 상에 도전하면서 보호받아야 할 대상으로서의 수용자가 아닌 적극적인 의미 생산자로서의 수용자를 부각시켰다는 점에서 의의를 가진다. 또한 수용자가 매스미디어 과정에 어떻게 개입하는가 라는 새로운 문제의식을 던졌다. 하지만 이런 경향은 또한 극단적으로 텔레비전이 가진 효과, 즉 조작과 이데올로기적 통제의 문제를 과소평가한다는 비판을 받기도 한다.

3) 기술발전과 뉴미디어

미디어의 발전은 상당 부분 앞서 보았듯이 그것을 가능하게 한 기술발전의 요소들의 결합으로 이루어졌다. 그렇다면 인터넷과 뉴미디어 발전은 앞으로 미디어와 대중을 어떻게 변화시킬 것인가? 몇 가지 쟁점들을 중심으로 살펴보자.

(1) 뉴미디어 기술의 발전

우리는 요즘 일상적으로 인터넷, 모바일, HDTV, CDMA, 위성방송, DMB 등의 용어들을 듣고 또 이용하고 있다. 이것은 새로이 발전한 미디어 기술들로 이러한 다매체 환경이야말로 앞으로 미디어 기술 발전의 핵심 모습이 될 것이 분명하다. 이러한 다매체, 즉 뉴미디어의 특징은 기존의 미디어와 정보통신기술이 결합되는 것으로, 이 경향은 앞으로 점점 확대될 것이다.

이러한 새로운 미디어 기술이 가지는 주된 특징이 매체의 경계가 무너지는 매체간 융합이다. 인터넷은 전자문서에 기반하여 글, 이미지, 영상, 소리 등을 모두 결합시킨 대표적인 멀티미디어이자, 또한 기존의 매스미디어와 새로운 정보생산자들이 공존하는 대표적인 융합매체라 할 수 있다. 또한 컴퓨터망을 기초로한 인터넷은 텔레비전, 라디오 등과 기술적으로도 융합되고 있다. 모바일 방송 역시 기존 매체와 휴대전화가 결합하여 독특한 매체로 발전하고 있다. 특히 최근 젊은 세대를 중심으로 모바일 방송은 새로운 매체로서 상당히 중요하게 부각되고 있다. 하지만 이러한 기술적 발전이 미디어의 본래적 의미, 즉 인간의 소통의 매개체로서 어떤 위상과 의미를 갖는가는 진지하게 탐구해 볼 필요가 있다.

〈표 6-5〉 뉴미디어의 종류

<table>
<tr><th></th><th>뉴미디어</th><th>멀티미디어</th></tr>
<tr><td>신문계</td><td>CTS (Computerized Typesetting System)
팩스신문
전자출판
전자신문</td><td rowspan="4">미래형 전자신문
주문형 뉴스
주문형 비디오
주문형 게임
쌍방향 케이블 TV
멀티미디어 PC
PCTV
PDA
정보고속도로
DMB</td></tr>
<tr><td>방송계</td><td>AM 스테레오 방송
FM 다중방송
코드/데이타 방송
PCM 음성방송
디지털 음성방송 (DAB)
문자다중방송 (Teletext)
직접위성방송 (DBS)
디지털 위성방송
고화질 텔레비전 (HDTV)
정지화 방송
긴급 경보 방송</td></tr>
<tr><td>통신계</td><td>비디오 텍스 / 오디오 텍스
화상응답시스템 (VRS)
PC 통신
영상전화
영상회의 (Teleconferencing)
이동체통신 (무선호출/이동전화/
주파수공용 통신)
LAN / VAN / ISDN</td></tr>
<tr><td>패키지계</td><td>플로피디스크, 광디스크, 오디오 CD
비디오 CD, CD-ROM, CD-I</td></tr>
</table>

자료: 이정춘, 2000: 62.

(2) 뉴미디어와 소통, 수용자

매스미디어가 일방적 전달의 기술이라면 뉴미디어는 다대다의 전달이라는 기술적 특성을 갖는다. 또한 매스미디어에 대해 수용자는, 비록 이용충족이론가들이 수용자들의 능동적 의미해석을 강조하지만, 그럼에도 불구하고 미디어의 수동적 이용자에 지나지 않는다. 뉴미디어는 이런 수용자의 수동성을 적극적인 능동성으로, 수용자를 정보와 메시지를 생산해낼 수 있는 위치로 바꾸어 놓는다. 게시판의 답글들, 블로그를 통핸 뉴스 생산, 온라인 토론, 수용자가 직접 기사를 생산하는 온라인 신문 등 수용자는 뉴미디어 기술 하에 더이상 수동적인 수용자로 남아 있지 않다. 이러한 능동성은 미군 장갑차에 의해 희생된 여중생을 추모하는 대규모 촛불집회를 이끌어내고, 온라인에서 정치적 여론화를 통해 대통령 선거에 결정적인 작용을 하기도 했다.

하지만 뉴미디어가 항상 긍정적인 가능성만을 가지는 것은 아니다. CMC가 가지는 특징 중 하나는 소통의 여러 단서들이 삭제된다는 것이다. 우리는 대면적으로 소통을 할 때 언어 이외의 다양한 몸짓이나 표정을 통해 의미를 보다 상세히 전달하고자 노력한다. 반면 사이버 공간에서는 이런 부가적인 수단들이 없기 때문에 소통은 직설적이고, 짧고, 보다 노골적인 소통이 되는 경향이 있다. 또한 비대면적 익명성의 상황은 소통을 공격적인 것으로 만들기도 한다. 최근 사회문제화되고 있는 악플이나 사이버 펑크 등은 뉴미디어 기술이 가진 부정적 측면의 하나라 해도 틀림없을 것이다.

미디어 기술의 발전은 너무나 다양한 미디어의 발전 속에서, 정작 인간 소통의 문제는 관심에서 제외되어 버리는 역설을 낳고 있다. 미디어의 발전은 소통 수단의 발전이지만, 또한 그것은 인간의 소통에 장애가 될 가능성도 낳고 있다. 너무나 많은 이야기들이 동시적으로 얘기되면 정작 그것은 어느 누구에게도 전달되지 않는 역설이 발생한다. 이것은 우리가 앞으로 진지하게 풀어가야 할 과제가 될 것이다.

3. 정보기술의 사회문화적 영향

정보화의 진전과 함께 많은 새로운 사회 현상들이 출현하고 있다. 기술 발전에 따른 사회 변화 및 기술과 사회의 관계에 대해서는 이 책의 1장과 2장에서 상세히 다루었으므로, 이 장에서는 정보사회적 현상을 특히 새로운 사회 문화의 형성과 변화에 주목해서 살펴볼 것이다.

1) 정보 격차

정보 격차(digital divide)란 정보기기의 소유나 정보에 대한 접근권 혹은 정보 이용능력의 차이로 인해 발생하는 새로운 사회적 불평등을 지칭하는 개념이다[67]. 다니엘 벨에 의하면 정보사회에서 지식과 정보는 사회를 움직이는 중추 원리(axial principle)다. 그만큼 지식과 정보의 평등한 분배와 이용은 정보사회가 해결해야 할 중요한 과제가 된다. 확산이론적 관점에서 정보 불평등의 감소를 주장하는 이들은 TV, 라디오, 신문 등이 그러했던 것처럼 결과적으로 정보기술이 보편화됨으로써 정보의 대중적인 수용이 이루어지고 이용의 차별이 없어질 것이라 주장한다(Toffler, 1992; Naisbitt

67) 미 상무성은 digital divide를 '신기술에 접근한 자와 접근하지 못한 자 사이의 분할'로 정의한다.

& Aburdene, 1990). 반면 정보격차의 심화를 주장하는 이들은 정보나 지식이 독점되거나 진입장벽이 형성됨으로써 이용이 배제되거나, 혹은 정보의 상품화 등의 이유로 정보를 둘러싼 사회적 불평등은 더 커질 것이라 주장한다(Murdock & Murdock, 1989; D. Shiller, 1994; H. Shiller, 2001).

초기의 정보 격차는 주로 정보 기기의 소유를 중심으로 발생했다. 아래의 표는 1984년부터 1997년까지 미국의 소득계층별 컴퓨터 보유율 변화를 보여주고 있는데, 전체 가구의 보유율은 1984년 8.0%에서 1997년 38.0%로 빠르게 성장하고 있는데 반해, 2만달러 이하의 소득의 가진 저소득층은 1984년 보유율이 2.9%에서 1997년 13.6%로, 전체 보유율에 비해 현저히 낮은 보유율을 보이고 있다. 또한 1997년의 경우 전체 보유율 평균은 38.0%인 것에 반해 5~7.5만달러 소득계층은 60.6%, 7.5만달러 이상의 고소득층은 75.9%가 컴퓨터를 소유하고 있어, 컴퓨터 소유를 둘러싼 격차가 상당히 심각함을 보여주고 있다.

〈표 6-6〉 미국의 소득계층별 컴퓨터 보유율 변화

단위: %

	1984년		1989년		1993년		1997년	
	가구 비중	보유율	가구 비중	보유율	가구 비중	보유율	가구 비중	보유율
2만달러 이하	54.5	2.9	42.9	5.3	38.4	7.7	31.3	13.6
2~5만달러	37.7	12.3	41.2	16.3	40.6	23.4	39.5	35.4
5~7.5만달러	5.5	22.4	10.3	31.6	12.6	45.2	16.0	60.6
7.5만달러 이상	2.4	22.1	5.6	43.8	8.4	60.2	13.3	75.9
전 체	100.0	8.0	100.0	14.7	100.0	23.2	100.0	38.0

자료: Population Division U.S. Census Bureau, 1999; 권태환 · 조형제 · 한상진, 2000: 211에서 재인용.

하지만 정보화의 급속한 진전과 함께 컴퓨터 소유에서의 불평등은 크게 줄어들고 있는 추세다. 우리의 경우 2002년의 전국 조사에 따르면 우리 사회 전체 가구의 컴퓨터 보유율은 82.2%로 조사되었다. 지역별 차이는 그리 크지 않았고, 가구 소득별로는 여전히 보유율의 차이가 발견되었지만, 연소득 1,500만원 이하의 저소득층을 제외하면 컴퓨터 보급률은 70%를 상회하고 있다.

〈표 6-7〉 지역별, 가구소득별 컴퓨터 보유율(2002)

		컴퓨터 보유	컴퓨터 미보유	계
지 역 별	읍면부	212 (71.6)	84 (28.4)	296 (100.0)
	중소도시	751 (82.7)	157 (17.3)	908 (100.0)
	특별 · 광역시	928 (84.6)	169 (15.4)	1,097 (100.0)
가구소득	1500만원 이하	127 (59.6)	86 (40.4)	213 (100.0)
	1501-2000만원	151 (71.6)	60 (28.4)	211 (100.0)
	2001-2500만원	111 (76.6)	34 (23.4)	145 (100.0)
	2501-3000만원	184 (83.3)	37 (16.7)	221 (100.0)
	3001-3500만원	84 (90.3)	9 (9.7)	93 (100.0)
	3501만원 이상	312 (91.2)	30 (8.8)	342 (100.0)
전 체		1,891 (82.2)	410 (17.8)	2,301 (100.0)

자료: 박해광, 2006에서 재인용.

하지만 정보 격차는 정보 기기의 소유를 넘어 접근과 이용에서 새로운 차이들을 보이고 있다. 인터넷 이용 여부를 비롯하여, 인터넷 기능들의 이용 정도에서도 집단별로 뚜렷한 차이가 발견되고 있다. 이것은 컴퓨터의 보급에 따른 소유의 불평등이 어느 정도 해소되면서 이용 능력이라는 새로운 격차 요인이 작용함을 의미하는 것이다. 2004년 현재 우리 사회의 인터넷 이용률은 70.2%에 이르고 있지만, 세대 · 연령별로는 크게 차이를 보이고 있다. 아래의 표에서 보듯 19세 이하 어린 세대의 인터넷 이용률은 90%를 상회하는 반면, 50대는 2004년 31.1%, 60세 이상은 10.1%에 그치고 있다. 2001년부터 2004년까지의 추이는 모든 연령층에서 이용률이 증가하고 있음을 보여주지만, 연령별 격차는 그다지 줄어들지 않고 있다.

〈표 6-8〉 연령별 인터넷 이용률

	6-19세	20대	30대	40대	50대	60세 이상
2001	93.3	84.6	61.6	35.6	14.9	3.3
2002	91.4	89.8	69.4	39.3	17.9	2.3
2003	94.8	94.5	80.7	51.6	22.8	5.2
2004	96.2	95.3	88.1	62.5	31.1	10.1

자료: 한국인터넷진흥원, 『2004년 하반기 정보화실태 최종보고서』, 2005.

또한 인터넷에서의 여러가지 활동이나 기능 이용에서는 그 격차가 더욱 커지고 있는 추세인데, 한 연구에 의하면 인터넷 사용시간이나 인터넷의 26개 기능 이용에 있어 연령, 계급, 학력, 성별로 정보 격차가 존재함이 보고되었다(박해광, 2006).

정보 격차를 줄이기 위해 보편적 접근(universal access)68)의 원칙 하에 소유 불평등의 완화, 교육의 확대 등의 정책이 실행되고 있지만, 현재의 격차가 쉽게 해소되리라 낙관하기는 어렵다. 이용의 격차는 정보 리터러시(information literacy)의 차이를 보여주는 것이며, 이것은 단기간에 해결될 수 있는 문제는 아니기 때문이다.

68) 보편적 접근이란 정보 네트웍에의 접근과 참여, 효율적인 이용을 위한 교육의 확대 등을 포함하는, 자유로운 커뮤니케이션을 가능하게 하는 정책들을 지칭한다.

2) 사이버 문화의 형성과 그 특징

인터넷이라는 가상 공간(cyber space)이 만들어지면서 인터넷에서의 새로운 문화들이 출현하고 있다. 가상 공간은 여러가지 점에서 현실의 공간과는 다르다. 우선 현실 공간에서는 대면성(face-to-face)에 기초해 사람들의 관계가 형성되는 반면, 가상공간은 매개된 소통(computer mediated communication, CMC)이 주로 이루어지는 공간이다. 매개된 소통은 대면적 소통의 시·공간적 제약을 극복하면서 다대다의 쌍방향적 소통을 가능하게 해주는 반면, 또한 대면적 소통의 비언어적인 소통 수단을 제거하기 때문에 구어가 아닌 문자적인 소통이 중심이 되는 특징을 갖는다. 또한 가상 공간은 익명성의 공간이다. 익명성은 대면적인 관계와는 완전히 다른 소통 상황을 창출한다. 대면적 관계에서는 대화 당사자들의 사회적 지위 기호가 옷이나 표정, 어투, 몸짓 등에서 완전히 드러나기 때문에 사회적인 대화 관습, 예를 들면 연장자와 연소자간에 강제되는 경어법 규칙이나 옷차림의 좋고 나쁨에 따른 차별 등에서 자유롭지 못하다. 반면 가상공간의 익명성은 이러한 사회적 지위 기호가 완전히 배제되기 때문에 보다 자유롭고 민주적인 대화를 가능하게 한다. 나아가 심지어는 자신의 정체성(identity)을 완전히 숨긴 채 또다른 정체성을 창출해낼 수도 있는데, 예컨대 여성이 남성인 척 대화에 참여할 수도 있고, 나이 어린 사람이 나이가 든 사람의 역할을 해낼 수도 있다. 또한 가상공간은 하나의 매체로서, 기존의 대중 매체(mass media)의 한계인 전달의 일방성과 단일감각을 쌍방향적이고 다감각적인 것으로 회복시킨다. 가상공간 하에서는 또 누구나 정보 생산자가 될 수 있기 때문에 수동적인 수용자를 능동적인 정보 주체로 변화시킬 잠재력을 갖는다.

이러한 기술적 조건 하에서, 특히 세계적으로 높은 정보화 수준에 있는 우리 사회에서는[69] 특이한 사이버 문화들이 형성되고 있다. 이러한 사이버 문화가 가지는 특징을 살펴보자.

첫번째로 가상공간은 원본과 복제의 구분이 사라지는 공간이다. 가상공간을 채우고 있는 것은 결국 정보들인데, 이 정보는 물질과는 뚜렷이 구분되는 특징을 가진다. 아래의 표는 물질 상품(material goods)과 구분되는 정보 상품(information goods)의 특징을 요약한 것이다.

〈표 6-9〉 정보재의 특징

비소모성	정보는 아무리 이용되어도 그 자체는 소모되지 않는다.
비전이성	물리적으로 타인에게 양도되어도 소유주에게 정보가 그대로 남는다.
비분할성	일반 상품이 분할되어 공급될 수 있는 반면, 정보는 집합된 상태 그대로 이용된다.
누 적 성	기존 정보에 새로운 정보가 누적될 수 있다.
기 밀 성	정보의 최대효용도를 높이기 위해 수요자가 비밀리에 수집, 생산되고 독점적으로만 사용되는 점유적 속성을 지닌다.
공 개 성	널리 알려져 충분히 주지될 때 그 효용이 최대로 발휘된다.
개 별 성	특정 생산자 혹은 사용자에게 효용을 줄 수 있으나 제3자에게는 효용을 주지 못하는 경우가 있다.
불확실성	정보 자체가 확실성을 가지고 효용성을 결정하는 것이 아니라 사용자의 정보이용 목적에 따라 사용가치가 다르게 결정된다.

자료: 전석호, 1991.

---

69) 2005년 한국인터넷진흥원에 의하면 우리나라의 정보화 지수는 세계 3위인 것으로 나타났다.

정보는 무한히 복제될 수 있으며, 그러한 정보 과잉은 역설적으로 의미의 죽음을 가져온다. 보들리야르(Baudrillard)는 이런 상황을 시뮬라시옹(simulation)이라 칭하는데, 이것은 정보의 폭발 속에서 원본과 복제본의 구별이 불가능해지고, 정보들이 무한히 자기복제함으로써 의미의 상실을 가져오는 상황을 의미한다. 이런 상황에서 '사람들은 인공성을 즐겁게 맞이하며 어떤 특별한 의미를 전하지 않으면서도 상이한 이미지를 장난스럽게 혼합하기도 한다. 펑크족과 1950년대 마를린 먼로의 표정을 결합시키는 것처럼 모방이나 혼성에서 즐거움을 느낀다'(Webster, 1997: 52). 우리 사회의 사이버 문화에서 두드러진 '이미지 놀이'도 이런 맥락에서 설명될 수 있다. 몇몇 게시판을 중심으로 활발히 이루어지고 있는 이미지 합성 및 변형 놀이는 때로 강한 풍자성을 담고 있는 것도 사실이지만, 그 놀이의 과잉으로 인해 자치 의미의 상실을 가져올 수 있다.

또다른 사이버 컬쳐의 특징으로 게시판(bulletin board) 문화를 들 수 있다. 게시판을 통한 글쓰기가 우리 사회에서는 매우 활성화되어 있는데, 이것은 다른 사회들과는 뚜렷이 구분되는 현상이다. 게시판의 글쓰기는 모든 사람들의 자유롭고도 주체적인 참여라는 점에서 분명 긍정적인 측면이 있다. 특히 오랜 권위주의 정권의 지배 하에서 표현의 통로가 막히고 여론을 만들어 낼 수 있는 수단이 부재했던 우리 사회에서 인터넷 게시판은 여론을 형성하는 공론장(public sphere)의 역할을 수행해 왔다. 게시판 문화는 때로 강력한 여론이나 사회적 압력이 되어 중요한 정책의 아젠다를 형성하기도 하고 또 정치적 결정을 이끌어내기도 하였다[70]. 하

70) 지난 대통령 선거에서 보여주었던 「노사모」의 활동이나 미군 장갑차에

지만 게시판 문화가 이런 긍정적인 측면만을 가지는 것은 아니다. 게시판은 또한 온갖 비방과 욕설, 공격적인 글쓰기, 성적 희롱 등으로 얼룩져 있기도 하다. 이런 부정적인 글쓰기는 무엇보다 가상공간이 익명성에 기초하여 작동하기 때문이다. 자신의 정체성을 숨긴 채 참여하는 대화는 공격적이고 원색적이며 대화의 윤리로부터 자유로운 글쓰기를 자극하는 경향이 있다. 또한 앞서 정보격차의 현황에서도 살펴보았듯이 가상공간에서 가장 활동적인 세대는 20대 이하의 젊은 세대들로, 이들은 상대적으로 사회적 규범으로부터 자유롭기 때문에 감정적인 글쓰기에 쉽게 참여하는 경향이 있다. 게시판 문화는 가상공간이라는 기술이 제공한 매우 의미있는 가능성이기 때문에, 이 게시판을 건전하고 자유로운 소통의 장으로 만들어가는 노력이 필요하다. 그 노력은 무엇보다 게시판에 참여하는 주체들의 자발적인 참여를 통해 가능할 것이다.

3) 전자감시

정보기술의 발전이 항상 장밋빛 결과만을 가져오고 있는 것은 아니다. 정보기술의 발전과 함께 발전해온 우려되는 결과 중의 하나가 바로 전자감시(electronic surveillance)의 문제다. 공리주의 철학자 제레미 벤담은 1791년 국익에 도움이 되는 효율적인 감옥체계를 구상하였다. 그 감옥은 최소의 인원으로 가장 효율적인 감시를 가능하게 한 장치로 고안되었는데, 그것이 바로 판옵티콘(panopticon)이다. 판옵티콘은 '모두(pan) 본다(opticon)'는 뜻으로, 그 설계 원리는 매우 단순한 것이었다. 감옥 건축을 원형으로 구성하고 내부 중앙에 감시탑을 두었으며, 죄수의 방은 그 감시탑을

희생된 여중생 추모 촛불집회 등이 대표적이라 할 수 있다.

둘러싸고 배치함으로써 감시탑에서 모든 죄수의 방들을 쉽게 감시할 수 있도록 하였다. 이 때 망루는 밖에서는 감시자가 보이지 않도록 하는 것이 핵심이며, 반대로 망루 내의 감시자는 모든 감옥의 죄수들을 감시할 수 있도록 설계되어야 한다. 즉 감시자는 드러나지 않고 죄수는 감시자의 시선에 그대로 노출되도록 하는 것이다. 벤담은 이 판옵티콘이 '도덕이 개혁되고 건강이 보존되며 산업이 활성화되고 훈련이 확산되며 대중의 부단이 덜어지고 경제가 반석에 오르'도록 할 것이라 주장했다(홍성욱, 2004에서 재인용).

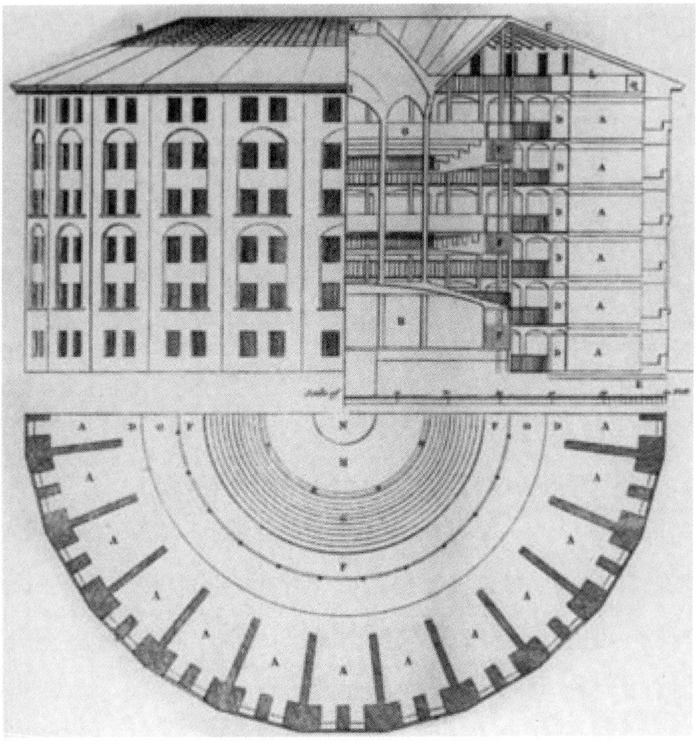

〈그림 6-1〉 원형감옥의 원리

프랑스 철학자 푸코(Foucault)는 판옵티콘의 원리가 효율적일 수 있었던 이유는 감시자가 드러나지 않기 때문에 죄수들은 항상 감시자가 자신을 감시하고 있다는 생각을 내면화하는 것이 있었다고 지적한다. 바꾸어 말하면 감시는 감시 대상이 감시하는 시선에 전적으로 노출되고, 피감시자가 그 시선을 스스로 내면화할 때 가장 효율적인 감시가 되는 것이다. 이러한 판옵티콘의 원리는 정보기술로 인해 전자 감시의 형태로 변화하고 있다. 전자감시란 전자적 장치들을 이용한 일상생활의 감시 시스템을 지칭한다. 우리는 자주 은행강도나 편의점 절도범이 CCTV 화면에 노출되어 결국 검거되었다는 뉴스를 자주 접한다. 그러한 뉴스를 보면서 우리는 감시기술이 가져온 보다 안전한 치안상태의 이익을 체감하곤 한다. 하지만 바꾸어 생각해 본다면, 우리가 은행이나 편의점을 이용할 때 우리는 항상 그 감시기술의 대상이 되는 것이다. 일상생활 중에 이용하게 되는 거의 모든 매장들은 이 CCTV를 통해 우리를 감시하고 있다. 그리고 실제로 미국에서는 CCTV를 이용한 얼굴인식 기술을 범죄자 색출에 사용한 사례도 있다. 이는 CCTV가 우리의 일상을 감시하면서 우리를 잠재적인 범죄자로 만들고 있음을 의미하는 것이다.

정보기술 발전이 핵심이 되는 컴퓨터와 인터넷도 전자감시로부터 자유롭지 않다. 우리가 일상적으로 인터넷을 이용하게 될 때 우리의 컴퓨터는 학교망이건 상업망이건 그 기관의 서버(server)에 접속하여 외부의 인터넷 망에 접속하게 된다. 이 서버는 접속되는 모든 컴퓨터를 log-on/log-out 상태를 체크하여 실시간으로 이용여부와 접속된 다른 컴퓨터, 접속을 이동해가는 경로를 감시한다. 또한 우리가 일상적으로 이용하는 이메일 계정이나 방문하는 웹사이트의 쿠키 정보들은 모두 우리의 사생활 정보를 담고 있으며, 이것이 무단으로 수집되어 사용되는 실례들을 하루에서 수십차례 목격한다. 수시로 날아드는 스팸메일은 이렇게 수집된 정보들이 악용되는 대표적인 사례다. 모바일 통신의 핵심인 휴대전화도 감시의 도구로 전락하고 있다. 위성을 이용하여 장소 정보를 제공하는 GPS 기술이 휴대 전화와 결합하여 휴대전화의 위치를 실시간으로 확인할 수 있는 서비스가 이미 통신사업자들을 통해 제공되고 있다. 기업에서는 업무 이외의 시간 낭비를 제거한다는 목적에서 직원의 이메일 감시, 비업무용 웹사이트 접속 감시, 메신저 사용 금지, 하드 디스크 검사 등이 일상적으로 이루어진다. 또한 인터넷을 감시하는 거대한 감시기구도 존재한다. 미국, 영국, 호주, 뉴질랜드 등의 국가들이 공동으로 설립하고 미국의 국가안보국이 관리하고 있는 감시기구인 애셜런(Echelon)은 실시간으로 전세계의 비군사적 통신망을 감시하고 있다. 특히 '폭탄', '미사일' 등의 키워드가 담긴 통신 내용은 자동으로 감시, 분석되고 있다.

정보 미디어학자 마크 포스터(M. Poster)는 이러한 컴퓨터 이용과 인터넷 접속이 하나의 거대한 네트워크를 구성하게 되는데, 이 네트워크란 다름아닌 거대한 감시의 네트워크라 주장한다. 즉 우리가 정보망을 이용하는 매 순간마다 발생하는 우리의 신상 정보들은 하나의 거대한 데이터베이스를 구축하여 우리의 모든 상황을 감시하게 되는 거대한 원형감옥이 될 수 있다는 것이다. 이에 대해 포스터는 모든 이용자들이 데이터 뱅크에 자유롭게 접근할 권리를 확보하는 것이 원형감옥의 감시로부터 탈출하는 방법이라 주장한다.

4. 정보사회의 미래

정보기술의 발전은 당분간 가속화될 것이다. 쉴러(Shiller)가 지적하듯 현대 자본주의에서 정보 부문은 기업의 이윤을 확보하기 위한 가장 유력한 대안의 하나가 되고 있기 때문이다. 이러한 발전은 표면적으로 다양한 정보 서비스의 제공, 다양한 미디어 환경의 실현 등으로 나타날 것이다. 그런데 비판적인 정보사회학자들은 이미 오래전부터 정보사회가 가진 하나의 특성, 즉 지식정보의 소유와 이용 여부가 미래 사회의 계층화를 초래할 위험이 있음을 경고해 왔다. 이것은 상당히 설득력이 있어 보이는데, 앞서 보았듯이 이미 우리 사회에서도 계층별, 세대별 정보 격차가 상당한 정도 발생하고 있기 때문이다.

기술의 발전 자체가 인간의 행복으로 연결되지 않는다는 사실을 우리는 3장의 구성주의 논쟁에서 살펴보았다. 결국 기술은 인간이 제어할 수 없는 블랙박스가 되어서는 안되며, 항상 공공의 영역에서 토론의 대상이 됨으로써 기술의 궤적과 방향이 조정될 수 있는 것이다. 이런 점에서 정보사회의 미래를 만드는 것은 기술적 내용이라기보다는, 그것을 어떤 방식으로 사회적으로 합의해 갈 것인가의 문제가 된다. 특히 정보사회의 성격을 정의하게 될 사이버 공간의 모습은 그것을 이용하는 모든 사람들의 실천에 의해 만들어져 갈 것이다. 결국 수용자로서의 우리 모두가 어떤 정보사회를 만들 것인가에 대한 직접적인 책임이 있는 것이다.

생각해 볼 문제

1. 왜 정보사회에 대해 낙관론과 비관론이 서로 대립하는지 생각해 보자.
2. 매스미디어와 뉴미디어의 차이에 대해 토론해 보자.
3. 정보기술의 발전이 가져온 긍정적인 결과와 부정적인 결과를 사례들을 찾아서 비교해 보자.
4. 정보격차를 해소하기 위해 무엇을 해야할지 생각해 보자.

참고문헌

권태환 · 조형제 · 한상진 편(2000), 『정보사회의 이해』, 미래M&B.

박해광(2006), 『정보사회와 문화: 신화와 현실』, 전남대학교출판부.

서이종(1998), 『지식정보사회의 이론과 실제』, 서울대학교출판부.

송종래(1986), "경제의 정보화와 직업구조의 변화", 『노동문제논집』 Vol. 8, 고려대 노동문제 연구소.

이영희(1999), "정보화와 사회적 논쟁", 「경제와 사회」제42권, 한국산업사회학회.

이정춘(1997), 『매스미디어 효과이론』, 나남출판.

이정춘(2000), 『미디어 사회학』, 이진출판사.

임영호 편역(1996), 『스튜어트 홀의 문화 이론』, 한나래.

전석호(1991), 『정보기술발전의 경제성에 대한 비판적 고찰』, 고려대 아세아문제 연구소.

정보사회학회 편(1998), 『정보사회의 이해』, 나남출판.

조동기 · 조희경(2002), 『지식정보화에 따른 직업구조의 변화와 특징』, 정보통신정책연구원.

한국인터넷진흥원(2005), 『2004년 하반기 정보화실태 최종보고서』.

홍성욱(2004), 『파놉티콘-정보사회 정보감옥』, 책세상.

Baudrillard, Jean, 하태환 역(1992), 『시뮬라시옹: 포스트모던 사회문화론』, 민음사.

Bell, D.(1992), "텔레텍스트와 테크놀로지", 『정보화 사회와 문화의 미래』, 디자인하우스.

Curran, J., D. Morley and V. Walkerdine ed., 백선기 역(1999), 『대중문화와 문화연구』, 한울아카데미.

Hall, S.(1980), "Encoding/Decoding", in CCCS, *Culture, Media, Language*, Hutchinson.

Murdock & Golding.(1989), "Information Poverty and Political Inequality: Citizenship in the Age of Privatized Communications", *Journal of Communication*, Vol.39, No.2.

N. 네그로폰테, 백욱인 역(1998), 『디지털이다』, 커뮤니케이션북스.

Naisbitt, J. & P. Aburdene.(1990), *Megatrends 2000: Ten New Directions for the 1990's*, William Morrow and Company, Inc.

Poster, M., 김성기 역(1994), 『뉴미디어의 철학』, 민음사.

Severine, W.J. & J. W. Tankard Jr., 김흥규외 역(2002), 『현대매스커뮤니케이션 개론』, 나남출판.

Shiller, D., "정보를 어떻게 볼 것인가", Mosco & Wasco ed., 편집부 역(1992), 『정보에 지배당한 사회』, 민글.

Shiller, H. 김동춘 역(2001). 『정보 불평등』, 민음사.

Toffler, A. 이규행 감역(1992), 『제3물결』, 한국경제신문사.

Turner, G., 김연종 역(1996), 『문화연구 입문』, 한나래.

Webster, F., 조동기 역(1997), 『정보사회이론』, 나남.

제 7 장 생명공학과 인간, 사회

1. 생명공학의 발달과정과 사회적 배경

생명공학은 미생물, 동·식물 및 인간을 포함한 모든 생명체의 기능이나 특성을 밝히는 과학적 지식과 이를 이용, 화학적 공정을 거쳐 산업적 제품을 만들거나 서비스를 제공하는 일련의 모든 기술들을 포괄하는 광범위한 개념이다. 생명공학의 발자취는 생명이란 무엇인가에 대한 해답을 구하려 했던 생물학자들의 노력으로부터 시작되었다. 그러나 이러한 생물학자들의 노력은 생명체에 대한 해답을 얻고자 하는 순수하고 개인적인 지적 호기심에서만 비롯된 것은 아니며, 자연과 세계에 대한 탈신비화와 개조 및 이용을 통해 인간중심의 우주관을 확립하려 했던 근대 과학혁명의 논리, 즉 역사적·사회적 요청이 맞물려 작동했다고 보는 것이 타당하다.[71] 또한 생명체의 기본원리를 관찰하고 발견하기 위해서는

71) 일반적으로 과학기술의 발달과정을 설명할 때 그것이 사회와는 무관한 내적 자기발전논리를 통해 선형적이고 누적적인 방식으로 이루어졌다고 접근하지만 실제로 과학기술의 발달과정에는 수많은 사회적 요소들이 개입된다. 이에 대해서는 이 책 2장, 3장, 4장을 참조할 것.

다른 기술발전의 성과물을 이용해야 한다. 만약, 현미경 기술이 발전되지 않았더라면 생명체의 기본단위인 세포, 염색체, 유전자 DNA 구조를 육안으로 확인하기 어려웠을 것이며 정보기술의 발전은 수많은 유전자정보의 해독과 저장, 염기서열의 지도를 그리는데 도움이 되었다.

과학혁명기의 후발주자였던 생물학자들은 19세기 중반에 이르러 모든 생물체가 세포로 이루어져 있고 세포는 생명체와 생명기능의 기본적 단위라는 세포설[72]을 발표하였다. 이후 다윈(Charles Darwin)의 진화론과 멘델(Gregor Mendel)의 유전법칙을 통해 모든 생물체가 같은 조상과 관련되어 있으며 생물체의 어떤 특성이 다음세대로 전달되는 데에는 일정한 법칙에 의거한다는 것을 알게 되었고 이는 유전형질을 조절하는 유전자와 그 구조를 밝힌 분자생물학에 이용되었다. 20세기 초반, 분자생물학은 유전자가 화학성분인 DNA[73]로 구성되어 있다는 것을 알아냈고 1953년 왓슨(James Watson)과 크릭(Francis Crick)의 DNA이중나선구조의 발견에 의해 DNA가 어떻게 유전정보를 기록하고 복제해나가는 지를 밝혔다. 이는 기술적으로 유전자조작의 가능성을 연 유전자연구의 일대 전환을 가져온 사건이었다. 이후 1973년 미국의 유전학자 보이어(Herbert Boyer)와 코헨(Stanley Cohen)은 재조합 DNA를 박테리아에 넣는 방식으로 유전자복제에 성공함으로써 유전자 조작 및 복제에 중심을 둔 현재의 생명공학발전의 토대를 마련하게 되었다. 생명공학기술은 1970년대 이후 급속도로 발전하게 되는데 이

72) 1839년 슐라이덴(Matthias Schleiden)과 슈반(Theodore Schwann)은 모든 생물체는 세포로 구성되어 있다는 "세포설(cell theory)"을 발표했다. 에릭 그레이스(2000), 『생명공학이란 무엇인가』, p.19.

73) DNA는 당, 인산, 그리고 4종류의 염기서열로 이루어진 화학성분이다.

는 17, 18세기에 걸쳐 각종 세포를 발견했지만 세포가 생명기능의 기본단위임을 인식한 것은 19세기에 이르러서야 이루어졌음과 비교해 보면 가히 엄청난 속도라 하겠다. 1970년대 동안 생명공학기술이 급속히 발전할 수 있었던 원동력은 의료적 목적과 상업적 목적을 위한 자본의 적극적 개입이었다. 실제로 서구사회에서 이 시기에 생명공학분야에 대한 자본가들과 기업가들의 엄청난 물적, 인적 투자[74]가 이루어졌으며 정부는 이러한 성과물에 특허권을 부여함으로써[75] 생명공학의 자본화, 생명의 산업화가 안정적으로 구축되는데 일조하게 된다. 그러나 이러한 생명공학의 발전과정이 자연스럽고 단선적으로 이루어진 것은 아니다. 1990년에 본격적으로 시작되어 2001년도에 발표된 인간게놈프로젝트는 생명공학이 21세기 세계를 주도할 핵심기술임을 간파한 미국의 주도하에 이미 1980년대 후반부터 착수되고 실행되는 과정에서 수많은 자본과 인력이 동원되었고, 이에 대해 초기 논의과정 속에서 많은 과학자들이 생물학의 거대과학화에 반대하기도 했다.[76] 그러나 프로젝트

---

74) 리차드 르원틴은 이를 거대과학과 거대사업의 결합으로 보고 생명공학의 자본화와 생명의 산업화가 가져올 생명에 대한 분자적 조작과 통제를 우려한다. 리차드 르원틴, 김동광 역(2001), 『DNA독트린, 이데올로기로서의 생물학』, 궁리.

75) 1971년 미국의 제너럴 일렉트릭사는 유전자조작 미생물을 특허출원하였다. 이를 계기로 생명에 대한 특허부여의 정당성문제가 논란이 되었으며 생물에 대한 특허부여는 생명체를 사유화하고 상품화할 수 있는 법적 근거로 이용된다.

76) 인간게놈 프로젝트에 대한 생물학자들의 반대논리는 크게 세 가지로 볼 수 있다. 첫째, 생물에 대한 분자로의 환원주의적 접근의 문제, 둘째, 생물학의 기계화에 대한 반발, 셋째, 인간게놈프로젝트로 자금이 집중되면서 생물학의 다른 분야들이 위축될 가능성이 그것이다. 자세한 논의는 김동광(2003), “생명공학의 위험구조”, 『문화과학』 제35호, 문화과학

가 출범하면서 초기에 반대했던 많은 과학자들도 동참하게 되고 인간게놈프로젝트는 완성을 이룬다.

서구에서 생명공학의 발전과정의 핵심적 역할을 담당한 것이 의료자본 및 기업자본이었다면, 우리나라에서는 정부에 의해 실행된 생명공학진흥책이 그 원동력이 되었다. 1980년대와 90년대에 걸쳐 정부는 생명공학이 21세기 세계 질서 속에서 국가경쟁력을 높일 수 있는 중요한 분야임을 천명하고 유전공학육성법 및 생명공학기본계획 등을 수립하였으며 같은 시기, 이러한 정부의 진흥책에 발맞춰 수많은 바이오벤처 기업들이 양산되었다. 생명공학발달과정의 또 하나의 특징은 과학적 지식과 응용기술의 연계가 활성화되고 있다는 것이다. 즉, 기업체로부터 연구비를 지원받아 대학에서 연구·개발이 이루어지고 이를 다시 기업체에서 생산하여 이윤을 창출하고 재투자하는 것이다. 이러한 과정은 산·학협력이라는 정부의 교육정책에 의해 장려되고 있다.

생명공학발전사를 요약하자면, 1970년대 이전의 생명공학이 생명체 또는 생체기능을 규명하고 이용하는 기술이 중심이었다면 1970년대 이후에는 유전자와 유전자구조를 밝힌 분자생물학의 도움으로 유전자를 변형하거나 재조합하는 유전공학, 동일한 유전자를 가진 생물을 무제한적으로 복제하는 유전자복제 기술이 중심이 되고 있다. 생명공학발전의 사회적 배경으로는 인간중심의 우주관을 확립하고자 했던 근대적 과학관의 연속선 속에서 생명체에 대한 기술적 개입을 통해 이윤을 확보하고자 했던 기업자본 및 의료자본의 적극적 개입과 생명공학의 발전을 통해 독자적이고 전문적인 영역을 확보하고자 했던 과학기술자들의 요구가 맞물려 작동하

사, 참조.

고 있다고 볼 수 있다.

이 장에서는 생명공학과 관련한 쟁점들을 동·식물의 유전자조작, 인간복제기술, 유전자연구로 나누어 살펴보고 생명공학이 인간, 사회에 미치는 영향과 그것이 야기하는 사회적, 윤리적 문제들에 대해 탐색해 보고자 한다.

〈표 7-1〉 생명공학 발전의 약사

시 기	내 용
1665	훅이 세포를 설명하고 명명
1675	레벤후크가 현미경을 통해 미생물, 박테리아, 정자세포 발견
1839	슐라이덴과 슈반이 세포설 발표
1859	다윈이 『종의 기원』을 통해 자연도태설 확립
1866	멘델이 『식물의 잡종에 관한 연구』에서 유전의 원리 발견
1869	미셔가 최초로 핵산의 화학분석 시행
1882	세포핵 내 염색체 발견
1902	개로드가 유전자는 단백질을 만드는 명령을 구성한다고 가설
1909	긴 분자사슬 구조로 된 인산, 당분 DNA 화학적 구성 밝힘
1910	모건이 염색체 내에 유전자가 있음을 확인
1928	그리피스가 형질전환 인자(유전물질)를 발견
1941	비들과 테이텀이 하나의 유전자는 하나의 효소를 만든다고 주장
1944	에이리버와 그의 연구원이 그리피스의 형질전환인자가 DNA임을 증명
1953	왓슨과 크릭이 DNA의 이중나선구조 규명
1967	코라나와 니런버그가 유전자코드를 풀어냄
1969	유전자 분리 최초 성공
1970	인간유전자 합성 최초 성공
1973	코헨과 보이어가 DNA재조합 기술 개발
1983	DNA조각을 재생산하는 중합효소 연쇄반응법(PCR)[77] 개발
1990	인간게놈프로젝트 시작
1996	첫 미생물(효소) 게놈 해석
1998	첫 번째 동물의 게놈 해석
2000.6	인간게놈지도 초완 완료 및 정보공개
2001.1	미 과학자 원숭이 복제 성공, 쌀 유전자 완전 해독
2001.2	인간 게놈 지도 완성, 발표

2. 동·식물의 유전자 조작

유전자조작[78]이란 다른 생물종의 유전자 일부를 인위적으로 삽입하는 기술을 말한다. 바이러스나 대장균들에서 발견되는 바이러스 크기의 염기서열인 플라스미드(plasmid)는 종의 울타리를 뛰어넘어 숙주의 면역을 피해 숙주 유전자 사이에서 숙주의 유전자처럼 공존 공생하는 능력이 있는데 대부분의 유전자조작기술은 이러한 바이러스와 플라스미드의 특징을 이용한 것이다. 원하는 다른 종의 탐나는 외래 유전자를 효소로 잘라 붙인 바이러스나 플라스미드를 운반체, 즉 벡터로 활용하여 숙주 유전자 사이에 삽입하는 기술이 유전자조작이다. 삽입한 외래 유전자가 숙주 유전자 사이에서 원래의 형질을 발현하게 하려면 숙주유전자를 저해하지 않는 위치에 정확히 삽입해야 하는데 이는 확률적으로만 가능한 일이므로 엄청난 반복실험과 막대한 시간과 돈을 필요로 한다(박병상, 2002: 37).

1) 유전자조작 농산물과 현황

유전자조작기술을 통해 생산되는 농산물이 유전자조작 작물이

---

77) 침이나 혈액 등으로부터 다량의 DNA를 복제한 후 DNA지문을 만들어 범죄의 증거물로 사용할 수 있으므로 실제로 과학수사에 널리 사용되고 있다. 이 기술을 DNA자르기, 유전자 위치 찾기, DNA일부를 다른 DNA에 붙이기, 유전자 복제하기, 미생물에 새로운 유전자 넣기 등의 일을 하는 것으로 생명공학에서 널리 이용되고 있다.

78) 유전자조작이라는 용어는 '조작'이 갖는 부정적인 어감 때문에 학자에 따라 유전자 변형이나 재조합, 또는 육종이나 유전자 개선 등의 용어로 쓰이기도 한다. 이 글에서는 육종이나 개선이 명백하게 긍정적인 의미만을 담고 있기 때문에 유전자 조작, 변형, 재조합이라는 용어를 문맥에 따라 혼용해서 사용하도록 하겠다.

며 이를 가공하여 만든 식품까지 포괄해 유전자조작식품(GMO, Genetically Modified Organism)이라고 한다. 막대한 자본을 투여하여 성공한 유전자조작 농산물은 관리, 유지 또한 철저히 이루어져야 한다. 온도, 습도, 광도가 일정하게 조절된 환경변화가 없는 공간에서 충분한 영양분이 공급되어야 하고 다른 품종과 수정되지 않도록 주의해야 한다.

세계 최초의 유전자조작 농산물은 1994년 미국의 칼진사(Calgene)와 영국의 제네카사(Zeneca)가 개발한 무르지 않는 토마토였다. 미국에서는 특정 바이러스에 내성을 가진 애스그로우사(Asgrow)의 호박, 특정 곤충에 저항성을 가진 몬산토사(Monsanto)의 감자, 특정 제초제에 내성을 가진 칼진사의 목화, 특정 제초제에 내성을 가진 몬산토사의 콩 등 현재 15개 작물 70여개의 품종이 개발, 시판되고 있으며 이 중 40여 종의 유전자조작 농산물은 미국 FDA가 그 안전성을 승인했다. 이들 중 가장 많이 유통되는 품목인 콩과 옥수수는 우리나라 수입 농산물의 대부분을 차지하고 있다. 미국을 비롯한 서구사회의 유전자조작 농산물이 주로 농업자본에 의해 개발된다면, 우리나라는 주로 농업과학기술원 같은 정부투자연구기관에서 연구와 개발을 독점하고 있다. 우리나라에서도 벼, 고추, 들깨 등 10여종의 농작물과 돼지와 닭 등 가축에 대한 유전자 조작을 연구하고 있는데, 이 중 특정 제초제에 내성을 지닌 벼, 특정 바이러스 저항성 감자, 특정 병원균 내성 고추, 특정 해충 저항성 배추와 노화 방지 효과가 강화된 들깨 등은 개발이 완료되어 상품단계에 있다. 대표적인 유전자조작 작물과 가공식품으로는 다음과 같은 것들이 있다.

〈표 7-2〉 대표적인 유전자조작 작물과 가공식품들

콩	간장, 된장, 고추장, 두부, 두유, 콩나물, 식용유, 선식, 버터, 마아가린, 콩과자, 마요네즈, 스파게티, 커피 크림 등.
옥수수	콘 샐러드, 콘스낵, 팝콘, 옥수수유, 씨리얼, 물엿, 과자, 사탕, 빵, 맥주, 콜라, 사이다, 스프, 당면 등.
감 자	프라이드 포테이토, 녹말가루, 건조감자, 당면, 스낵 등.
토마토	케찹, 주스, 스파게티 소스, 파스타, 피자 소스 등.
면 화	식용면실유, 땅콩 버터, 참치 통조림, 스낵 등.
유 채	카놀라유, 샐러드 드레싱, 마가린, 과자 등.

현재, 유전자조작의 대상이 되는 농작물이나 식품의 양과 종류는 막대한 자본의 투여와 관리 및 유지의 어려움에도 불구하고 계속해서 확장될 것이며 우리의 식탁에 오르고 간식거리로 애용될 것이다. 그렇다면 우리의 먹거리에 엄청난 속도로 파급력을 미치고 있는 유전자조작 농산물의 양적 팽창은 누구를 위한 것이며, 유전자조작식품은 안전한 것인가를 중심으로 논쟁의 대립구도를 살펴보자.

2) 유전자조작 농산물은 누구를 위한 것인가?

유전자조작 농산물에 대한 첫 번째 논쟁지점은 그것이 누구의 이해와 요구에 복무하느냐는 것이다. 유전자조작 농산물의 생산을 주도하고 있는 농업자본과 연구자들은 특정 농약이나 바이러스 및 해충에 강한 종자나 종묘를 개발함으로써 그 피해를 예방하고 생산량을 극대화시켜 인구증가와 기아에 허덕이는 인류, 특히 제3세계 국민들에게 큰 혜택을 줄 수 있으리라고 전망한다. 실제로 대표적인 유전자조작식품 개발회사인 다국적 기업 몬산토사는 비타

민 A를 함유한 황금쌀을 개발해 가난한 아시아인들에게 무상으로 제공하겠다고 밝혔고 1943년 록펠러 재단의 지원을 받은 미국인 과학자들은 멕시코의 시험농장에서 옥수수는 두배, 밀은 세배, 보리의 경우 아홉배까지 생산량을 증대시키기도 하였다. 그러나 레이첼 카슨이 1962년 『침묵의 봄』에서 경고했던 것처럼 조작유전자는 슈퍼잡초와 슈퍼해충을 탄생시키고 돌연변이의 출현으로 생태계를 교란시키는 결과를 낳기도 하였으며, 자본력이 약한 제3세계 국민들은 여전히 가난과 기아에 허덕이고 있다. 제초제의 저항성을 높이겠다던 목적도 더 강한 내성을 갖게 됨으로써 해결되지 못했다. 다국적 농업자본은 유전자조작 종자와 특정제초제를 전세계로 수출함으로써 전세계 농토와 농법 및 품종을 장악해 나가고 있다. 몬산토사는 유전자조작 콩과 라운드업이라는 제초제를 세트로 판매하여 이중의 이윤을 얻고 있고, 전통적인 농법과 품종을 포기하고 새로운 농법과 품종을 적용시킨 농부들은 자본의 논리와 발전된 기술의 내성에 의한 당연한 귀결인 계속해서 상승하는 종자값을 감당하고 종자에 맞춘 경작지와 농법에 적응해야 했다. 또한 미국, 캐나다, 아르헨티나 등에서 생산하는 유전자조작식품이 자국의 국민들의 식단을 위해서가 아닌 주로 수출용이나 사료용으로 생산된다는 사실은 제3세계 국민들의 식량난 해결에 유전자조작 농산물이 유용할 것이라는 주장의 문제점을 드러내 준다.

따라서 유전자조작 농산물의 개발 및 생산, 판매는 인류의 식량난 해결이나 직접적인 생산자인 농민에게 이득이 되기보다는 다국적 농업자본의 전 세계 농토 장악과 이윤창출에 복무할 가능성이 높다고 볼 수 있다.

3) 유전자조작 식품의 안전성

유전자조작식품에 대한 두 번째 논쟁지점은 그것이 과연 인체에 안전한가의 문제이다. 대체로 생명공학자들과 다국적 농업자본은 유전자조작식품이 안전하며 오랜 기간에 걸쳐 그것의 안전성을 검증했다고 주장한다. 유전자조작식품은 맛, 영양, 생김새 면에서 전통적인 농산물과 비슷하며 전통적인 농산물을 섭취하고도 알레르기가 발생하는 경우가 있으므로 유전자조작식품으로 인해 발생하는 알레르기는 별 문제가 되지 않는다는 것이다. 그리고 문제의 발생소지는 장기간에 걸친 안전성 실험으로 대부분 완화될 것이라 주장한다. 그러나 유전자조작식품의 위험성을 우려하는 사람들은 조작된 유전자가 다른 생물체로 이동하거나 사람의 유전자에 전이되거나 삽입됨으로써 생태계나 인체에 치명적인 영향을 미칠 가능성을 배제할 수 없다고 주장한다. 1989년 일본에서는 트립토판이라는 유전자조작식품을 복용한 사람들 중 일부가 사망하거나 각종 질환을 일으켰지만 정확한 원인규명이 이루어지지 않았으며, 1998년 스코틀랜드의 한 과학자는 유전자조작감자를 먹은 쥐의 장기가 위축되고 면역기관이 비대해졌음을 발표하기도 하였다. 1999년 포플러보다 중금속 흡수율이 높은 올챙이의 유전자를 삽입한 현사시나무를 개발한 관계자는 그것이 공해를 줄이는데 일조할 수도 있지만 중금속을 잘 흡수하는 유전자가 다른 식물로 전이될 수 있는 개연성이 있음을 경고하기도 했다.

또한 유전자의 발현은 환경에 따라 전혀 다른 방식으로 이루어지기 때문에 현재 환경에서 뚜렷한 부작용이 나타나지 않는다고 해서 안전하다고 여겨서는 안된다.[79] 몬산토사에서 개발한 유전자

---

79) 유전자의 특성과 환경과의 상관관계에 대해서는 유전자연구 부분에서

조작 면화씨는 안전성이 연구되었던 개발국인 미국의 환경과 다른 인도에서 시험재배 되었을 때 면화씨바구니를 줄이겠다는 목적을 달성하지 못하고 오히려 증가시켰으며 면화의 성장속도 또한 엄청나게 느린 결과를 낳았다.[80]

유전자조작식품의 안전성 대 위험성 논쟁은 안전성을 주장하는 농업자본과 생명공학자들이 유전자조작식품이 야기할지도 모르는 위험성에 대한 과학적인 인과관계를 밝히려 하지 않을 뿐만 아니라,[81] 위험성을 제기하는 사람들도 전문적인 연구와 지식을 통한 현재적 문제제기이기보다는 미래에 닥칠지도 모르는 위험에 대한 경고만을 담고 있다는 점에서 적극적인 문제제기로 보기 어렵다. 더욱이 위험 요소는 유전자조작식품에서만 기인하는 것이 아니라 개인적 면역력, 오염된 환경 등 여러 가지 복합적인 요인이 작용하기 때문에 계속 논란이 될 전망이다. 또한 유전자조작식품을 개발하고 생산하는 농업자본이 주로 수출용이나 가축사료용에 중점을 두고 있으며 유전자조작식품 생산 수출국이 유전자조작식품에 대한 표기를 반대하고 있는 점을 감안한다면 위험성의 소지가 있음을 무시할 수 없다. 일상생활에서 사람들이 유기농식품이나 친환경식품을 선호하고 좀 더 비싼 가격을 치르더라도 구입하고자 하는 것을 보면 역설적으로 유전자 조작 식품의 안전성 논란은 더욱 크게 확대될 것이 예상된다.

자세히 다루도록 하겠다.

80) 이로 인해 인도에서는 몬산토사에 대한 대대적인 투쟁이 일어나기도 하였다.

81) 실제로 생명공학자들은 안전성 실험에 대한 연구결과를 공개적으로 발표하지 않고 있다.

4) 유전자조작 식품 표시제(GMO표시제)와 한계

유전자조작식품의 안전성과 위험성 논쟁의 대립구도 속에서 야기될지도 모르는 위험성에 대한 경고와 이를 알리기 위한 노력은 유전자조작식품표시제에 대한 요구로 나타났다. 서구 유럽과 일본에서는 이미 유전자조작식품에 대한 표시는 물론 유전자가 조작되지 않은 농산물의 수입에 대해서도 철저한 사회적 검증과정을 거치고 있다. 우리나라도 지난 2001년부터 유전자조작농산물에 대한 표시제도를 시행하기 시작하였다. 그러나 표시제 실시를 위한 준비과정과 현행 표시제도는 몇가지 문제점을 안고 있다. 농림부와 식약청은 유전자조작식품 표시제를 시행하기 위해 1999년 말부터 위원회와 연구회를 각각 구성, 가동하였다. 그러나 위원구성 과정에서 찬·반입장을 가진 위원들이 동등하게 참여하지 못했고 위원회 구성을 위한 충분한 회의도 이루어지지 않음으로써 민주적 의사소통절차를 밟지 않은 형식적인 수준에 머물러 있었다.[82)]

현행 유전자조작식품표시제는 크게 세 가지 정도의 문제점을 가지고 있는데, 먼저 표시대상이 되는 농산물이 콩과 옥수수로 한정되어 있다는 것이다. 이는 콩과 옥수수를 주 원료로 하는 두부, 식용유, 사료 등 가공식품에 대해서는 유전자조작여부를 알 수 없다는 것을 의미한다. 또한 의도성이 없는 유전자조작농산물의 혼입을 용인해주고 있는데 우리나라의 비의도적 혼입율은 다른나라에 비해 높은 편이다.[83)] 두 번째로 유럽 및 일본과 달리 우리나라는

---

82) 유전자조작식품표시제 시행 준비과정에 대한 자세한 내용은 박병상 (2002), 『내일을 거세하는 생명공학』 pp.29-31를 참조할 것.

83) 유전자조작농산물의 비의도적 혼입율은 유럽의 경우 현재 1%이지만 0.1%대를 지향하고 있는데 반해 우리나라의 비의도적 혼입은 3%대로 높은 편이다.

과학적 검증기술개발과 사회적 검증제도를 도입하지 않음으로써 잘못 표기되어 있을지라도 제대로 찾아내 제재를 가할 수 없다는 문제가 있다. 세 번째로 유전자조작식품이 아니라는 검증의 책임을 상인이나 기업에 돌림으로써 소비자들이 요구했던 'non-GMO 표시'제가 유명무실하다는 것이다.[84] 왜냐하면 식품을 생산하고 판매하는 기업이나 상인들이 그러한 표시제를 적극적으로 실시할 리가 없기 때문이다.

유전자조작식품표시제의 시행은 그나마 1998년부터 유전자조작식품 반대운동을 줄기차게 펼쳐온 시민운동이 이루어낸 성과였다. 그러나 유전공학에 대한 우리정부의 기본적 입장과 정책적 기조는 국가경쟁력향상의 중요한 기반으로써 적극적으로 육성되어야 할 분야라는 것이어서 표시제에 대한 의지도 약하다고 평가된다. 우리 식약청이 홍보물을 통해 미국이 제시한 안전성 확인을 근거로 유전자조작농산물에 대해 안전성을 선전하는 것 또한 같은 맥락으로 볼 수 있다.[85] 따라서 유전자조작식품표시제도가 실효성을 발휘하기 위해서는 소비의 주체인 일반시민들의 더욱 적극적인 개입이 요구되는 것이다.

84) 유전자조작식품표시제의 문제점과 개선방안에 대한 시민운동단체의 입장은 '유전자조작식품반대 생명운동연대' 홈페이지 http://my.dreamwiz.com/antigmo 를 참조할 것.

85) 유전자조작식품의 위험성을 우려하는 사람들은 미국식품의약국(FDA)이 제시한 안전성 확인을 인정할 수 없다고 주장한다. FDA연구비의 대부분을 유전자조작 농산물의 종자를 생산, 판매하는 다국적 자본인 몬산토사에서 지원하고 있기 때문이다. 또한 우리정부 역시 이러한 유착관계를 묵인하고 있다고 비판받고 있다.

5) 형질전환동물: 이윤창출과 질병치료

초기의 유전자조작기술은 주로 농업자본에 의해 주도되고 농작물에 적용되었지만 축산자본과 의료자본에 의해 그 적용영역이 동물에까지 확장되고 있다. 의료자본과 의과학자, 생명공학자를 포함한 관련 연구자들은 유전자조작기술이 인간이 앓고 있는 수많은 불치병과 난치병, 퇴행성 질환들을 치료하는데 유용하며 이로 인해 인류의 수명이 연장될 것이라고 주장한다. 반면 현대사회에서 늘어나는 난치병의 주요 원인을 교란된 환경에서 찾는 사람들은 환경적 요인을 해결하지 않고 기술적 적용을 통해서만 질병을 치료하고자 하는 발상은 기술중심적 사고라고 비판한다. 즉, 현대의 대표적 질병 중 하나인 암을 유발하는 발암물질은 수질 및 대기오염 성분, 자외선, 방사능, 농약성분, 타거나 자극이 심한 음식, 병원의 X선 등도 원인을 제공한다는 것이다.[86)]

의료자본의 인슐린, 인터페론 등 각종 치료제 개발은 환자와 그 가족들에게 질병으로부터 완전 해방될 수 있으리라는 희망을 갖게 한다. 그런데 인간의 질병탈출을 위해 유전자조작기술을 가축들에게 적용하는 것은 동물의 희생을 전제로 하며 무엇보다도 농산물과 마찬가지로 그 안전성을 입증할 수 없다. 또한 자본과 지식의 연계에 의해 적용되는 조작기술은 종종 치료의 목적에 충실하기보다는 더 많은 경제적 이윤창출이라는 자본의 목적에 봉사하는 경향이 있다.

인간의 질병치료제를 생산하기 위해 유전자조작기술이 적용된

86) 오기노 코오야는 『암과 전자파』에서 송전탑에서 발생하는 전자파가 백혈병과 뇌종양 등의 질병과 상관관계가 있다고 주장한다. 오기노 코오야(1996), 『암과 전자파』, 내일을 여는 책.

동물을 '형질전환동물'이라고 한다. 대표적인 형질전환동물로는 사람의 백혈구 증식 인자를 젖으로 분비하는 흑염소(메디), 모유성분인 락토페린을 우유로 생산하는 젖소(보람이), 빈혈치료제가 오줌으로 나오는 돼지(새롬이) 등이 있다. 이러한 동물들은 아직 기술수준이 안정적이지 못하기 때문에 실용화되지는 않고 있다.

국내외 유명 생명공학 연구소들은 장기 이식용 동물 연구에 매진하고 있는데, 이것 역시 아직 실용화되지는 않고 있지만 동물의 생명윤리를 주장하는 사람들을 제외하면 인간존엄성 침해라는 윤리적 혐의를 벗을 수 있기 때문에 과학자들의 주요 연구분야가 되고 있다. 연구의 대상동물은 주로 사람의 장기와 크기가 비슷한 돼지이다. 장기이식용 돼지에 면역거부반응을 일으키지 않을 만큼의 사람 유전자를 조작, 삽입하거나 사람의 몸에 삽입된 상태에서 거부반응이 생기지 않도록 유전자의 기능을 잠재우는 기술을 환자에 적용한다. 세계에서 다섯번째로 동물복제에 성공한 황우석 박사를 비롯한 과학자들은 무균상태에서 철저하게 관리하고 사육한다면 안전성을 확보할 수 있을 것이라고 주장하지만, 유전자 조작 및 복제기술을 반대하는 사람들은 이식과정에서 동물의 바이러스가 감염될 가능성과 환자의 면역관련 유전자를 잠재우는 기술이 과연 인체에 안전할 것인가에 대해 의심의 눈초리를 보내고 있다.

미국의 몬산토사와 우리나라의 LG그룹은 소 성장호르몬을 생산하여 판매하고 있다. 성장호르몬은 치료를 목적으로 개발되었지만 축산자본의 이해와 요구에 맞물리면서 생산량을 증가시켜 더 많은 이윤을 창출할 목적으로 젖소에 적용되었다. 그런데 품종이 개량된 젖소는 일반 젖소에 비해 일찍부터 많은 양의 우유를 산출하지만 그만큼 일찍 도태된다. 1년 내에 우유를 생산하면 3년 내에, 2

년생부터 우유를 생산하면 5년 내에 도태되는 것이다. 성장호르몬을 투여받은 젖소는 몸무게가 비대해져 관절염에 걸리거나 골절이 발생하고 일찍 도태되는데, 도태된 젖소는 처리업자에 의해 축산사료로 만들어진다. 축산자본은 더 많은 우유의 산출을 필요로 하고 도태된 젖소는 다시 사료로 재활용 할 수 있기 때문에 젖소의 고통은 아무런 문제가 되지 않는다. 그렇다면 이렇게 증가된 생산량의 이윤은 누가 가져가는가? 유전자조작농산물의 유용성이 생산자나 소비자에게 돌아가지 않듯이 소비자는 여전히 같거나 높아진 가격으로 우유를 사먹어야 할 것이고 개별 목장주는 경쟁력이 떨어지기 때문에 기업형 목장에 합병될 것이다. 결국, 이윤은 거대 축산자본의 몫이 될 것이다.

3. 인간복제와 유전자연구

유전자조작 및 복제기술은 농작물과 동물에 뿐만 아니라 인간에게까지 기술적 개입의 개연성을 열어놓았다. 1996년 세계를 깜짝 놀라게 했던 복제양 돌리의 탄생,[87] 뒤이어 1999년 국내의 복제소 영롱이와 진이의 탄생, 2000년 복제원숭이 탄생은 인간복제의 가능성을 높이면서 논쟁을 촉발시켰다. 논쟁의 핵심지점은 인간배아의 지위와 배아복제연구의 수용 및 규제범위와 관련된 것이다. 생명복제에 대한 논쟁에 비해 인간의 유전정보 해독이 야기할 수 있는 사회적, 윤리적 문제들에 대한 논쟁은 미약한 편이다. 그러나 그것이 인간행동의 유전적 기초를 제공하고 유전자를 근거로 한

87) 복제양 돌리를 탄생시킨 영국 로슬린 연구소의 이안 윌머트 박사는 서울대 황우석 박사를 방문, 루게릭병 등 난치병치료의 공동연구를 제안하기도 하였다.

새로운 사회적 차별을 양산할 수 있으며, 무엇보다도 형태를 달리한 유전자 결정론적 시각이 지금 현재도 강력한 영향력을 행사하고 있으므로 이에 대한 사회학적 성찰이 필요하다.

1) 인간복제를 둘러싼 찬·반논쟁

우리사회에 인간복제 찬·반논쟁을 촉발시켰던 복제양 돌리와 복제소 영롱이, 그리고 얼마전 한국사회를 떠들썩하게 만들었던 황우석 박사의 배아복제 줄기세포 연구는 체세포 핵이식기술을 이용한 것이다. 체세포핵이식술은 생식세포인 정자와 난자가 수정하지 않더라도 체세포 하나와 핵이 제거된 난자만 있으면 새로운 개체를 탄생시킬 수 있는 기술이다. 세포를 배양해 핵이 제거된 미수정란에 이식시킨 후, 이 난자를 대리모 자궁에 이식함으로써 복제하는 것이다. 이러한 체세포핵이식술을 인간을 대상으로 시행하는 것이 인간복제이다. 인간복제는 개체복제(individual cloning)와 배아복제(embryo cloning)로 나뉜다. 배아는 일반적으로 수정 후 기관이 형성되는 8주까지 발전된 단계를 의미하며 배아복제란 체세포핵이식 기술을 인간에게 적용하여 이를 초기 배아단계(수정 후 14일 이내)까지 배양하는 것을 말한다. 개체복제는 이러한 배아를 여자의 자궁에 착상시켜 하나의 완전한 개체를 태어나게 하는 것을 말한다. 현재 논쟁의 지점이 되고 있는 것은 개체복제가 아닌 인간 배아복제에 관한 것이다. 따라서 인간복제에 대한 찬·반논쟁은 엄밀히 말하면 인간배아복제 연구에 대한 찬·반논쟁이다. 그러나 인간배아복제 연구는 개체 복제의 기술적 가능성을 여전히 열어 놓고 있다.

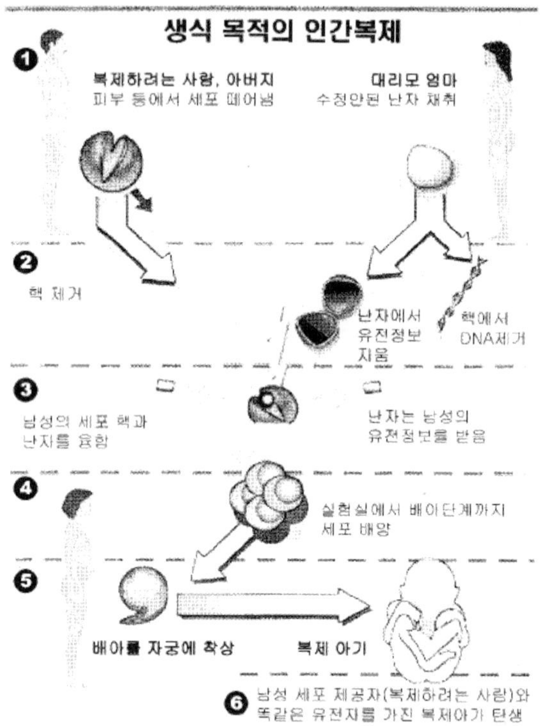

〈그림 7-1〉 체세포 핵 이식기술을 이용한 인간 개체복제 과정

대부분의 의과학자들과 과학기술부는 배아복제 연구를 허용해야 한다고 주장한다. 의과학자들은 연구 및 학문의 자유보장과 배아복제를 통해 얻은 줄기세포(stem cell)가 각종 난치병 치료에 크게 기여할 수 있다는 것을 근거로 들고 있고, 과학기술부는 배아연구의 육성이 이 분야에 대한 국제경쟁력을 높일 수 있는 길이라고 주장한다. 난치병 치료의 가능성은 해당 질환을 앓고 있는 환자와 가족들뿐만 아니라 질병 없는 행복한 삶을 꿈꾸는 많은 사람들로 하여금 배아복제를 찬성하게 하고 있다. 지금은 고인이 되었지만

불의의 사고로 척추장애인이 된 영화 슈퍼맨의 배우 크리스토퍼 리브도 줄기세포연구에 희망을 걸었었고, 세계 헤비급 챔피언 출신 권투선수인 무하마드 알리는 뇌세포가 파괴되는 파킨슨병에 걸려 태아 세 명의 신선한 뇌세포를 주입했다. 알리가 체세포핵이식술을 이용해 자신의 유전자를 가진 뇌세포를 얻을 수 있었다면 태아를 구하러 다니는 수고를 덜 수도 있고 면역거부반응에 훨씬 더 잘 대처할 수 있을지도 모른다. 그러나 가난한 파킨슨병 환자는 어떨까? 황우석 사태에서도 드러났듯이 줄기세포 연구가 상용화되기 까지는 그 기술적 한계를 차치하고라도 막대한 비용이 소요되므로 가난한 환자들이 이 기술을 이용하기는 어려울 것이다. 즉 기술적 혜택에 대한 분배의 공정성 문제가 제기될 것이다. 또한 줄기세포를 얻기 위해서는 배아를 희생시킬 수 밖에 없으므로 윤리적 문제 역시 논란이 될 것이다. 기술의 발전이 사람들의 평균 기대수명을 늘려 줄지는 몰라도 실제로 수명을 늘려준다거나 모든 사람들에게 그 혜택이 돌아가는 것은 아니다.[88)]

그리고 여전히 남아 있는 문제는 배아의 지위와 관련된 윤리적 문제와 기술적 위험성 문제이다. 인간배아복제를 찬성하는 사람들은 착상하기 이전인 14일까지의 배아는 개체성이 없는 단순한 세포덩어리라고 주장한다. 반면 인간배아복제를 반대하는 사람들(주로 종교단체, 윤리학자, 사회학자들)은 14일까지의 인간배아도 생명체로 보아야 하며 따라서 인간배아를 이용한 어떠한 실험이나

---

88) '기적의 신약'으로 알려진 백혈병 치료제 글루벡의 개발은 백혈병 환자들의 병을 치료하고 건강한 삶을 보장할 수 있으리라 기대되었다. 하지만 이 약을 개발·생산했던 초국적 제약회사인 노바티스사는 특허를 통해 생산·판매권을 독점하고 터무니없이 높은 가격을 책정함으로써 이 약을 필요로 하는 가난한 백혈병 환자들에게 그 혜택이 돌아가지 못했다.

연구도 허용되어서는 안된다고 주장한다. 또한 인간배아복제의 허용은 인간의 존엄성에 위배되며 그것을 상업적으로 이용할 경우 사회적 문제점들을 야기할 수 있다고 경고한다. 인간배아복제를 반대하는 사람들이 가장 우려하는 것은 기술의 안전성이 입증되지 않았다는 점에 있다. 복제양 돌리도 270번이 넘는 실패 끝에 탄생되었으며 기술의 발전으로 실패율을 줄이고 복제에 성공한다 할지라도 세포조직의 특성상 주위 환경에 따라 의도하지 않은 다른 조직으로 재분화할 가능성이 있으므로 오히려 환자에게 치명적인 위험을 가져올 수도 있다는 것이다. 또한 배아연구를 위해서는 난자의 확보가 필수적인데 난자 수급 과정에서 발생할 수 있는 사회·윤리적 문제도 제기되었다.[89] 배아가 세포덩어리냐 생명체냐, 그리고 배아복제의 허용이 난치병 치료의 획기적 돌파구냐 아니면 인간존엄성을 해치고 사회적 불평등을 야기하는 위험한 기술이냐라는 대립구도 속에서 절충안으로 제출된 것이 냉동배아연구에 대한 제한적 허용이며 이는 생명윤리기본법 시안의 중심내용이기도 하다.[90]

---

89) '황우석 사태'에서 드러났듯이 난자수급과정의 사회·윤리적 문제로 첫째, 충분한 정보제공과 동의를 거치지 않은 난자수급의 가능성, 둘째, 난자 채취과정에서 발생할 수 있는 기술적 위험성, 셋째, 난자의 상품화, 즉 난자 거래의 가능성과 이로 인한 사회적 불평등의 심화 등의 문제가 야기될 수 있다.

90) 지난 2001년 과학기술부 산하 생명윤리자문위원회는 인간배아복제는 원칙적으로 금지하되 불임치료를 하다 남은 배아에 대해서만 한시적으로 배아연구를 허용한다는 것을 골자로 생명윤리기본법 시안을 제출하였다. 이에 대해 많은 과학자들은 체세포핵이식연구를 원천적으로 봉쇄하는 지나친 규제일변도의 안으로써 난치병 환자들의 희망을 묵살하고 복제기술에 대한 국가경쟁력을 떨어뜨리는 결과를 낳을 것이라며 강하게 반발하였고 결국 이 시안은 국회에 상정되지 못했다. 현재, 생명윤리

전세계적 추이를 보면 배아복제를 명시적으로 허용하고 있는 국가는 영국이며, 영국을 제외한 대부분의 국가에서는 강력한 입법을 통해 배아 복제를 금지하고 있고 잔여배아 연구에 대해서도 대체로 신중한 입장을 취하고 있는 편이다. 미국 또한 엄격하게 배아복제를 금지하고 있으며 잔여배아 연구는 정부 출연 연구비를 지원하지 않는 방식으로 규제하는 반면, 상대적으로 윤리적 논쟁의 소지를 줄일 수 있는 성체 줄기세포 연구는 적극적으로 권장하고 있다. 우리 정부도 미국과 비슷한 입장을 취하고 있다.

인간배아복제와 달리 개체복제에 대해서는 전세계적으로 금지되어야 한다는 입장이 지배적이지만 개체복제를 할 수 있는 기술적 가능성은 열려 있는 상태다. 인간복제를 지지하는 신흥종교집단인 라엘리안은 클로네이드사를 설립하고 세계 유수의 과학자들을 고용해 인간개체복제에 성공했다고 발표했다(2002. 12. 26). 국내에서도 라엘리언 한국지부의 몇몇 여성들이 복제 대리모를 자원했다는 보도가 사회적 파장을 일으키기도 하였다. 많은 과학자들이 클로네이드사의 복제아기 '이브'의 탄생 여부에 대해 회의를 갖고 있지만, 성공과 실패를 떠나서 인류 역사상 기술적으로 가능한 일들을 자제한 적은 거의 없었으므로 개체복제가 현실화될 수 있는 여지는 남아 있는 셈이다. 개체복제가 현실화될 가능성을 우려하는 사람들은 유전적 다양성이 훼손될 위험, 질환이나 유전적 결함을 가진 먼저 태어난 아이를 위해 복제기술을 오용함으로써 기술을 통해 태어난 아기가 수단으로 전락할 가능성, 그로 인해 가족

기본법(생명윤리 및 안전에 관한 법률)은 일부 개정을 거쳐 2005년도부터 시행되고 있으나 여전히 냉동 및 잔여배아를 대상으로 한 배아연구의 허용이라는 기본적 정책 기조는 유지하고 있다.

개념의 혼란을 가져올 것 등을 염려하지만, 현재 복제기술을 반대해야 할 명백한 이유는 기술의 안전성이 입증되지 않았다는 점 때문이다. 주지하다시피 복제양 돌리가 탄생하는데 270번이 넘는 실패가 있었고 건강상의 여러 가지 문제점을 겪었다는 것은, 같은 기술을 인간에 적용했을 때 수많은 생명들이 실험용 도구로 전락할 우려를 낳고 있다.

2) 유전자 결정론 대 환경결정론을 넘어서

2001년 인간게놈(genome)[91] 지도가 완성, 인터넷상에 발표된 이후로 각종 매체를 통해 무슨무슨 유전자가 발견됐다는 보도가 끊이지 않고 있다. 암이나 당뇨병과 같은 질환관련 유전자 뿐만 아니라 비만, 동성애, 범죄유발, 모성애, 노화 등과 같은 인간의 외모나 성격, 행동양식과 관련한 유전자에 이르기까지 그 종류도 다양하다. 이렇듯 의과학계에서 유전정보 해독에 열을 올리는 핵심적 유인은 경제적 파급효과 때문이다. 1994년 미국 록펠러 대학의 비만·당뇨 유전자 발견과 그 특허권은 비만과 당뇨를 치료하는데 획기적 성과를 가져올 수 있으리라는 전망 하에 2천만 달러에 거래되었다고 한다. 1999년에는 노화와 관련된 유전자를 무능하게 만들 수 있는 가능성이 발표되기도 했다. 아름다워지기 위해, 늙지 않기 위해 죽음까지도 불사하는 현재의 사회문화적 환경에서 노화와 비만에 관련된 유전자를 조작해 그것을 원천적으로 봉쇄할 수 있는 가능성을 제시하는 것은 곧바로 엄청난 시장성을 확보하는 것이다. 이러한 엄청난 규모의 시장성으로 인해 세계 각국의 정부

91) 'genome'은 유전자(gene)와 염색체(chromosome)의 합성어로 세포의 염색체 속에 들어있는 모든 유전물질을 말한다.

들은 생명공학 육성에 집중하고 있다.

현재 유전자의 지위는 지나치게 신화화되어 있는 측면이 있다. 이러한 신화들은 유전체(genome) 연구와 그것의 완벽한 해독이 각종질환으로부터 인류를 구원하고 인간의 외모나 성격, 행동양식을 규정짓는 인자를 찾아냄으로써 개인에게는 행복을, 사회적으로는 질서를 유지하는데 기능적으로 이용될 수 있으리라는 믿음을 유포한다. 이러한 신화의 보편화는 『사이언스』나 『네이처』 등의 저명한 과학전문지들을 통한 의과학자들의 지식생산, 이를 토대로 과장되거나 선정적인 기사거리를 제공하는 언론매체, 의과학적 지식 및 담론은 가치중립적이고 객관적인 실재를 반영하는 사실일 것이라는 대중적 믿음이 복합적으로 작동하고 있다. 그렇다면 우리는 유전자의 지위를 어느 정도로 인정해야 하는가? 즉 인간의 특정질병이나 외모 및 행동양식을 유발하는 직접적인 원인이 유전자에 기인하는가? 이러한 질문에 대한 양극단의 설명방식이 '유전자결정론'과 '환경결정론'이다.

인간의 신체나 성격, 행위가 전적으로 유전자에 의해 결정된다고 보는 견해를 유전자결정론이라고 부르는데, 많은 생물학적 연구들은 유전자결정론은 오류라고 일축한다. 유전자결정론의 오류는 두 가지로 설명할 수 있다. 하나는 특정 유전자가 몸, 마음, 행동으로 산출되기 위해서는 반드시 적절한 환경이 필요하며 따라서 유전자가 단일한 결정요인이라 볼 수 없다는 것이다. 사람의 키는 유전자의 영향을 받지만 영양 상태에 따라서 달라질 수 있으며 비만유전자를 가지고 있더라도 음식물이 풍부한 환경에 놓여있지 않으면 비만이 될 확률이 적다. 다른 하나는 특정 유전자가 정말로 실재하는가의 문제이다. 예를 들어, 1993년 미국 국립 암연구소의

해머 박사는 동성애 형제들이 X염색체 상에 특정한 염기서열('Xq28')을 가지고 있다고 밝히고 이를 '게이유전자'라고 명명했지만 이를 입증하기 위한 이후의 연구들에서는 유사한 연구결과가 나오지 않았고 미국 인간유전학회는 동성애와 관련해서는 어떤 결론도 내릴 수 없다는 공식입장을 표명했다.

유전자결정론과 대립되는 견해로는 인간의 몸, 행동은 어떤 유전자를 가지고 있는가와는 상관없이 개인적, 사회적 환경에 따라 결정된다고 보는 환경결정론이 있다. 현대자본주의 사회에서 인간의 몸이 더 이상 고정불변의 실체로 간주되지 않음으로써 환경적 구속력이 커져가고 있는 것은 사실이지만, 그렇다고 인간의 몸이나 마음, 행동이 그 유전적 기초 없이 전적으로 환경에 의해서만 결정된다고 볼 수는 없다. 예를 들어 서당개가 3년이 지나도 천자문을 읽을 수 없는 것은 인간의 유전적 기초를 가지고 있지 않기 때문이다. 따라서 유전자결정론과 환경결정론 양자는 인간의 유전자와 몸, 마음, 행동간의 상관관계를 한쪽 극단으로 편향시킴으로써 적절히 설명해주지 못한다. 인간의 몸, 마음, 행동의 산출(생물학자들은 이를 '표현형'이라고 한다)은 유전자와 환경적 요인들간의 상호작용을 통해서 이루어진다고 볼 수 있다.

그렇다면 유전자와 환경간의 상호작용은 어떻게 일어나며 왜 환경이 중요한가? 많은 생물학자들은 인간의 유전자가 행동이나 질병으로 직결된다는 생각은 유전자와 환경간의 상호작용이 얼마나 복잡한지를 인식하지 못한 결과라고 비판한다. 초파리의 경우 단 하나의 유전자가 특정한 표현형을 통제하기도 하지만, 인간의 경우는 하나의 유전자가 하나의 표현형으로 산출되는 경우는 거의 없다는 것이다. 생물학자들은 이를 '다면발현(pleiotropy)', 또는 '다인자발현(polygeny)'이라고 부른다(장대익, 2003: 261). 전자는 한 개의 유전자가 여러 개의 표현형을 산출하는 것을 말하고 후자는 여러 유전자가 하나의 표현형을 산출하는 것을 말한다. 즉 비만유전자, 게이유전자, 질환유발 유전자 등 무슨무슨 유전자를 발견했다는 보도는 그러한 것들에 영향을 주는 수많은 유전자 들 중 하나를 발견했다고 받아들이는 것이 적절하며, 그것이 또다른 표현형을 산출하는 데에도 관련이 있을 가능성을 배제하지 말아야 한다. 질병을 유발하는 유전자의 경우에도 환경과의 상호작용과정을 거치지만 행동을 유발하는 유전자에 비해서는 덜 복잡한 것으로 알려져 있다. 따라서 질병치료를 위한 유전자 연구보다 행동을 교정하기 위한 유전자 연구가 훨씬 어렵고 위험한 일이다.

이렇듯 특정 유전자가 표현형을 산출하는 과정이 불확정적이고 예측이 불가능함에도 불구하고 현실적으로 유전자결정론적 시각이 인간의 마음이나 행위를 규제하는데 엄청난 영향력을 발휘하고 있기 때문에 오히려 환경이 중요하다. 즉 범죄를 예방하는 데에 범죄 유발인자를 찾아서 처치하는 것보다는 범죄를 저지를 수밖에 없도록 내몬 사회적 환경과 제도를 개선하는 것이 훨씬 더 설득력이 있는 것이다.

3) 유전자 연구와 사회 문제

우리는 유전자 연구의 성과를 통해 인간의 마음과 행위는 유전자로 환원하여 설명할 수 없고, 인간의 질병 또한 특정질환유발 유전자를 가진 사람이 그렇지 않은 사람에 비해 확률적 위험성을 가질 수는 있겠으나 질환의 발현은 오염된 환경이나 사회경제적 조건과 무관하지 않음을 살펴보았다. 즉 유전자결정론은 생물학적으로도 옳지 않은 설명이며 과학계 내부에서조차 이러한 단순한 유전자결정론을 강하게 비판하는 흐름이 존재한다.[92] 그럼에도 불구하고 인간유전자염색체 지도의 완성과 무슨무슨 유전자의 과학적 발견은 대중들에게 끊임없이 불로장생의 희망과 인간의 진보적 방향으로의 진화가능성, 그리고 사회의 성장·발전이라는 장미빛 환상들을 계속해서 만들어내고 있다. 이는 유전자연구의 성과를 토대로 경제적 이윤을 창출하려는 소위 생명산업자본의 이해와 국제경쟁력 향상이라는 국가(정부)의 정치적 이해, 발전논리를 중심으로 유전자 연구를 끊임없이 과대포장하고 긍정적으로 선전하는 문화적 코드의 확산, 전체 사회체계 내에서 자신의 독립적 영역과 권한을 확대하고자 하는 의과학 전문가집단의 조직적 이해가 맞물리면서 형성되는 것이다.

그렇다면 유전자 연구와 발전이 가져올 사회적 문제점들은 무엇인가? 먼저 유전자정보를 이용한 각종 사회적 차별이 이루어질 가능성을 들 수 있다. 유전자정보에 기반한 사회적 차별은 일반회사, 보험회사, 정부기관, 학교, 입양기관 등 광범위한 영역에서 일상적으로 이루어질 수 있다. 회사에서 고용주가 고용을 결정할 때 개인유전자 정보를 요구한다거나, 고용인이 특정 질환 유전자를 가지고 있을 경우 고용관계를 해지하는 방식으로 차별을 가할 수 있다. 보험사에서도 계약자가 보험을 가입하고자 할 때 질병이 발생할 가능성이 있는 유전자를 가지고 있을 경우, 보험료를 인상하거나 보험가입을 제한함으로써 차별을 가할 수 있다.[93] 또한 국가기

92) 대표적으로 르원틴(Lewontin)을 들 수 있다. 『DNA독트린: 이데올로기로서의 생물학』(1991)을 참조할 것.

93) 정규원, 2001, "유전정보 보호에 관한 법적고찰", 『유전자검사와 유전정보 이용 규제에 관한 토론회 자료집』, 인도주의실천의사협의회·참여연

관의 범죄수사용 유전자은행 설립이나 미아찾기를 위한 유전자검사도, 한편으로는 사회질서의 안정이나 보호의 의미를 가지지만 다른 한편으로는 개인의 프라이버시를 침해하는 국가의 감시와 사회통제 기제가 될 수 있다.[94]

다음으로, 우생학적 고려를 통해 신체를 재구성하고 그로 인해 새로운 위계서열화가 이루어질 가능성이 있다. 유전자연구를 통해 인간유전 물질을 모두 해독하고 기술적 개입을 거쳐 손상되거나 열성인 유전자를 정상적 유전자로 치환하거나 우성적 유전자로 개량할 수 있다는 논리는 그 자체에 이미 우생학적 사고가 담겨 있다. 역사적으로 우생학은 독일 나치즘 치하에서 유태인종을 학살하거나 차별하는데 정치적으로 이용되었다. 우리나라에서도 나병이 유전된다는 어떠한 과학적 근거도 없음에도 불구하고 사회로부터 격리시키고 여성들에게는 단종시술을 시행하였다. 20세기 우생학은 국가에 의해 정치 이데올로기로 이용되거나 유전적으로 결함이 있는 사람들을 사회로부터 격리하거나 도태시키기 위한 것이었다. 21세기 새로운 우생학은 국가 또는 집단적 단위에서보다는 개인적 차원에서 자신 또는 후손의 삶을 향상시키는 일종의 자발적인 프로그램으로써 작동할 것이다. 유전자를 교정하여 후손에게 더 많은 기회를 약속해 줄 수 있다면 이를 거절할 부모는 없을 것

대시민과학센터.

94) 우리나라는 대검찰청 과학수사과 유전자감식실과 경찰청 산하 국립과학수사연구소에서 유전자은행을 구축, 운영하고 있는 것으로 알려져 있으며 2001년 1월에 보건복지부는 미아찾기사업을 수행하기 위해 복지시설 수용 아동들의 유전정보를 데이터베이스화 하겠다고 발표했다가 시민단체들의 엄청난 반발에 부딪혔다. 이영희(2002), "기술규제의 정치 －생명공학의 사례연구－", p.210.

이다. 부모들은 질병의 예방이나 치유 목적 이외에 개인의 가치향상을 목적으로 자궁 내의 태아에 대한 유전자 검사나 조작을 하게 될 것이다(Rifkin, 1999: 257). 즉 맞춤형 아기가 탄생할 것이다. 이제 어떤 방법으로 태어났느냐에 따라 새로운 위계서열화가 이루어질 수 있다. 사회적 불평등의 주요 변수였던 계급, 성, 인종 외에 어떤 유전자를 가지고 있는가를 근거로 한 유전자 차별이 덧붙여질 것이다. 영화 <가타카>에서 그려진 사회처럼 자연적으로 태어난 아기, 부모의 교정된 생식세포의 수정으로 태어난 아기, 맞춤아기 간에 위계서열이 매겨질 가능성이 있다.

4. 생명공학과 인간, 사회

1) 인간정체성의 혼란과 인간중심주의의 위기

제레미 리프킨은 21세기는 생명공학의 시대가 될 것이라고 예언했다. 생명공학의 시대에 생명은 더 이상 고정불변의 자연상태에 머물러 있지 않는다. 생명체에 대한 조작과 복제가 가능해진 것이다. 생명체의 조작과 복제는 동종간에만 이루어지지 않는다. 동물의 유전자를 식물에 이식시키기도 하고 인간의 유전자를 동물에 이식시키기도 한다. 이식을 통해 변형된 장기를 인간의 몸에 재이식할 수도 있다. 올챙이의 유전자가 주입된 현사시나무는 동물인가, 식물인가? 돼지의 조작된 장기를 이식받은 인간은 동물인가, 인간인가? 아니면 제3의 생명체인가? 생명공학자들은 생명체의 장기를 조작하는 기술이 생명윤리의 문제에 부딪히자 인공장기의 개발로 눈을 돌리고 있다. 인공장기를 체내에 장착한 인간은 인간인가, 기계인가? 로봇기술의 발전은 DNA와 염색체를 가진 로봇을 탄생시켰다. 머지 않아 인공두뇌를 장착한 로봇이 말이나 행동만 할 수 있는 것이 아니라 인간의 감정이나 마음까지도 가지게 될지도 모른다. 그렇다면 로봇은 인간과 어떻게 다른가? 인간과 이종생명체간 및 기계의 변형결합은 인간정체성의 혼란을 야기시킨다. 또한 인간-동물-식물-기계로 이어지는 위계서열도 해체될 것이다. 특히 인간의 질병치료를 위해 동물의 생명권이 희생되어서는 안된다는 논리 속에서는 더욱 그러하다. 이러한 인간정체성의 혼란 문제에 대해 데넷(D.C. Dennett)의 좀비 연구는 하나의 시사점을 제공한다. 좀비는 공포영화에 등장하는 의식이 없이 돌아다니는 시체이지만 이 좀비가 살아있는 인간과 똑같이 고통을 느끼고 다른 사람과 대화를 하고 음식을 먹고 직장생활을 한다면 우리는 인간과 좀비를 구별할 어떤 근거나 방법도 없다. 생명공학의 시대에 인간의 본성과 의식을 밝혀내기 위한 끊임없는 시도가 이루어지겠지만 그것을 완전히 해독해 낼 수는 없다. 왜냐하면 인간의 본성은 처음부터 미리 정해져 있어서 밝혀낼 수 있는 것이 아니라 끊임없이 변화하고 구성되는 것이기 때문이다. 생명공학 시대에 데넷의 연구가 주는 시사점은 인간이 생태계 속에서 다른 생명체(인공생명까지 포함해서)에 대해 우월함을 전제하지 않고 정체성을 재구성할 필요가 있음을 보여주는 데 있다. 그리고 이것은 우리의 과제로 남아 있다.

2) 생명공학기술이 야기하는 사회 · 윤리적 쟁점

생명공학기술이 어떤 사회, 윤리적 쟁점을 제기하는지 살펴보자. 우선, 생명 및 인간을 유기체로 이해하는 것이 아니라, 분자론적이고 기계론적이며 공학적으로 접근하는 문제를 들 수 있다. 주지하듯이, 공학적 생명관에서 생명체는 DNA라는 화학성분으로 환원될 수 있으며 생명체의 기능에 문제가 발생할 시에는 기계적인 조작과 주입을 통한 수정이 가능하다고 본다. 이는 생명윤리의 문제뿐만 아니라 생물 종간의 분리 및 조합의 문제, 생명의 시작과 끝에 대한 사회적 합의의 문제, 나아가 인간정체성에 대한 새로운 성찰을 요구한다.

다음으로, 유용성과 위험성으로 집약되는 사회적 논쟁을 들 수 있다. 생명기술의 지속적 발전을 주장하는 정부관료와 생명공학자들은 그것이 인류의 식량난을 해결하고 불치병이나 난치병의 치료에 응용됨으로써 인류에게 불로장생의 꿈을 실현시켜 줄 것이며, 나아가 생태환경에도 이롭게 작용할 것이라고 주장한다. 반대로 생명기술의 위험성을 주장하는 종교단체, 시민단체, 윤리학자 및 사회학자들은 생명기술의 발전이 식량난·불치병 해결, 생태환경 복원이라는 현실적인 성과를 이루지 못했을 뿐만 아니라 오히려 더 악화시키고 있으며, 무엇보다도 유전자 연구의 진행 속에서 유전자 조작 및 복제기술이 사유화, 상품화됨으로써 유전자를 근거로 한 사회적 차별을 재생산하고 강화시킬 수 있음을 우려한다.

생명공학은 단지 과학기술의 영역만이 아닌 인류의 삶 전반에 걸쳐 영향을 미치고 있다. 유전적 난치병 치료의 가능성과 새로운 생식방법의 출현이라는 측면에서 의료적인 영역과 관련되며, 발전된 기술의 혜택을 어떻게 분배할 것인가의 측면에서 복지의 문제와도 연관되어 있다. 또한 유전자 연구의 결과물이 특허를 획득할 수 있는 자원이 되고 엄청난 경제적 부가가치를 창출할 수 있다는 측면에서 경제적인 문제와도 관련되어 있다. 또한 생명공학은 인간도 동물도 기계도 아닌 제3의 생물체를 생산해 낼 수 있는 가능성을 열어놓음으로써 생태계 문제를 야기시킬 수 있다. 생명공학의 실험지침과 규제 법안을 만들어야 한다는 측면에서 법, 제도적인 문제와 관련을 맺기도 한다. 무엇보다도 인간행동의 유전적 기초를 제공하고 그것을 기반으로 사회적 차별을 재생산, 강화할 수 있다는 측면에서 사회 윤리적 문제를 야기하며 그렇기 때문에 인문·사회학적 성찰이 시급한 시점에 있는 것이다.

생각해 볼 문제

1. 우리의 일상에서 유전자조작 식품의 사례를 찾아보고, 그 영향에 대해 토론해 보자.
2. 인간 배아복제 연구의 사회·윤리적 쟁점에 대해 토론해 보자.
3. 인간은 유전적으로 결정되는가, 사회환경적으로 결정되는가 생각해 보자.
4. 유전자 결정론이 가지는 위험성에 대해 토론해 보자.

참고문헌

과학기술민주화를 위한 모임(1999), 『진보의 패러독스』, 당대.
구인회(2005), 『생명윤리, 무엇이 쟁점인가』, 아카넷.
김동광(2003), "생명공학의 위험구조", 『문화과학』 제35호, 문화과학사.
김훈기(2005), 『생명공학과 정치』, 휘슬러.
매완호, 이혜경 역(2005), 『나쁜 과학』, 당대.
박병상(2002), 『내일을 거세하는 생명공학』, 책세상.
박종훈(2003), "지놈 프로젝트의 빛과 그림자", 「사회이론」 통권 제24호.
오기노 코오야(1996), 『암과 전자파』, 내일을 여는 책.
이영희(2002), "기술규제의 정치-생명공학의 사례연구", 『경제와 사회』

제55권, 한국산업사회학회.

이진우(2003), "생명공학 시대의 '주체' 또는 '탈주체', 『과학사상』 제47호, 범양사.

장대익(2003), "유전자에 관한 진실", 『과학기술의 철학적 이해』, 한양대 출판부.

전경운(2004), "생명공학의 위험성과 법", 『현상과 인식』 제28권, 한국인문사회과학회.

정규원(2001), "유전정보 보호에 관한 법적고찰", 『유전자검사와 유전정보 이용 규제에 관한 토론회 자료집』, 인도주의실천의사협의회 · 참여연대시민과학센터.

진교훈(2002), "생명공학의 발전과 생명 윤리", 『환경과 생명』 통권33호, 사단법인 환경과 생명.

홍성욱(1999), 『생산력과 문화로서의 과학기술』, 문학과지성사, 1999.

Carson, Rachel, 김은령 역(2002), 『침묵의 봄』, 에코리브르.

Grace, E., 싸이제닉 생명공학연구소 역(2000), 『생명공학이란 무엇인가』, 지성사.

Lewontin, R.C., 김동광 역(2001), 『DNA독트린, 이데올로기로서의 생물학』, 궁리.

Rifkin, J., 전영택 · 전병기 역(1999), 『바이오테크 시대』, 민음사.

Rose, S., R. C. Lewontin 외, 이상원 역(1993), 『우리 유전자 안에 없다』, 한울.

Watson, J.D., S.J. Gould 외, 류지한 외 역(2002), 『인간복제 무엇이 문제인가?』, 울력.

제 8 장 기술과 환경, 생태

1. 과학기술과 환경

오늘날 공해와 환경오염 및 생태 파괴 문제는 과학기술의 발전과 산업화에 따른 위험성을 가장 극명하게 드러내 줄 뿐만 아니라 생물체의 생존 자체를 위협하는 커다란 문제로 등장하고 있다. 1972년에 로마클럽[95]이 제출한 『성장의 한계』라는 보고서는 '세계 인구, 산업화, 오염, 식량생산, 그리고 자원고갈의 현재 추세가 계속된다면 100년 이내에 지구상의 성장은 한계에 봉착할 것'이라고 충고하고 있다. '현재의 추세'란 다름 아닌 성장의 추세이며, 이것은 비단 인구의 성장과 이에 따른 경작지 확대와 산업을 위한 자연 이용의 확대 뿐만 아니라, 성장 자체를 인류의 생존에 필연적인 조건으로 삼는 인식의 지속을 지칭한다. 이러한 추세를 가속화하는데 결정적으로 작용한 요인 중에 하나가 과학기술이고, 환경보호와 생태계 보존논리보다는 개발주의와 경제성장 논리가 이

95) 로마클럽은 전세계 학자, 기업인 등 100인으로 구성된 연구기관이며 전 지구적으로 산재해 있는 문제들에 대한 해결책을 제시하기 위한 목적으로 1968년 결성되었다.

를 뒷받침해왔다.

실제로 20세기에 과학기술에 의한 자연파괴와 환경오염의 사례는 무수히 많다. 대표적으로 구소련의 체르노빌 원자력발전소 사고, 미국의 스리마일 원자력발전소에서 발생한 방사능 유출사고는 원자력 기술의 안전성 문제에 대해 큰 사회적 이슈를 불러일으켰다. 그리고 첨단과학기술의 산물인 핵무기를 포함한 근대적 전쟁무기들은 사회를 초토화할 뿐만 아니라, 직접적으로 생태계를 파괴하는 결과를 가져왔다. 한편 인도 보팔의 화학공장 폭발사고는 초국적기업에 의한 제3세계의 환경파괴 사례로 기억된다.

이러한 환경 및 생태 파괴에 대한 위기의식과 함께 인간의 삶을 친환경적, 생태적인 것으로 재구성하자는 목소리가 점차 설득력을 얻어가고 있다. 이런 상황에서 우리가 목격하고 있는 것은 이러한 위험을 발전시켜 온 근대적 패러다임에 근본적인 결함이 있다는 사실이다. 즉 인간과 자연이라는 두 존재의 관계를 사고하는 방식, 그리고 현실적으로 관계를 맺어온 방식에 결함이 있었다는 반성이 대두되고 있다.

이 장에서는 기술발전이 가져온 환경 및 생태의 위험성 문제를 다룬다. 먼저 환경 및 생태를 고려하지 않은 무조건적인 기술발전을 가능하게 했던 기술적 세계관과, 이와 대립되는 생태적 세계관의 차이를 설명하고, 이것이 역사적으로 어떻게 고착되어 왔는지를 검토할 것이다. 다음으로 기술발전이 가져온 환경파괴의 현실들을 기술적 측면과 국내의 환경 관련 논쟁을 통해 살펴볼 것이다. '개발과 보전'이라는 대립하는 이념 속에서 대두되는 환경오염의 문제들, 그리고 그것이 기술적으로 해결 가능하다는 논리와 그렇지 않다는 반론의 대립을 검토함으로써 기술과 환경 및 생태 사이의 관계를 탐색해 보는 것이다. 또한 환경 및 생태문제를 바라보는 기술전문가 집단 및 정부와 환경 시민단체 및 대중 사이의 대립과 그것이 가지는 함의를 통해 환경문제에 전문가 중심주의가 어떻게 작동하고 있으며 그 속에서 대중들은 어떻게 저항하고 있는지를 살펴볼 수 있을 것이다. 마지막으로 기술과 환경문제가 조화롭게 공존할 수 있는 방향을 모색해 보고자 한다.

2. 근대 과학기술과 지배적인 세계관

근대의 지배적인 세계관은 자연에 대한 인간 우위를 주장하는 인간중심주의와 과학기술의 발전과 함께 성립된 기계론적 세계관으로 요약할 수 있다. 그리스와 르네상스기에 유럽인들은 우주를 살아있는 유기체로 개념화 했으며 인간과 자연이 맺는 관계를 상호 호혜적 윤리에 근거해 사고했다. 그러나 과학기술의 발전과 산업화를 통한 발전중심주의적 자본주의의 발흥은 기계론적 세계관을 창출하면서 자연을 죽어있고 비활성적이며, 외부에서 조작가능하고 이윤을 위하여 착취가능한 것으로 보게 하였다. 르네상스기에 자연 착취에 대한 도덕적 제약으로 작용했던 유기체적 틀은 17세기 동안 새로운 실험과학의 발전과 함께 자연을 기계로 바라보는 기계론적 세계관으로 대체되었다. 이는 당대의 대표적인 철학자 영국의 베이컨(Bacon)과 프랑스의 데카르트(Descartes)의 사유에도 나타나는데, 이들은 인간의 편익을 위해 자연을 지배의 대상으로 삼는 것을 옹호하였다. 베이컨은 『뉴아틀란티스』(1627)에서 인간이 실험을 통해 자연의 비밀을 벗겨내고 자연을 착취하고 주조하는 것을 이상적인 근대사회로 제시하였고, 데카르트도 『방법서설』(1637)에서 기술의 발전과 물질의 원리를 파악하게 되면 '인간이 자연의 주인이자 소유자가 될 수 있다'고 주장 하였다.[96] 또한 영국 최초의 과학학회인 <왕립학회>는 실험을 통한 자연 지배라는 베이컨의 제안을 적극 수렴하였다. 17세기 과학자들이 발전시킨 실험적 방법과 기계론적 철학은 자연을 내재적 힘이 아닌 외부의 힘으로 움직이는, 비활성적 입자들로 구성된 시스템으로 여기게 하였고 이러한 기계론적 틀은 자연의 조작을 정당화하는 근거가 되었다. 또한 이러한 기계론적 세계관은 산업 자본주의가 주도한 방향과 정확히 일치했으며 자연 지배에 기반한 가치 틀을 정립하는데 이용되었다. 질서와 권력은 자연에 대한 기계론적 시각에 있어서 핵심적인 요소들인데, 17세기 철학과 과학이 제기한 실재에 대한 기계론적 구조는, 첫째 실재는 원자적 부분들로 구성되어 있고, 둘째 세계에서 추출된 이산적 정보 조각들로 구성되어 있으며, 셋째 법과 규칙에 따라 작동하는 것으로 가정되고, 넷째 변화하는 복잡한 세계로부터의 맥락 독립적인 추상에 근거하고 있으며, 다섯째 자연에 대한 조작과 통제를 위한 최대한의 능력을 인간에 부여하는 것으로 정의된다(Merchant, 2001: 87). 이러한 논리는 기계론적 자연관과 자연에 대한 인간 중심주의에 힘을 실어주었으며 이는 서구사상에 지배적인 영향력을 행사한 기독교 사상에서도 드러난다. 기독교는 낭만주의적, 애니미즘적 자연관 보다는 기술적, 기계론적 자연관과 더 가까웠으며 인간을 자연과 마찬가지로 피조물이지만 하나님의 형상에 따라 자연보다 더 우월한 존재로 창조되었다고 보았다. 그래서 인간은 자연을 초월하고 신과

96) 과학기술의 발전과 근대적 세계관의 관계에 대해서는 이 책 1장을 참조할 것.

대화할 수 있는 인격체로서 자연에 대해 책임을 지는 존재로 여겨졌으며, 이것은 사실상 인간의 자연 지배를 정당화하는 믿음이 되었다(노진철, 2002: 196). 자연의 지배는 작동자로서의 인간에 대한 의존, 관리자로서의 인간과 권력에 대한 강조, 진보와 발전의 기준으로서 질서와 합리성에 대한 강조에 근거한다. 권력과 통제라는 가치들과 결합된 기계론적 틀은 자연과 사회에 대한 관리를 가능케 해주었다. 기계론적 세계관은 오늘날에도 산업자본주의 이데올로기와 그에 따른 자연 지배라는 윤리를 정당화시키면서 지속되고 있다. 현대사회의 수많은 환경문제들은 이러한 기계론적 사고와 산업자본주의 발전을 고려하지 않으면 정확히 파악할 수 없다. 이러한 기계론적 세계관과 지배적인 인간중심주의는 오늘날 생태중심적 윤리와 생태론적 세계관에 의해 도전받고 있다.

3. 근대 자연관에 대한 비판과 반성

1) 생태중심적 윤리의 등장

자아에 기초한 자기중심적 윤리는 역사적으로 자유방임 자본주의, 17세기 기계론적 과학에 근거하고 있으며 오늘날 주류 산업자본주의의 윤리를 이루고 있다. 환경적으로 자기중심적 윤리는 개인 또는 기업들이 자연자원을 채취하고 이를 이용하여 자신들의 생활과 사회의 다른 구성원들의 생활을 향상시키는 것을 허용하며, 다만 이웃에 영향을 미칠 경우에만 제한된다. 환경적 시각에서 자유방임적 자본주의를 정당화하는 자기중심적 윤리는 많은 한계들을 가진다. 첫째, 자기중심적 윤리는 개별적 선이 가장 중요한 선이라는 가정에 근거하고 있기 때문에, 인간 집단이나 사업체의 집합적 행동은 정당한 탐구대상이 아니다. 둘째, 자기중심적 윤리는 인간의 본성이 경쟁적이라 간주하며, 경쟁에 기초한 자본주의는 경제학의 자연스러운 발현이라 가정한다. 그래서 생태적 영향은 인간 경제 외부의 것이며 판단 대상이 될 수 없다고 주장한다.

자기중심적 윤리가 개인에 근거를 두고 있다면 생태중심적 윤리는 사회와 우주에 근거를 두고 있다. 살아있는 동식물 뿐만 아니라 모든 무생물까지 포함하여 환경 전체는 그 자체로 내재적 가치를 부여받는다. 이러한 윤리의 생태-과학적 형태는 생태학에서부터 당위를 끌어오고 있다. 과학은 더 이상 20세기 초 논리실증주의자들의 주장처럼 가치중립적인 것으로 간주될 수 없다는 인식에 따라, 생태중심적 윤리의 옹호자들은 윤리적 딜레마를 해결하는 지침으로서 생태학에 주목한다. 자연의 균형과 생태계의 통일성, 안정성, 다양성, 조화를 유지하는 것이 이들의 최대 목표이다. 가장 중요한 것은 모든 생물과 무생물들이 건강한 생태계의 구성요소로서 살아남는 것이다. 인간을 포함한 우주 속의 모든 사물은 도덕적인 중요성을 갖는다. 현대적인 생태중심적 윤리는 1930년대와 40년대 동안 앨도 레오폴드(Aldo Leopold)가 『모래군의 열두달』(1949)에서 처음으로 정식화시켰으며 기계론적 형이상학이 아닌 전체론적 형이상학에 근거하고 있다. 전체론적 형이상학은 유기체론이라고도 하는데, 모든 것은 서로 연결되어 있으며 전체는 부분의 합보다 크고, 지식은 맥락 의존적이며, 과정이 부분보다 우월하며, 인간과 자연은 통합되어 있다고 보는 시각이다. 이는 물질은 원자적 부분들로 구성되어 있고 전체는 부분의 합과 동일하며, 지식은 맥락으로부터 독립적이고, 변화는 부분의 재배열에 의해 발생하며, 정신과 육체, 물질과 영혼은 이분법적으로 분리되어 있다고 간주하는 기계론적 형이상학과 대조적이다.

생태중심적 윤리 역시 많은 딜레마를 가지고 있다. 첫째, 전통적으로 서구문화에서는 인간만이 내재적 가치를 가지며 자연은 도구적 가치만을 갖는 것으로 간주되어 왔는데 생태적 윤리관에서는 인간 이외의 종들도 내재적 가치를 갖는 것으로 상정된다. 인간뿐만 아니라 인간 이외의 종들도 내재적 가치를 갖는다는 것은 가치의 영역을 객관적 사실로 고정시키는 것이다.[97] 그러나 자연도 내재적 가치를 갖는 것으로 여겨져야 한다는 당위와 현실 속에서 자연이 내재적 가치를 갖는 것으로 다루어지는가의 문제는 일정정도의 괴리를 가지고 있다. 둘째, 자연의 내재적 가치를 객관적인 진리로, 자연의 비밀을 탐색하는 과학을 객관적인 지식으로 간주하는 인식론을 근간으로 한 생태적 윤리는 과학을 구성하고 가치를 위계화하는 사회적, 정치적 토대를 고려하기 어렵다. 셋째, 일군의 페미니스트들과 유색 인종들은 젠더와 인종, 종의 차이 및 위계적 질서를 은폐하는 생태중심적 윤리의 전체론적 속성을 비판한다. 즉, 성별에 따라, 인종에 따라, 종에 따라 각기 다른 존재들을 동일한 층위로 지배적인 전체에 종속시킨다는 것이다.

---

97) 생태중심적 윤리관의 인식론적 토대는 롤스톤(Rolston, 1986)과 캘리코트(Callicott, 1985, 1989)의 논의를 통해 확인할 수 있다. 롤스톤은 내재적 가치는 객관적인 것으로서 자연 속에서 발견할 수 있으며 과학은 객관적 진리라고 주장한다. 캘리코트는 양자역학을 통해 자연이 내재적 가치를 지닐 수 있음을 설명하는 토대가 될 수 있다고 주장한다. 양자역학은 데카르트/뉴튼적인 기계론적 세계관이 지니고 있는 주관/객관의 이분법과 흄이 제기한 주체/대상, 사실/당위 사이의 이분법을 극복할 수 있게 하고 나아가 자아/세계 사이의 이분법을 붕괴시킴으로써 자아가 내재적인 가치를 지닌 존재인 한 자연도 내재적인 가치를 지닌 것으로 볼 수 있게 한다는 것이다.

이렇게 암묵적으로 내재된 차이들에도 불구하고 환경 윤리들은 환경이론가들과 환경활동가들의 다양한 정치적 입장의 차이들 속에 자리하면서 이론가들의 사상과 활동가들의 운동을 연결시켜 주고 있다. 생태중심적 윤리를 지향하는 생태론을 이하에서는 급진 생태론과 사회생태론으로 구분해서 살펴본다.

2) 생태론

일반적으로 현대적인 의미의 생태론적 사고가 등장한 시기는 19세기경으로 본다. 19세기는 서양이 눈부신 과학 및 기술의 발전을 통해 산업혁명과 자본주의 혁명을 가속화하였을 뿐 아니라 환경 및 생태 파괴가 극명하게 드러나, 이미 산업화에 대한 생태론적 반성이 거세게 일었던 시기였기 때문이다. 19세기 생태론은 낭만적 혹은 목가적 생태론이라 할 수 있으며, 이는 현재의 생태론에 많은 영향을 주었다. 여기서는 생태론의 여러 갈래 중 근본생태론과 사회생태론을 중심으로 이러한 논의가 앞서 살펴본 인간중심적, 기계론적 세계관을 어떻게 대체하고자 하는지를 살펴보자.

(1) 근본생태론

근본생태론은 새로운 생태적 패러다임을 지향한다.[98] 근본생태론이라는 용어는 1972년 노르웨이 철학자 아느 네스(Arne Naess)

98) 근본생태론은 'deep ecology'를 번역한 것인데, 어떤 문헌에서는 '심층 생태론' 혹은 '심층 생태주의'로 번역되기도 한다. 그러나 근본생태론이 지향하는 것은 생태문제에 대해서 단지 심층적으로 성찰해 보자는 데에 머무르는 것이 아니라 인간과 자연, 우주를 바라보는 새로운 인식론적, 사회정치적, 윤리적 원칙들을 통해 급진적이고 근본적인 변환을 촉구하는 이론이자 그러한 실천을 지향하기 때문에 '근본' 생태론으로 번역, 통용되고 있다.

가 '외피적인 환경주의' 대 '근본생태론'이라는 대결 구도로 처음 표현하였고 이후에 많은 학자들이 이 개념을 따서 사용함으로써 널리 유포되었다.[99] 네스가 말하는 외피적인 환경주의란 소위 환경개량주의 혹은 개혁적 환경론을 말하는데, 이는 인간과 자연의 관계에 있어서 근본적인 변화를 추구하는 것이 아니라 오염과 자원고갈 문제에 대한 법적이고 제도적인 해결책만을 다룬다. 따라서 근본생태론은 실천적으로는 서구에서 1960년대부터 70, 80년대에 이르기까지 환경운동의 주류를 형성하였던 국가 중심의 환경개량주의를 비판한다.[100] 네스가 제안한 근본생태운동은 첫째, '환경 속의 인간(Man-in-Environment)'이라는 이미지를 거부하고 '관계적이고 총체적인 장 이미지(Total-Field-Image)'를 선호한다. 둘째, 원칙적으로 생물권 평등주의를 지향한다. 셋째, 다양성과 공생의 원리를 추구한다. 넷째, 생물평등주의와 공생의 원칙은 계급적인 입장에 반대하는 원칙이다. 다섯째, 오염과 자원 고갈에 반대한다. 여섯째, 생태계는 형상이나 통일 원칙 없이 뒤얽혀 있는 것, 즉 '혼란(complication)'이 아닌 '복잡성(complexity)'의 원칙을 가지고 있다. 일곱째, 지역적인 자율성과 분권화를 지향한다. 네스의 근본생태론은 드볼(B. Devall)과 세션즈(R. Sessions)에 의해 정교

---

99) 아느 네스의 「외피적인, 그리고 근본적이고 포괄적인 생태운동」은 60년대 환경주의 또는 환경 개량주의에서 70년대 생태론 또는 생태주의란 담론으로 전환함을 알리는 이정표적인 글로 평가되고 있다. 이 글은 문순홍 편저(1999), 『생태학의 담론』, 솔, pp.66-76에 번역, 소개되어 있다.

100) 환경개량주의 혹은 개혁적 환경론에 근거한 실천들로는 뉴딜 시기에 있었던 보수주의 운동들, 환경 압력 집단의 활동, 로마 클럽의 '성장한계론' 보고서의 이념과 원리, 그리고 동물권 보호론자들 등이 해당된다.

화된다. 드볼과 세션즈는 네스의 두 가지 규범인 전인적 자아실현과 생물 중심적 평등을 수용해서 서구의 인간중심주의와 지배문화를 비판한다. 그들은 첫째, 자연 위의 인간이 아닌 인간을 다른 모든 종들과 동등한 존재로 위치 지운다. 생물권 평등의 원칙은 인간과 자연 사이의 이분법적 위계가 아닌 통합성을 강조한다. 둘째, 자기중심적 자아는 상호 연결된 공동체를 발전시키기 위한 새로운 영적 존재로 대체된다. 이러한 사유는 이후에 영성생태론에 큰 영향을 미쳤다. 셋째, 개발 패러다임으로써의 산업사회를 거부하고 과거 원시사회에서의 자연에 대한 경외심을 회복시킨 '미래의 원시인'을 꿈꾼다. 넷째, 인간중심적 윤리보다는 생태중심적 윤리를 지향한다. 모든 생물체는 생존을 위해 생태권에 의존하기 때문에 인간 역시 자연을 착취해서는 안된다는 것이다. 다섯째, 자연에 대한 비폭력적 평화를 선언하며 생태학에 기반한 새로운 과학은 자연에 어떤 형태를 부여하는 것이 아니라 자연과 함께 설계하는 것으로써 과정 지향적이다. 즉 기술은 목적이 아니라 인간복지를 위한 수단이라는 것이다. 드볼과 세션즈가 지적하는 지배적인 세계관의 가장 큰 문제점은 자연을 지배하고자 하는 인간의 욕망 또는 인간을 자연과 분리시켜 자연을 통제하려는 인간중심주의적 의식이다.

생태적 패러다임으로의 전환은 생태위기 및 자원의 희소성 문제에 직면하여 서구의 지배적인 세계관을 비판하고 인간과 자연의 관계를 새롭게 설정하고자 했던 사회학자들 뿐만 아니라 과학자 집단 내부에서도 발견된다. 사회학자 윌리엄 캐튼과 릴리 던랩(William R. Catton & Riley Dunlap, 1980)에 따르면 '지배적인 서구적 세계관'이란 인간과 인간 이외의 다른 종들 간의 명확한 위계질서를 세우고 과학기술에 대한 무한한 신뢰를 보내면서 계속해서 풍요로운 사회로 나아갈 것이라는 진보 이데올로기에 다름 아니다. 즉 인간은 다른 생물체와 달리 기술을 이용하고 자연자원을 지배하면서 문제를 해결할 수 있는 능력을 가지고 있기 때문에 인류는 항상 문제의 해결책을 알아내고 계속해서 진보해 나간다는 것이다. 캐튼과 던랩은 이러한 세계관과 유사하게 인간 사회를 생태적 원리와 환경적 제약의 결과로부터 자유로운 것으로 상정하는 패러다임을 '인간 예외주의 패러다임'으로 분류한다. 캐튼과 던랩은 지배적인 서구적 세계관과 인간 예외주의 패러다임을 대체할 '새로운 생태적 패러다임'을 제안한다. 새로운 생태적 패러다임은 인간이 하나의 종으로서 독특한 특징을 가지고 있다 할지라도 다른 생물체들과 동일한 생태적 법칙과 제약조건에 종속되어 있다고 가정한다. 이들이 제시한 새로운 생태적 패러다임의 내용은 다음과 같다.

〈표 8-1〉 지배적 세계관과 생태적 세계관

	지배적인 서구적 세계관	인간 예외주의의 패러다임	신생태 패러다임
인간본성에 대한 가정	인간은 근본적으로 지구상의 다른 창조물들과 다르며 따라서 이들을 지배한다	인간은 유전적 유산에 더하여 문화적 유산을 가지며, 따라서 다른 동물 종과는 다르다	인간이 예외적인 특징들을 가지고 있긴 하지만 여전히 지구 생태계 속에서 상호 의존적으로 관련된 수많은 종들 가운데 하나의 종이다
사회적 인과에 대한 가정	인간은 자기 운명의 주인이다. 자신의 목표를 선택할	사회적, 문화적 요인들이 인간사의 주요 결정요인이다	인간사는 사회적, 문화적 요인에 의해 영향받을 뿐 아니라

	수 있으며, 이를 성취하기 위해 필요한 어떤 것도 배울 수 있다		자연의 관계망 속에서 복잡한 인과관계와 피드백에 의해 영향받는다. 따라서 목적달성을 위한 인간행위가 의도하지 않았던 많은 결과들을 가져온다
인간사회의 조건에 대한 가정	세상은 광대하며 따라서 인간에게 무한한 기회를 제공한다	사회적 문화적 환경이 인간사의 결정적인 조건이며 생물리적 환경은 대체로 관계없다	인간은 인간사에 잠재적인 물리 생물적 제약조건을 부과하는 유한한 생물리적 환경 속에서 의존하며 살고 있다
인간사회에 가해지는 제약에 대한 가정	인류의 역사는 진보의 역사다. 모든 문제는 해답이 있으며 따라서 진보는 멈추지 않는다	문화는 누적적이다. 따라서 기술적, 사회적 진보는 무한히 계속될 것이며, 모든 사회문제들은 궁극적으로 해결가능하다	인간의 창조성과 그로부터 나오는 힘은 얼마간 수용력의 한계를 확대시키는 것으로 보일지도 모르지만, 생태법칙은 폐기될 수 없다

출처: Catton & Dunlap, 1980: 34.

또한 과학혁명의 기계론적 자연관을 뒤집는 수많은 과학적 연구들도 생태적 패러다임으로의 전환에 영향을 미쳤다. 물리학자 데이비드 봄(David Bohm)은 물질이 외부의 힘에 의해 부분요소로 나누어질 수 있다는 가정에 바탕을 둔 기계론적 과학은 20세기 초 상대성이론과 양자이론에 의해 더 이상 타당성을 잃었다고 주장한다. 봄은 상대성이론과 양자역학을 통해 물질은 분할되지 않는 다차원적 전체 속에서 '맥락 의존성'을 가지며 이 과정 속에서 상대적으로 안정적인 영역으로 나타나는 것이 입자라고 설명한다.[101]

즉, 입자는 안정적이지만 강렬한 에너지의 흐름 속에서 계속적으로 발현되는 주기적인 변화 상태를 지속한다는 것이다. 기계론에 대한 도전은 일리야 프리고진(Iya Prigogine)의 비평형 열역학에서도 나타난다. 프리고진은 우주가 더 큰 혼돈 상태로 향하고 있다고 보는 고전열역학을 비판한다.[102] 그는 오히려 혼돈에서 질서가 출현할 수 있다고 주장한다. 프리고진이 보기에 고전열역학은 증기기관, 냉장고, 태양계와 같은 평형 및 근사평형 시스템에는 유효할지 모르지만 사회계, 생태계와 같은 비평형계에서는 유효하지 않다는 것이다. 즉, 평형계는 비교적 안정적인 시스템이기 때문에 미적분과 선형미분방정식을 이용해 수학적으로 기술하는 것이 가능하지만 비평형계에서는 비선형적 관계가 득세한다는 것이다. 이 경우 작은 투입물이라도 예기치 않은 전혀 새로운 결과를 가져올 수 있다. 프리고진의 비평형 열역학은 어떤 시스템이 붕괴할 때 무질서에서부터 더 높은 수준의 조직이 자발적으로 등장할 수 있는 가능성을 보여줌으로써 생물학적 진화와 사회적 진화를 설명하는데 도움을 주었다.[103]

또한 수학에서 최근 등장하고 있는 카오스 이론도 결정론적이고

---

101) 데이비드 봄의 물리학은 외적으로 발현된 입자가 아닌 입자가 에너지의 흐름과 서로 다른 장 속에서 계속해서 변화하는 과정과 복잡성에 주목했다는 점에서 '과정 물리학'이라고 명명하기도 한다.

102) 우주의 에너지 총량은 일정하며 유용한 에너지는 계속해서 줄어든다고 보는 19세기의 고전열역학 제1법칙, 제2법칙은 세계가 질서에서 무질서로 계속해서 쇠퇴하고 있다는 것을 암시한다.

103) 혼돈으로부터 질서가 발생한다는 일리야 프리고진의 주장에 대해서는 Prigogine Ilya(1984), *Order out of Chaos: Man's New Dialogue with Nature*, New York: Bantam 을 참조할 것. 이 책은 국내에서도 번역, 소개되었다. 일리야 프리고진, 신국조 역(1993), 『혼돈으로부터의 질서』, 고려원.

선형적이며 예측가능한 것은 일상적인 상황이라기 보다는 특수한 상황에만 적용된다는 것을 보여준다. '나비효과'[104] 은유를 통해 알 수 있듯이 비선형적이며 예측 불가능한 카오스가 오히려 일상적 상황에 대한 더욱 적절한 설명을 제공해 준다. 따라서 대부분의 환경 및 생물계들은 실제로는 비선형적인 카오스적 관계에 의해 지배된다.

생물학 영역에서는 찰스 버치(Charles Birch)가 생명을 기계처럼 다루며 원자단위로 환원하는 기계론적이고 환원주의적인 지배적 모델을 비판하면서 내부적 관계에 기초한 '생태적 모델'을 제시했다.[105] 그는 전자, 원자, 세포, 유기체의 위계구조 속에서 한 단위의 속성으로 다음 단위의 속성을 전부 예측할 수 없고, 각각의 단위는 고립되어 있는 것이 아니라 환경과 상호 작용하며, 각 단위는 단순한 재배치가 아닌 새로운 관계를 형성한다고 주장한다. 또 유전학에서 DNA가 자신을 발현하는 방식은 세포의 환경에 영향을 받는다는 발견도 생태적 모델에 가깝다고 볼 수 있다. 또한 대기화학자 제임스 러브록(James Lovelock)의 가이아(Gaia) 가설은 '지구 표면과 대기, 해양의 물리적, 화학적 조건은 생명의 존재 그 자체에 맞게 능동적으로 조정되어 오고 있다'는 것인데, 이는 생물권은 자율조절 시스템이며 지구는 부분들의 단순 총합 이상이라는 생각을 제공함으로써 기계론에 도전할 수 있게 해 준다.

---

104) '나비효과'는 작은 효과가 엄청난 결과를 가져올 수 있는 상황을 은유적으로 표현한 것인데, 아이오와에서 날개짓을 치는 나비 한 마리가 플로리다에 허리케인을 불러올 수도 있다는 것이다.

105) Charles Birch(1988), "The Postmodern Challenge to Biology," David Griffin, ed. *The Reenchantment of Science: Postmodern Proposals*, Albay, New York: State University of New York Press.

앞서 살펴본 생태적 패러다임과 새로운 과학적 발견들을 수용하여 근본생태론자들은 인간중심주의와 인간과 자연을 이원론적으로 사고하는 이분법적 인식체계를 비판하고, 인간이 자기중심성을 버리고 자연과 혼연일체가 되는 가치관의 확립을 통해 생태친화적 사회를 만들어가려고 한다. 그러나 근본생태론의 몇가지 철학적 가정과 실천방향은 1970년대에 접어들면서 사회생태론과 생태여성론에 의해 비판을 받는다. 근본생태론은 모든 생물체의 동등한 가치와 생태중심적 세계관으로의 전환이라는 규범적 처방을 제시한다. 그러나 가치와 세계관은 시간이 흐르면서 자연스럽게 전환되는 것이 아니라 정치적 투쟁을 통해 성취되는 것이다. 따라서 근본생태론은 정치적 비판이 결여되어 있으며 가치와 사회구조가 관계 맺는 방식을 면밀히 검토하지 않는다는 비판을 받는다. 다음으로, 생태여성론자들은 근본 생태론의 인간 중심주의 비판이 남성중심주의와 젠더 차이를 간과하고 있다고 비판한다.

(2) 사회생태론

사회생태론은 맑스와 엥겔스가 생태와 사회에 접근하는 방식에 근거하고 있다. 아나키스트 철학자 머레이 북친(Murray Bookchin)의 사회생태론은 자연, 과정, 다양성, 자발성, 자유, 그리고 전체성의 균형 속에 근원을 두고 있다. 그의 이상적 사회는 생태와 사회 내의 모든 위계구조를 철폐하는 것이다. 북친은 생태사회에서는 지배와 위계가 평등과 자유로 대체될 것이라고 주장한다. 이는 유기체적이고 과정지향적인 변증법을 통해 성취될 수 있다. 북친은 생태론(ecology)과 환경론(environmentalism)을 구분한다. 환경론은 현대 세계에 대한 기계론적이고 수구적인 전망, 즉 자연을 인간을 위한 자원으로 보고, 인간을 경제를 위한 자원으로 보는 시각을 채택한다. 또한 환경론은 현재 상황에 의문을 품지 않으며, 그렇기 때문에 자연에 대한 인간 지배가 인간에 대한 인간 지배를 조장하게 된다. 반면 사회생태론은 인간이 자연과 갖는 상호의존성을 통합한다. 북친은 생태계라는 용어를 동·식물, 무생물 뿐만 아니라 사회로 까지 확장한다. 생태적 관점은 자연계 속의 위계구조에 도전하며 인간만이 자연을 변형시키는 것이 아니라 자연 또한 인간을 변형시키는 것으로 본다. 따라서 자연은 인간과 상호작용하며 자연과 사회세계에서 공통의 잠재력을 실현해 간다. 궁극적인 생태적 파괴를 막기 위해 북친은 인간이 생물지역이 필요로 하는 조건을 인식하고 그 속에서 살아야 하며, 충분히 분권화되고 새로운 생태적 감수성에 부합하는 사회제도를 필수적으로 만들어야 하며, 생물지역 속에서의 다양성을 고양시켜야 한다고 주장한다.

사회생태론은 자연 지배를 뒤집는 것 뿐만 아니라, 사회적 지배를 철폐하는 데에도 깊은 관심을 두고 있다. 사회생태론자들은 비자발적인 인구조절 방식들에 대한 생각, 즉 기근, 질병, 전쟁이 인구 팽창을 막는 긍정적인 억제 요인이라는 맬더스적 사고와 제3세계 사람들의 선진국 이동이 강력히 제한되어야 한다는 정책을 비난한다. 대신 이들은 자원을 지속가능한 방식으로 이용하면서 삶의 질을 높이고 기본적 필요 충족수단을 재분배하는 생태적 발전 정책을 지지한다.

사회생태론자들은 문제를 사회(특히 경제)와 생태 사이의 변증법에 근원을 두는 것으로 보는 반면, 근본생태론자들은 생태적 세계관과 기계론적 세계관 사이의 갈등에 초점을 두고 있다. 비슷한 맥락에서 사회생태론자들은 생태적 발전과 사회 정의에 행동의 초점을 두는 반면, 근본생태론자들은 세계관을 변혁시키고 대지와의 영적 관계를 회복하는 것이 핵심이다.

기계론적인 근대 세계관을 대체하고자 하는 생태론에 대해 근본생태론과 사회생태론을 중심으로 살펴 보았지만, 생태론은 이 밖에도 생태맑스주의, 생태사회주의, 생태페미니즘 등으로 분화되어 있다. 생태맑스주의 및 생태사회주의는 자본주의 체제의 지양을 주장하며, 생태페미니즘은 자본주의 체제와 더불어 성별 위계구조가 자연에 미친 부정적 영향을 강조한다.

3) 환경개혁주의

환경 파괴와 생태적 위협이 가시화되면서 인간이 누려온 발전과 진보를 환경적으로 재조정하려는 움직임도 대두되었다. 실상 현대에 이르러 환경 문제에 대한 자각은 생태적인 것이라기보다는 환경위기의식에서부터 싹텄다. 앞서 살펴본 것처럼 근본생태론과 사회생태론은 환경개혁주의가 환경문제에 대해 법, 제도의 개선에만 관여한다고 비판하지만, 법, 제도의 개선 또한 인식론적 전환이나 구조의 문제만큼이나 환경의 위기를 해결하는 데 중요한 문제일 뿐만 아니라 환경 및 생태개선을 위한 실천적 측면에서 큰 의의를 가지고 있다. 1962년에 출간된 레이첼 카슨(Rachael Carson)의 『침묵의 봄』(Silent Spring)은 농약과 합성화합물이 생태계를 교란시켜 인류의 건강을 위협하고 있다는 보고를 통해 전세계적인 반향을 불러 일으켰다. 유기염소계 화합물의 생물 축적(bio-accumulation) 위험에 대한 경고는 이후 미국 여러 주에서의 농약 사용 규제를 이끌어내기도 했다. 에를리히(Paul Ehrlich)의 『인구폭탄』(Population Bomb, 1968)은 전세계의 기하급수적 인구증가가 지구의 생명 존속을 위협하고 있으며, 따라서 즉각적인 강제적 산아제한과 반인구성장법을 실행할 것을 권고하고 있다. 유사하게 하딘(Gilbert Hardin)의 『공공목장의 비극』(Tragedy of the Commons, 1968) 역시 멜더스주의적인 접근법을 취하여, 현재의 환경과 인구성장의 문제가 타협 불가능한 지점에 이르렀으며 모두의 공멸이라는 비극으로 귀결될 위험을 경고하고 있다. 여기서 중요한 개념이 바로 '환경의 수용력(carrying capacity)'이다. 목동들은 가능한 한 많은 소를 공유지에 방목하여 자신의 이익을 극대화하려 한다. 그런데 만일 한 목동이 이미 수용력의 한계에 이른 공유지에 한마리를 더 추가하면 소들은 생존을 위해 목숨을 걸고 풀을 뜯기 때문에 얼마 지나지 않아 풀 자체가 돋아나지 않는 지경에 이르러 공유지 전체가 파괴된다는 것이다. 현재의 위기를 식량 부족 보다는 인구의 과잉 성장으로 본다는 점에서 하딘은 멜더스의 입장을 지지하고 있다. 이러한 환경문제에 대한 반성의 대두와 환경보호의 필요성에 대한 자각은 1972년 로마클럽의 『성장의 한계』를 통해 하나의 전환점을 이루게 되었다. MIT 공대에서 물리적, 경제적, 사회적 요인들을 고려하여 미래상을 1900년에서 2100년까지 컴퓨터 시뮬레이션을 행한 결과, 인구 성장은 기하급수적으로 증가하는 반면 자원은 기하급수적으로 고갈되고 있어 곧 가용자원은 인구성장을 지탱할 수 없게 되고 인구 폭발이 발생할 것이라는 예상이 나왔다. 이에 따르면 현재와 같은 공업화가 지속된다면 2000년에서 2050년 사이에 에너지 자원이 고갈되고, 인구증가, 농업생산의 한계, 공해물질의 증가 등으로 전지구적 규모의 경제성장의 한계에 봉착할 것이다. 그래서 이 보고서는 해결책으로 인구성장 억제와 공해의 통제, 자원의 재순환, 경제성장 우선정책의 범세계적 포기, 강

대국과 제3세계 국가 간의 자원불균형 분배의 조절 등을 해결책으로 제시하고 있다. 이 보고서는 부정확한 가정, 불완전한 자료 등으로 현실성이 없다는 비판을 받았음에도 불구하고, 과잉으로 인한 멸망을 피하기 위해서는 범세계적 차원에서의 인구와 경제의 안정 상태가 반드시 달성되어야 한다는 공감을 불러 일으켰다.

성장의 한계에 대한 하나의 가능한 사회적 이념으로 등장한 것이 '지속가능한 사회' 개념이다. 이것은 '모든 에너지가 태양 에너지에서 얻어질 수 있고 재생가능하지 않은 자원을 재생시킬 수 있는 사회'(Pirages, 1977)처럼 다소간 유토피아적으로 설정되기도 하고, 또 '자연자원 이용의 유형과 수준이 생태적으로 지속가능하도록 만들어진 사회조직'(Brown, 1981)으로 정의되기도 했다. 이는 1987년 「환경과 발전에 관한 세계위원회(WCED)」에서 전세계적 이념인 '지속가능성(sustainability)'으로 천명되었고, 1992년 리우회의에서 '환경적으로 건전하고 지속가능한 발전' 이념으로 재확인 되었다. 이것은 '미래 세대가 그들의 필요를 충족시킬 능력을 저해하지 않으면서 현세대의 필요를 충족시키는 것'을 의미하는, 한계지워져 있지만 지극히 현실적인 환경문제 의식을 대변한다.

환경개혁주의는 현재의 문제와 미래의 생존을 긴장적으로 조화시키고자 하는 현실적 이념이자 대안이다. 그래서 자연에서의 생물종 다양성 보호, 경제적으로 오염의 최소화, 적정 수준의 인구 조절, 생태적 문화의 확산 등을 가능한 실천 전략으로 제시한다. 하지만 이러한 타협적인 이념은 실질적으로 발전이념의 연장에 서 있으므로 생태 보전을 위한 강한 압력이 되기 어려우며, 무엇보다 전세계 국가들의 강제와 동의를 만들어내기는 역부족이라는 점에서 한계를 가진다.

4. 과학기술의 발전과 환경문제

기술발전과 환경에 관련한 쟁점은 단순히 기술적용에 의한 환경오염 문제로만 환원되지 않는다. 이는 크게 현대사회의 지배적인 패러다임인 개발주의와 관련이 있다. 무엇보다 환경문제를 일으키는 주원인은 기술과 기업, 혹은 기술과 행정관료의 유착으로 인한 기술의 부적절한 이용에 있다. 현대사회에서 이러한 야합은 원자폭탄 투하와 같이 대량 인명살상까지 불러오는 핵기술까지 등장시켰다. 개발주의는 정부의 적극적인 정책으로 장려되고 환경보존문제는 축소된다. 이러한 환경문제로 인한 피해는 모두에게 영향을 미치지만 특히 여성, 어린이, 노약자, 빈민 제3세계 사람들과 같이 사회적 약자와 생물학적 약자들에게 집중되는 경향이 있다.

여기에서는 기술의 발전이 어떻게 환경문제와 사회갈등을 유발하고 있는지를 살펴본다. 먼저 기술발전으로 인한 환경오염의 실태를 통해 그것의 위험성을 정리하고, 다음으로 국내 환경 관련 논쟁을 통해 개발담론과 보존담론의 대립과 각 대립을 둘러싼 담론의 주체들과 갈등구조를 살펴볼 것이다. 또한 이러한 갈등구조에서 드러나는 정부, 지자체, 전문가 대 시민사회단체, 대중의 대립을 살펴봄으로써 전문가중심주의의 문제점을 지적하고 환경 관련 의제를 형성하고 해결하는 과정에서 어떻게 일반대중이 적극적으로 참여할 수 있는가를 모색해 볼 수 있을 것이다.

1) 환경 오염의 실태

환경에 대한 연구가 축적될수록 기술발전은 그 주된 효과나 부수적인 결과를 통해 환경에 악영향을 미치는 것으로 밝혀지고 있다. 세계보전전략(World Conservation Strategy)은 발전을 '좋은 경작지를 목초지로 만들어 버리고, 벌채 회사로 하여금 세계의 산림 자원을 노략질하게 만들었으며, 저지대 농업으로 하여금 화학비료와 살충제를 너무 많이 쓰게 만든 그런 과정'으로 정의하고 있다(World Conservation Strategy, 1980). 인간사회의 발전에서 이러한 결과를 만들어내는 핵심에 기술이 있음은 주지의 사실이다. 특히 환경 오염은 대부분 기술발전의 부산물이나 의도되지 않은 효과로 발생한다. 주요 환경오염의 실태들을 살펴보자.106)

(1) 수질 오염

지구 지표면적의 70%는 물로 둘러싸여 있다. 하지만 물은 풍부한 자원이 아니다. 물은 필요한 장소와 필요한 시기에 있어야만 자원으로 이용될 수 있는데, 전체 수자원의 97%는 바닷물로, 실제 이용가능한 물의 양은 그렇게 많지 않다. 그나마 이 부족한 자원인 물은 심각한 오염을 겪고 있다. 수질 오염의 원인은 넓게는 쓰레기, 수자원 훼손, 거대한 댐 건설, 마구잡이 식의 사회기반건설 등이 있다. 구체적으로 유형을 원인별로 살펴보면, 먼저 유기오염을 들 수 있다. 유기오염이란 물 중의 유기물질이 지나치게 많아짐으로써 발생하는 오염이다. 대부분의 유기물질은 세제와 생활하수에 의해 발생하는데, 유기물질이 지나치게 많을 경우 박테리아가 유기물질을 분해하는 과정에서 물 중의 용존산소를 과도하게 소비하므로 결국 물의 산소 부족을 가져오게 된다. 하천에서 물고기들이 떼죽음을 당하게 되는 것도 대부분 이러한 용존산소 부족으로 인한 폐사라 할 수 있다. 유기오염을 줄이는 것은 이론적으로는 간단하다. 하천으로 유입되는 폐수들을 하수처리장에서 정화

---

106) 이하의 내용은 자크 베르니에(1999), 『환경』을 주로 참조하였다.

하여 배출하면 유기오염을 현저히 줄일 수 있다.

독성 오염은 독성 물질 자체가 수질을 오염시켜 생물의 폐사를 초래하는 것으로 대표적으로 공장 폐수를 들 수 있다. 1991년 낙동강에서 발생했던 페놀 오염 사건도 대림산업의 공장 폐수가 식수 공급원인 낙동강으로 유출되어 상수도에서 페놀이 검출된 사건이다. 독성 오염을 야기하는 폐수는 그 주성분이 생물 축적을 일으키는 중금속이나 화학물질들로 이것의 가장 큰 문제점은 그 효과가 매우 장기적으로 영향을 미친다는 사실이다. 일본의 한 호수에서는 사용이 금지된 지 20년이 지난 DDT가 1990년에 검출되기도 했다. 독성 오염은 대기 이동이나 오염된 토양이 씻겨 내려가거나 농업용 살충제의 지하수 침투 등을 통해 확산된다. 광산개발은 특히 수자원을 고갈시키는데, 석회석의 틈에 물이 저장되는 자연적 원리가 광산개발로 인해 사라지기 때문이다. 독성 오염을 줄이기 위해서는 독성 물질 자체를 사용하지 않도록 생산방식을 획기적으로 개선하는 것이 필요하다.

부유물질은 생활폐수나 공장폐수, 자연적 침식 등에 의해 발생하는데, 물을 탁하게 만들며 때로 물고기의 아가미에 들어가 생명을 위협하기도 한다. 또 소나기나 홍수 등의 자연적 원인 역시 엄청난 부유물질을 생성시키기도 하는데, 이러한 부유 물질을 제거하기 위해서는 침전처리 과정을 거쳐야 한다.

수질 오염에는 세균오염이나 온배수 공해도 있다. 세균에 의한 물의 오염은 인체에 가장 위험할 수 있으며, 이 때문에 상수도는 반드시 살균 과정을 거치고 있다. 하지만 상수원으로 보호되고 있는 지역에 식당이나 축사, 공장 등의 폐수가 흘러들어오는 일이 발생하고 있는 만큼 세균 오염의 위험은 항상 존재한다. 온배수

공해란 공장에서 배출되는 공업용수 중 냉각수로 사용된 후 뜨거운 상태로 배출되는 물로 인해 발생하는 공해를 지칭한다. 배출하는 물이 뜨거워지면 식물과 동물의 생태에 직접적인 위해를 가할 수 있고, 박테리아의 활동을 활성화시켜 산소 소비량을 증가시킬 위험이 있다. 물은 이제 희귀한 자원으로 변모하고 있다. 인류가 사용할 수 있는 적절하고도 적시의 수량은 점점 부족해져가고 있으며, 물에 대한 요구량은 증가하는 추세다. 지금 필요한 것은 합리적이고 과학적인 물 순환체계를 만들어냄으로써 물의 소비를 효율화하는 것이다.

(2) 대기 오염

대기 오염의 발생 원인은 크게 세 가지로, 첫 번째는 연소시설, 즉 가정용 및 산업용 보일러에서 발생하는 대기오염이며, 두 번째는 자동차 배기가스, 마지막으로 일부의 산업 생산공정 자체에서 발생하는 대기오염으로 구분된다. 1970년대 초까지 대기오염은 주로 오염원 주변에 집중적으로 발생하는 국부적인 오염으로 이해되었다. 하지만 이제 대기오염은 수천 킬로 떨어진 곳에도 영향을 미친다는 사실이 널리 알려져 있다. 우리 나라는 해마다 봄이면 황사로 인한 대기 오염을 겪고 있는데, 주지하듯이 이 황사는 중국과 몽골 사막지역의 미세 먼지가 대량으로 바람을 타고 우리나라로 날려 오는 현상으로, 이로 인한 호흡기 질환과 폐질환, 안과 질환 등의 건강상의 문제 뿐만 아니라 미세 먼지로 인한 반도체 등 산업피해, 토양 오염 등의 심각한 부작용을 낳고 있다. 황사의 피해를 근원적으로 줄이기 위해서는 황사의 진원지에 나무나 식물을 심어 먼지가 날리지 않도록 하는 방법이 필수적이다. 이렇듯 대기 오염은 국지적이거나 오염원 지역에만 국한되지 않는 문제다.

대기 오염의 알려진 오염원을 살펴보자. 먼저 이산화황(SO_2)은 호흡기질환을 악화시키고 산성으로 인해 식물과 수중생태계 및 각종 자재에 손상을 입히는 대기 오염의 주범으로 알려져 있다. 이산화황의 대부분은 석탄, 아탄, 중유의 연소 및 난방 연소 등의 결과물로 나타나는데, 황 함유량에 대한 규제의 강화와 연소시설에서의 탈황처리 등을 통해 현저히 감소하고 있는 추세다. 아황산가스인 경우 70년대에 급속히 악화되어 서울은 1977년부터, 부산·인천·대구는 각각 1979년, 1984년 및 1985년 이래 1990년까지 환경기준인 0.05ppm을 웃돌았다. 1993년부터는 환경기준이 0.03ppm으로 강화되었는데 대구 · 울산 등의 대도시는 환경기준을 초과하고 있으며, 서울을 비롯한 기타 대도시는 환경기준을 가까스로 하회하고 있다. 그러나 이러한 도시들도 겨울철에는 환경기준을 초과하고 있는 실정이다. 두번째로 자동차 배기가스로 인해 주로 발생하는 질소산화물(NOx)도 생태계 및 사람에게 큰 영향을 미치는 오염원이다. 질소산화물은 산성비의 주원인 중 하나일 뿐 아니라, 광화학 옥시던트(oxidant, 강한 산화성물질) 오염의 주원인이 되어 삼림 고사나 대도시의 스모그 현상을 일으키기도 한다. 세 번째로 대기 중의 일산화탄소는 자동차, 특히 휘발유를 연료로 사용하는 자동차가 그 원인인 것으로 알려져 있다. 일산화탄소는 혈액 속의 헤모글로빈과 결합하여 산소 운반을 방해하여 많은 양을 마시면 질식사할 수 있으며, 적은 양이라도 두통이나 현기증, 감각기관 장애를 일으킨다. 최근 자동차 배기정화장치와 촉매장치의 발전으로 일산화탄소 배출은 감소하고 있지만 자동차 등록대수가 계속 증가하고 있는 추세여서 대기오염에 미치는 영향은 그다지 감소하고 있지 않다. 미세먼지 역시 대기오염을 일으키는 요인 중 하나다. 일상 중에 우리는 미세먼지를 마시고 있는데, 미세먼지는 크기 0.01밀리미터 이하로 흉곽에 침투하며 더 미세한 것은 폐포에 까지 침투한다. 미세먼지는 통증과 세포조직 파괴, 알레르기나 암의 원인이 되는데, 미세먼지의 대부분은 공업생산과 자동차 운행에서 발생한다. 집진장치나 자동차 집진필터를 통한 미세먼지의 억제가 필요한데, 우리나라는 자동차 미세먼지에 대한 집진필터 부착이 의무화되지 않아서 자동차로 인한 미세먼지 발생은 계속 증가하는 추세에 있다.

이러한 오염원으로 인해 발생하는 대기 오염은 여러 유형이 있다. 먼저 광화학 스모그를 들 수 있는데, 자동차의 매연이나 안개가 자외선과 반응하면 유해한 물질들을 생성하게 되며, 이 광화학 스모그는 광선 차단으로 열의 손실을 가져와 식물의 생장을 저해하고 호흡기 계통에 피해를 초래한다. 두번째로 산성비는 주로 이산화황과 질소화합물이 비에 녹아 내리는 것으로, 삼림과 농경지를 황폐화시키고 건축물 등을 부식시키는 피해를 초래한다. 또 식물의 잎 조직에 손상을 주어 광합성을 방해한다. 대기 중의 CO_2 량이 증가하여 태양의 복사 에너지를 흡수하는 온실 효과도 대기오염의 주요 형태 중 하나다. 온실 효과는 지구 온난화 현상의 주범이며, 기온 상승으로 인한 해수면 상승과 기후변화를 초래하고 있다. 온실 효과는 주로 화석연료(석탄, 석유)의 과다한 사용이 원인으로 지목되고 있다. 네번째로 오존층 파괴를 들 수 있다. 지구는 15-20Km 상공이 오존층으로 둘러싸여 있어 자외선 등 유해한 광선들을 차단하고 있는데, 냉매 등으로 쓰이는 염화불화탄소

(CFC)의 사용이 증가하면서 이 오존층이 파괴되는 결과가 벌어지고 있다. 오존층 파괴는 자외선 통과량을 증대시켜 암 등을 유발하고 생태계를 교란하는 등의 결과를 초래하고 있다. 마지막으로 스모그(smog)를 들 수 있는데, 공장 배출연기와 안개가 어울려 뿌연 대기로 뒤덮이는 현상을 지칭한다.

최근 우리사회에서는 웰빙(well-being) 열풍과 함께 실내 오염에 대한 관심도 증가하고 있다. 일상적으로 생활하는 집 안이나 차 안의 공기 오염 문제는 최근에 등장하였지만, 몇몇 연구결과들은 실내 오염이 상당히 심각한 문제임을 보여주고 있다. 예를 들면 '새집 증후군'은 건축자재나 휘발성 유기화합물 등에서 발생하는 유해물질들이 실내에 오랜 시간동안 남아 실내 공기를 오염시키고 인체에 유해한 영향을 미치는 것으로, 이에 대한 관심이 높아지면서 친환경 자재, 실내 공기정화기 등의 사용이 증가하는 추세다.

(3) 소음

소음의 정의는 상대적이다. '모든 불쾌하고 거북한 청각적인 느낌'인 소음은 시간대, 소리를 듣는 사람, 배경소음 등에 따라 다르게 인식된다. 하지만 현대 사회에서, 특히 도시 생활에서 소음은 절대적으로 증가하고 있는 것이 사실이다. 소음은 흔히 데시벨(db)로 측정하는데, 대략 75db 이상이 되면 일시적으로 청각피로가 나타나며, 매일 8시간씩 85db 이상의 소음을 지속적으로 들었을 경우에는 청력을 완전히 상실할 수도 있다고 한다.

소음의 원인은 대개 교통수단에 의한 소음과 근린 소음으로 구분된다. 교통수단에 의한 소음은 교통수단 자체에서 발생하는 배기소음과, 도로 등과의 마찰로 발생하는 마찰소음이 소음의 대부

〈표 8-2〉 소음의 단계

	0	가청단계
	10	녹음실
	20	사막
	30	조용한 지역의 실내 아파트
	45	보통 아파트의 실내
	50-60	일상적인 대화, 제법 조용한 거리
피로감을 주는 소음	75	타이피스트 사무실, 교통량이 많은 거리
	80	출퇴근시의 소음, 자동차, 지하철
	85	실내수영장, 학교 구내식당
	90	믹서, 커피 분쇄기
	105	최대 볼륨의 워크맨
고통스러운 단계	120	몇미터 떨어진 곳에서 나는 비행기 엔진소음
	180	이륙시의 로켓

* 출처: 자크 베르니에, 1999: 78.

분을 차지하는데, 도로 주변에는 방음벽을 세우고 소음을 발생시키는 배기장치를 단속하는 등을 통해 소음을 줄이는 노력이 시행되고 있다. 하지만 아직 우리 나라에서 소음 규제에 대한 인식은 상당히 낮은 편이다. 생활소음도 상당히 심각한 수준이다. 일상적으로 발생하는 소음(유흥업소의 노랫소리, 전자제품, 승강기 운행 등)은 특히 야간에 더욱 심각한데, 여기에 더해 최근에는 어느 때나 울리는 휴대전화 소음도 가세하고 있다. 텔레비젼의 한 프로그램에 따르면 만성적인 소음 공해는 스트레스 호르몬의 분비를 촉진시켜 불안과 초조 등 신경장애를 유발하고 피로감, 청각손실, 혈압과 혈지방 등의 건강 영향을 미치는 것으로 보고되었다[107]. 소

107) 2005년 6월 14일, '오픈 스튜디오-소리가 우리를 공격한다', SBS.

음을 줄이기 위해서는 방음벽 설치, 산업시설의 소음 규제, 소음발생 업소의 규제 등과 함께, 일상적으로 자신의 행위가 남에게 소음이 될 수 있다는 자각이 병행되어야 한다.

(4) 토양오염

토양 중에 오염물질이 축적되어, 농업생산을 중심으로 하는 토양의 식생유지 기능에 장해를 일으키는 현상을 토양 오염이라 한다. 토양오염의 대표적인 원인은 과다한 농약사용을 들 수 있다. 최대의 농약관련 피해사례는 보팔사건이다. 1984년에 인도 보팔시에 위치한 미국의 다국적 기업인 유니온 카바이드의 화학공장이 폭발했다. 이와 함께 농약제조의 원료로 사용되는 메칠이소시안(MIC)이라는 유독가스가 저장된 탱크가 유출되었다. 이 사고로 유독가스 8만파운드가 인근지역으로 노출되었고, 인근주민 2,800여명이 사망하고, 20만명 이상의 피해자가 생겨났다. 이 사고로 자연생태계가 크게 훼손된 것은 물론이다. 농약으로 인해 오염된 토양은 식물생육에 피해를 주게 되고, 결과적으로 식물체에 누적된 오염물질을 섬취한 사람 또는 가축에게도 장해를 입힌다. 제초제의 경우 지속적으로 사용할 경우 내성바이러스가 생성되어 슈퍼잡초를 만들게 되고, 이로 인해 생태계를 교란시킨다. 오늘날에는 광산이나 공장 등 특정 오염원에 의한 토양오염은 거의 일어나지 않지만, 앞으로 폐기물이나 농업 자재를 포함한 오염물질에 의한 토양오염이 증가할 것이다.

(5) 폐기물

자연은 인간에게 발전에 필요한 원료를 제공함과 동시에 폐기물을 저장하는 저장고의 역할을 수행한다. 하지만 이제 자연은 폐기물을 적절히 수용할 수 있는 한계를 초과하였다. 인구증가와 사회발전으로 폐기물은 계속 증가하고 있지만 가용한 저장고는 점점 줄어들고 있다. 저명한 저널리스트인 리프킨(J. Rifkin)은 『엔트로피』라는 책을 통해 기술발전의 부산물이 바로 폐기물임을 지적하고 있다. 그에 의하면 엔트로피 법칙에 따라 자연 대상을 에너지원으로 사용할 때 발생하는 부산물의 생성은 불가피한 것인데, 문제는 이 부산물들이 폐기물이며 이것을 다시 원상태로 복구하는 것은 불가역적이거나 혹은 얻은 에너지보다 훨씬 많은 에너지를 투여해야 하는 지극히 어려운 과정이라는 점이다. 리프킨의 경고는 점점 설득력을 얻어가고 있는데, 그것은 기술 발전에도 불구하고 별로 줄어들지 않는 폐기물의 양 때문에 그러하다. 현재의 과제는 가장 효율적인 기술 이용으로 폐기물의 발생을 최소화하고, 폐기물을 다시 재활용하는 순환구조를 확립하는 일일 것이다.

폐기물 중 가장 많은 부분을 차지하는 것은 산업폐기물이다. 산업폐기물은 일반 폐기물과 지정 폐기물로 구분되는데, 일반 산업폐기물은 생활 폐기물과 유사한 기물들과 건축 폐기물이며, 지정폐기물은 특유한 산업공정에서 발생하는 폐기물이다. 이것은 수질오염, 대기오염을 야기하는 물질이 다량 함유되어 있어 특별한 처리 방법을 필요로 한다.

산업 폐기물의 처리는 원천적으로 생산 공정에서 폐기물의 발생을 억제하는 방법과 재활용 방법, 그리고 발생한 폐기물에 대한 사후 처리방법이 있다. 사후 처리방법은 크게 소각, 물리·화학적 처리, 그리고 매립의 세가지 방법이 활용된다. 소각은 일반폐기물과 달리 특수 소각시설을 통해 처리된다. 시멘트 공장의 가연성

폐기물의 경우 섭씨 2천도 이상의 고온에서 소각하며 이 과정에서 발생하는 산성가스는 석회암에 의해 중화되고 분진은 필터로 집진되어 재활용된다. 증기소각방식은 희석된 액상 폐기물 처리에 이용되는데, 농축된 상태의 쓰레기를 소각하기 위해 폐기물에 섞여 있는 물을 수증기 상태로 먼저 증발시킨다. 물리·화학적 처리는 폐기물의 산성을 중화시키거나 시안을 제거하는 등 폐기물의 독성을 제거하거나, 유수 분리나 원심 분리 등의 방법으로 폐기물을 여러 단계로 분리하는 방법이다. 매립은 생활폐기물과는 다른 특수 매립구역이 지정된다.

그러나 무엇보다 산업폐기물 처리의 핵심은 재활용에 있다. 우리 나라에서 실시하고 있는 생산자책임 재활용제도는 환경정책기본법 5조와 7조[108]의 오염자 부담의 원칙에 입각하여 폐기물을 만드는 기업체가 그 재활용을 책임을 지도록 하는 정책이다. 이에 따라 전자제품, 금속캔, 이동전화단말기, 포장재 등에 대해 재활용 의무량을 산정하고, 생산 및 수입업자가 이를 의무적으로 직접 혹은 위탁하여 수거하고 재활용하도록 하고 있으며, 이를 이행하지 못했을 경우에는 미달성량에 대해 재활용부담금을 납부토록 하고 있다. 제품·포장재의 생산자에게 재활용 의무를 부과하여 제품의 설계·제조 과정에서 소재 및 디자인 선택, 구조개선을 통해 폐기

---

108) 환경정책기본법 5조는 '사업자가 자신의 사업활동으로부터 야기되는 환경오염 및 환경훼손에 대해 스스로 이를 방지함에 필요한 조치를 하여야 한다', 7조는 '자기의 행위 또는 사업활동으로 인하여 환경오염 또는 환경훼손의 원인을 야기한 자는 그 오염·훼손의 방지와 오염·훼손한 환경을 회복·복원할 책임을 지며, 환경오염 또는 환경훼손으로 인한 피해의 구제에 소요되는 비용을 부담함을 원칙으로 한다'고 정의하고 있다.

물의 원천 감량화와 재활용이 촉진되도록 하는 것이 이 정책의 목적으로, 폐기물 처리의 책임을 정부, 소비자로부터 생산자에게로 부과하는 제도이며, 우리나라는 '자원의 절약과 재활용 촉진에 관한 법률'에 포함되어 2003년부터 부분적으로 도입되어 시행되고 있다.

폐기물 중에서 최근 문제가 사회적으로 부각되고 있는 것이 핵폐기물이다. 핵폐기물은 주로 원자력 에너지 생성 과정에서 발생하지만 또한 연구소나 실험실, 의료 영역에서도 적지 않은 폐기물들이 발생한다. 원자력 발전소에서 발생하는 핵폐기물에는 우선 원자력발전소에서 사용됨으로써 불가피하게 오염이 발생하는 피복, 파이프, 설비 등의 폐기물이 있는데, 이것은 반감기가 짧은 저준위 폐기물이다. 이 폐기물의 처리는 프랑스처럼 콘크리트 구조물에 매립하거나 지하갱도, 구덩이 등에 매립하기도 한다. 폐기물을 임시적으로 보관하는 시설을 핵폐기장이라고 부르는데, 보관에 있어서 안전성 문제가 아직 검증 단계에 있고 후보지의 지질안전성에 대한 과학적 논란이 있다. 때문에 핵폐기장의 입지선정을 둘러싸고 정책을 추진하는 정부와 지역주민들의 갈등이 큰 사회적 문제로 나타나고 있다. 이 밖에도 중국의 경우처럼 핵폐기장과 같은 위험시설을 거주 지역에 설치하거나, 상대적으로 낙후된 지역에 핵폐기장을 설치함으로써 불평등을 조장하기도 한다. 또한 국경지대에 핵폐기장을 설치하거나, 선진국이 후진국에 거액의 돈을 주고 폐기물을 팔아넘기기도 하는 등의 사례는 국제분쟁의 소지를 안고 있다. 핵기술 관련해서 열화우라늄을 핵무기로 사용하는 경우, 인체와 생태계에 치명적인 영향을 미친다.

2) 국내 환경 관련 논쟁

최근 정부가 선정한 24개 사회적 갈등 현안 중 7개 사항이 환경갈등에 속할 만큼 환경문제는 사회적 갈등을 유발하는 주요 요인이다. 경부고속철도 천성산, 금정산 관통사업, 서울외곽순환고속도로 사패산터널구간 건설, 한탄강댐 건설, 경인운하 건설, 방사성폐기물 관리시설 부지 선정, 새만금 간척사업, 소각장 건설 추진 등이 여기에 해당하는데 이 중 소각장 건설을 제외한 나머지 6개 사안은 정부가 주요한 갈등 당사자이기도 하다.

이 6개 사안 모두에서 개발 대 보존이라는 가치관 갈등이 매우 강하게 드러나고 있다. 특히 경부고속철도 금정산·천성산 구간이나 서울외곽순환도로 사패산 터널의 경우 이해관계갈등이 미약한 상태에서 가치관 갈등이 가장 중요한 쟁점으로 부각되었다. 한편 경인운하, 새만금, 방사성폐기물저장 시설, 한탄강 댐의 경우 가치관 갈등에 이해관계 갈등이 중첩되어 복잡한 갈등구조가 형성되었다. 이에 더하여 사실관계 갈등과 구조적 갈등은 가치관 갈등 및 이해관계 갈등으로 인해 야기된 문제의 해결을 지연시키는 역할을 수행하였다.

(1) 새만금 간척사업

새만금 간척사업은 1986년 1월 종합개발사업으로 구상되었으나 경제성이 없다는 검토 결과에 따라 유보되었었다. 처음 새만금 간척 사업은 1987년 국토 균형개발의 일환으로 전라북도에 서해안시대의 도래를 약속한 대통령의 선거공약으로 제시되었다. 해당 지자체인 전라북도에서도 이러한 정책적 기조에 맞춰 새만금 지구 복합개발 사업을 구상, 추진해 나갔다.[109]

초기에 새만금 갯벌을 농지로 전환, 개발하겠다는 이 계획의 정당성은 농림부, 농업기반공사의 주도하에 지역의 균형적 발전과 자급자족적 식량 안보를 높이겠다는 논리로 제기되었다. 두 정부 부처는 새만금간척사업을 통해 얻는 농지는 국가의 운명을 좌우할 만큼 중요한 일이므로 사업을 포기할 수 없다는 입장을 분명히 했다. 그러나 환경단체와 종교계 등에서는 쌀이 남아도는 상황에서 간척으로 농지를 조성한다는 것은 경제적 타당성이 떨어질 뿐만 아니라 투자한 자본의 한시적 이익에 우선하는 토목공학적 평가기준 보다는 근본적인 검토, 즉 매립 이후 후손에게 미칠 손익이라는 측면에서 갯벌의 환경과 생명을 평가할 수 있는 생태학적 기준에 따른 판단에 우선권이 부여되어야 한다고 주장했다. 또한 새만금 갯벌은 세계 5대 갯벌 중 하나이며 환경을 정화하는 기능이 있을 뿐만 아니라 세계적으로 희귀한 인류 모두의 자연유산으로서 막대한 가치를 지닌다고 주장하면서 매립으로 인한 갯벌의 생태계

---

109) 전라북도는 1993년부터 1994년까지 새만금 국제경제자유지역 조성 방안 용역을 수행하면서 복합개발 추진 방안을 구상했고 수행해 나갔다. 1995년 김영삼 대통령은 공사현장을 방문한 자리에서 산업 거점기지로의 개발을 지시하였고 1997년 4월 산업연구원에서 새만금 내부종합개발계획 실행연구를 최종 보고하였다. 5월 새만금 내부종합개발계획 실행연구 결과를 중앙부처들에 건의하였는데, 건설교통부에 국토종합개발계획에 반영될 수 있도록 건의하였고 농림부에 토지이용기본계획 조기 수립 건을 요구하였다. 2003년에는 새만금 신항만을 조기 착수하고 세계 수준의 복합 물류단지를 건설하며, 첨단 산업단지와 복합 영농단지를 조성함은 물론, 관광·휴양시설 설치와 새만금 국제공항 건설 등 5개 사업을 강력히 추진하여 새만금을 '환황해권 허브'로 조성해 나가겠다는 입장을 표명하였다. 2006년 물막이 공사 이후 2007년 현재는 새만금호에 관광단지를 조성하는 새만금종합개발사업 특별법이 추진 중에 있다.

파괴를 경고 하였다. 지역주민과 어민 등은 갯벌은 주민들이 공동관리하는 지역문화와 역사를 담고 있는 생태계일 뿐만 아니라 매립 이후 어종 감소와 생태계 교란으로 인한 어민들의 생계 위협의 문제를 제기하면서 새만금 간척사업에 반대하였다. 또한 생계의 위협을 받는 사람들의 인구 유출로 인한 공동체 파괴의 가능성을 우려하기도 하였다. 이러한 우려는 실제로 부안의 새만금 물막이 공사 이후 인구가 13만명에서 6-7만명으로 급격히 감소하는 결과로 나타나기도 했다. 더 중요한 문제제기는 새만금개발로 인한 환경영향에 대한 사실 전달이나 의사결정 과정에서 지역주민들의 의견이 제대로 반영되지 않았고, 그 절차가 투명하지 못했다는 지적이었다. 이러한 시민·환경단체의 문제제기는 새만금 간척사업 민·관공동조사단이 결성되는 성과로 이어지기도 했다.

한편 새만금 사업의 경제성 평가와 담수호 수질에 관한 기술적 평가에 있어서도 개발 담론과 환경보존 담론의 대립이 형성되었다. 사업을 반대하는 측에서는 갯벌의 생태적·경제적 가치로 보아 보전이 바람직하다는 입장이다. 이는 1997년『Nature』지에 갯벌이 농지에 비해 100배 이상의 가치가 있다는 콘스탄차(Constanza)의 논문 등에 근거한 것이었다. 이들은 또한 새만금 갯벌의 오염물질 정화효과가 하수처리장 40개소 건설에 버금간다며 갯벌 보존을 주장했다. 반면 사업을 찬성하는 측에서는 농지도 생태적·경제적으로 탁월한 가치가 있음을 주장했다. 그리고 갯벌이 농지보다 100배 이상의 가치가 있다는 외국 전문잡지는 해석상 오류를 범했으며, 갯벌 정화효과도 단순계산에서 비롯된 것이라며 맞섰다(박재근, 2004). 경제성 평가 외에 담수호 수질에 관한 논쟁도 있었다. 사업반대 측에서는 오염물질의 대량유입으로 새만금이 제2의 시화호가 될 것이라는 우려를 표명했다. 하지만 사업 찬성 측에서는 농업용수에 적합한 수질기준은 충족시킬 수 있다는 입장으로 맞섰다(새만금사업 환경영향 공동조사단, 2000).

〈표 8-3〉 새만금 간척사업의 전개 과정

1960년 초 ~ 1990년대	공유수면매립법의 제정에 따라 30여년간 건설부 장관이 10년마다 '공유수면매립 기본 계획'을 수립하여 매립면허를 내주고, 농업 목적의 간척사업은 '농어촌정비법', '농어촌 진흥공사 및 농어촌관리기금법'이 정하는 절차를 거쳐 농수산부 장관이 시행하도록 규정해 왔음. 이에 따라 리아스식 서남 해안을 직선화하는 갯벌 매립 및 간척사업이 부족한 농지 확보, 산업 입지 조성 및 인구 분산정책의 일환으로 국토 확장의 의미를 띄면서 계속됨. 1990년대 이전에는 소규모 간척이 여러 지역에서 행해졌다면 1990년 이후에는 간척 지역의 수는 줄어들지만 대규모의 간척을 수행하는 정책 기조를 띰.
1986년 1월	새만금 지구 종합개발사업을 구상
1996년 7월	람사협약 가입 준비 도중 시민단체에서 갯벌의 중요성과 새만금 간척사업의 생태적 문제를 인식하고 문제 제기 시작. 시화호 오염으로 새만금호 수질오염 논쟁이 이어짐.
1998년	환경단체들이 사업 시행에 따른 환경 영향, 수질, 경제성 등에 대해 문제를 제기하고, 정부가 이러한 요구를 받아들여 민·관 공동조사단을 구성하고 조사를 마칠 때까지 공사가 중단됨.
1999년 5월 ~2000년 6월	민관공동조사단의 '새만금 간척사업 재검토' 기간 동안 방조제 건설 중단 결정.

2000년 5월	녹색연합과 생명회의의 변호인단 지원으로 18세 미만 미성년자들이 해양 수산부 장관을 상대로 새만금 간척 종합개발사업 시행인가와 공유수면 매립면허 취소를 구하는 집단 소송을 서울행정법원에 제기함으로써 우리나라 최초의 미래세대 환경소송이 시작됨.
2001년 5월	방조제는 완공하되 동진강 유역을 먼저 개발하고, 만경강 유역의 수질 개선후 차후 개발한다는 순차적 개발안 확정.
2001년 7월	미래세대의 소송권 인정. 서울행정법원 제1심 판결에서 공유수면 매립면허 처분 취소 등을 판정.
2001년 8월	환경운동연합 소속 변호사들이 새만금 간척사업 취소 청구 행정 소송을 제기. 새만금 사업 재개 결정은 환경권, 직업의 자유, 주거 및 거주 이전의 자유 등을 침해한다는 이유로 헌법 소원 제기.
2003년 7월	서울행정법원에서 새만금 간척사업 취소 청구 행정소송과 관련한 가처분 신청을 받아들임. “회피하기 어려운 피해 발생을 우려”한 새만금 간척공사 집행정지 가처분 명령으로 간척사업 중지.
2006년 4월	방조제 물막이 공사 완결.
2007년 5월	해양수산부, 새만금사업으로 인한 해양환경영향조사연구 보고서 공개. 보고서에 따르면 해양수질악화(환경기준 3등급 초과), 해저지형변화, 해양생태계 악화 등의 현상이 나타나고 있다고 발표.
2007년 6월	새만금 물막이가 1년이 경과된 현재 어업과 갯살림을 하는 주민들의 생계 자체가 위협받고 있다는 보고서가 발표됨.

(2) 부안 핵폐기장 유치를 둘러싼 갈등

2003년 폭력사태로 사회적 이목을 집중시킨 일명 '부안사태'는 에너지문제와 핵발전의 안전성, 핵발전 정책의 비민주성 등이 결합된 대표적인 기술-환경 논쟁이다.

우리나라 에너지 현황을 살펴보면, 석유 수입 세계 3위, 석유 소비 세계 5위로 에너지 50% 중 97%를 수입에 의존하고 있다. 그 중 핵발전은 우리나라 에너지 공급의 40%를 넘게 차지한다. 이를 근거로, 정부는 이미 핵발전에 대한 의존도가 너무 높아서 핵발전 정책을 돌이킬 수 없고 전력 수급 불안에 대비하기 위해 원전 확대는 불가피하며, 원전을 확대하려면 대부분의 원전 보유국들처럼 핵폐기장을 건설해야만 한다고 주장한다. 이미 핵폐기물이 많이 생산되었으므로 핵폐기장을 무조건 짓지 않으면 안된다는 것이다.

그러나 원자력 발전과 폐기물처리장의 건립은 많은 기술적, 사회적 문제를 안고 있다. 대표적인 기술적 문제는 핵발전의 안전성 문제이다. 우리는 방사능 유출에 의한 생태계 파괴의 심각성을 이미 역사적으로 스리마일과 체르노빌 사태를 통해 경험하였다. 최근에는 일본에서 니가타 지진으로 인한 방사선 오염 사고가 발생하기도 하였다. 핵발전과 폐기장 설치는 수거물 관리시설이 치명적인 방사선을 내뿜는다는 것, 원전수거물의 독성은 수 만년 동안 지속된다는 것, 플루토늄 1그램에 무려 100만 명이 암에 걸려 죽을 수 있다는 것, 원전수거물을 안전하게 처분할 방법이 없다는 것, 사용 후 원료 중간저장시설은 핵재처리시설로 전환될 것이라는 것, 원전수거물의 해상운반 과정에서 방사능 누출사고가 가능하다는 것, 우리나라가 지진가능 지역이기 때문에 부지로서 적합하지 않다는 주장 등이 기술적 위험 요인으로 지적되고 있다.

다음으로 핵발전 정책의 비민주성이 지적되고 있는데 원자력 개발, 그중에서도 플루토늄의 이용은 안전성, 경제성, 필요성에 대한 문제와 함께 '관리사회화' 즉, 엘리트에의 권력 집중, 비밀주의, 시민생활 통제의 문제가 가장 큰 쟁점이 되고 있다(토다 키요시, 1996: 16-17). 구체적으로는 지역주민의 의견을 무시하고 정부가 일방적으로 입지를 선정하고 강요하는 것에 대한 논쟁이며 핵을 통해 생산된 전력의 주요 수혜자는 서울을 비롯한 대도시 중산층인 반면, 핵발전소가 위치한 지역은 주로 해안을 끼고 있는 농어촌 지역으로 이 지역의 주민들은 경제적, 사회적으로 낮은 계층에 속하며 위험에 노출되어 있다는 것이다(김철규 · 조성익, 2004). 소수민족거주지나 빈곤지역 등에 핵폐기물센터를 설치하는 현상은 외국 사례를 통해서도 확인할 수 있다. 중국이 소수 민족의 거주지인 티베트 지역에 핵폐기물센터를 설치한 것은 잘 알려진 사실이다. 부안 핵폐기장 건립을 둘러싼 논쟁은 다음과 같이 전개되어 나갔다.

〈표 8-4〉 부안 핵폐기물처분장 건립을 둘러싼 논쟁의 전개과정

2003년 7월 14일	부안군수 방폐장 유치신청서 산자부 제출
7월 22일	부안주민 1만여명 방폐장 전면 백지화 시위, 강제해산 시 주민 100여명 부상
7월 23일	반핵국민행동, 부안주민 폭력진압 진상조사단 구성
7월 24일	원전수거물관리시설 부지선정위원회, 위도 방사성폐기물처분장 선정 발표
7월 26일	산자부장관, '현금보상검토' 발언, 부안주민 촛불집회 시작
7월 29일	국무회의, 위도 현금보상 불가 결정

9월 24일	부안군의회 의원 7명, 방폐장 백지화 요구하며 무기한 등원거부 결의
11월 16일	범부안군민대책위원회, 연대 주민투표 중재안 수용
11월 18일	정부, 연내 주민투표 불가방침 발표
11월 19일	범부안군민대책위원회, 정부와 대화중단 공식 선언
11월 25일	부안 방폐장사태 해결을 위한 주민투표 실시 촉구 '2천인 선언'
12월 10일	정부, 방폐장 유치신청 추가접수 결정
12월 12일	산자부장관 사임
2004년 1월 25일	방폐장관련 부안주민투표관리위원회 주민투표 공고
2월 5일	산자부, '원전수거물 관리시설 부지공모 공고안' 발표
2월 14일	부안주민투표 실시, 72% 투표율에 92% 방폐장 입지 반대.
3월 5일	산업자원부, '원전수거물 관리시설 부지공모에 관한 공고안'을 발표
5월 9일	'부안새만금생명평화모임' 창립식
10월 5일	대책위, '핵없는 세상 만들기' 삼보일배 시작.
12월 1일	부안, 원전센터 후보자격 기간 경과로 종료.

핵폐기장 반대운동은 반핵운동단체들과 방사성 폐기장 후보지로 선정된 해당지역의 주민들, 그리고 환경단체들에 의해 주도되고 있는데, 이들은 핵폐기물처리장 건설에 반대하는 것은 물론 원자력 발전 자체에 대해서도 회의적이다. 전세계적으로 핵과 핵폐기물에 대한 반대운동은 점차 단순한 님비주의[110]를 넘어서 어느 사

110) 님비주의(NIMBY, Not In My Back Yard)는 자신이 사는 주변지역에는 위험시설 및 혐오시설이 설립될 수 없다는 지역이기주의 현상을 가리키는 용어이다.

회에서든 "어느 곳에서도 수용되어서는 안된다는 운동(NIAY: Not In Anyone's Yard)"으로 전환되고 있다. 부안 핵폐기물 처리장 건립을 둘러싼 논쟁은 한국수력원자력과 산자부 등의 정부 부처, 지자체 대 환경시민운동단체, 부안주민들의 대립구도로 나타났다. 정부의 전력수급의 문제 해결과 국가 전체의 발전을 위해서는 핵폐기물 처리장 건립이 반드시 필요하다는 논리와 지자체의 지역개발 논리는 핵폐기물 처리장 건립에 정당성을 부여하는 근거가 되었다. 그러나 부안지역 주민들은 핵 관련 시설의 위험성과 유해성에 대한 지적도 하였지만 무엇보다도 입지예정 시설의 규모, 환경영향, 폐기물의 특성 등에 대한 충분한 정보와 민주적 의사결정과정을 거치지 않은 상황에서, 주민들의 의견을 배제한 체 부안군수가 독단적으로 사안을 처리한 점에 대해 가장 큰 분노를 느꼈다. '부안사태'는 핵정책의 추진이 주민의 참여를 배제하고 소수의 정책결정자와 전문가들을 중심으로 이루어질 때 발생할 수 있는 사회적 갈등을 가장 극명하게 보여준 것이었다. 또한 기존의 핵폐기장 건립 반대운동이 주로 환경관련 시민운동단체의 주도로 이루어졌던 것에 비해 부안사태는 부안주민들의 자발적이고 적극적인 참여가 두드러졌으며 주민투표를 통해 정부와 지자체의 독단적인 방폐장 건립 추진을 백지화시키는 성과를 거두기도 했다.

(3) 천성산 고속도로 터널 공사를 둘러싼 갈등

부안사태가 위험기술 관련 정책의 비민주성을 극명하게 보여준 것이었다면 천성산을 관통하는 고속도로 터널 공사를 둘러싼 갈등은 새만금 간척사업과 더불어 개발 중심 담론과 생태 중심 담론의 대립이 가장 극명하게 나타난 사건이었다. 천성산 터널공사는 수

많은 인명 피해를 발생시킨 기술적 재앙이었던 성수대교 붕괴, 삼풍백화점 붕괴, 대구지하철 화재 사건 등에 비해 큰 사회적 관심을 이끌어 내지 못했으나 지율스님의 계속적인 단식투쟁은 천성산 터널공사로 인한 생태계 파괴의 문제를 성찰할 수 있게 했다. 지율스님과 지율스님을 지지하는 환경 및 종교단체에서는 터널공사로 인해 지하수맥이 파괴되고 지반침하로 인한 지하수 및 온천수, 늪지 고갈로 인해 생태계가 심각하게 훼손될 것을 우려 했다. 특히 천성산은 22개의 고층늪지가 존재할 뿐 아니라 보호대상 동·식물만 해도 30여종이 넘고, 금정산의 경우도 마찬가지로 조류 59종이 서식하고 있으며 범어사와 금정산성, 만덕사지, 그리고 국청사 등의 사찰문화재가 위치하고 있다는 지적이 제기되었다(이병인, 2002). 이에 대해 사업주체인 한국철도시설공단은 천성산 등의 터널공법은 훼손되는 산림면적이 일반 토목공사에 비교할 수 없을 정도로 적고 습지 등 지표면 생태에 영향이 미치지 않는다는 것이 여러 연구로 입증되었으며, 전문가들도 늪과 터널 간 수직거리가 320m나 되고 수평적으로도 880m나 떨어져 있어 생태계가 터널 굴착공사에 영향을 받을 가능성이 없다고 맞섰다. 또한 고산습지의 중요성을 감안하여 이 일대의 지층구조와 지하수상태를 조사 분석한 결과를 토대로 이미 친환경적인 설계를 하였으며, 또한 지질전문 조사기관 및 기술자에 의해 지질구조를 파악 분석하여 터널건설로 인한 생태계 훼손이 없도록 완벽한 공사를 시행할 예정이라는 입장을 밝혔다(김종호 외, 2004). 천성산 터널공사를 둘러싼 갈등의 주요 주체인 지율스님측과 철도시설공단측의 주요 쟁점은 다음과 같다.

〈표 8-5〉 천성산 터널공사를 둘러싼 갈등의 쟁점

구 분	지율스님 측	철도시설공단 측
입 장	늪 등 생태계 파괴 및 터널 안전성에 대한 문제, 공사 중단 부실 환경영향평가·재실시 요구	늪 등 생태계 보전 가능 및 보강공사 가능·공사 계속 부실은 인정하나 재실시는 불필요
이해관심	생태계 보전	고속철도사업(조기) 완성
가치와 신념	생명(과 평화의) 철학	발전주의 및 성장주의 정부의 권위 및 정책 일관성 유지

* 박재묵(2005), "공공갈등 관리의 관점에서 본 천성산 갈등", p.23.

이러한 갈등 속에서 한 가지 특기할만한 사항은 우리나라 최초로 '자연의 권리'를 주장하는 소송이 제기되었다는 것이다. 지율스님측이 '천성산관통터널 구간에 대한 공사착공금지 가처분' 소송을 진행하면서 신청인을 도롱뇽과 그 친구들로 한 것인데, 이 때문에 일명 '도롱뇽 소송'이라고 불리기도 한다. 비록 재판부가 자연물인 도롱뇽의 법적 '당사자능력'을 인정하지 않아 기각되었지만 권리의 주체를 인간 존재에서 자연 일반으로까지 확장했다는 측면에서 그 의의가 있다. 또한 이 소송에서 지율스님 측은 천성산 단층대와 지하수 유출 등에 대해 언급하지 않고 있는 2003년 대한지질학회의 보고서를 근거로 환경에 문제가 없다는 대법원의 판단은 잘못된 것이라고 문제제기 하기도 했다.

(4) 경인운하 건설을 둘러싼 논쟁

최근 이명박 대통령 당선자가 한반도 대운하 건설을 공약으로 발표하면서 운하 건설을 둘러싼 찬반 논쟁이 활발하게 진행되고 있다. 여기서는 경인운하 건설을 둘러싼 논쟁을 살펴보고자 한다. 운하건설을 둘러싼 논쟁의 핵심은 경제성과 환경 피해에 관한 것이다. 대규모 건설 사업으로 인한 환경 피해에 대한 환경단체의 우려는 경인운하의 경우, 수질오염의 문제로 표현되었다. 경인운하가 건설될 경우 주변에 김포쓰레기 매립장 침출수, 서울터미널 생활하수, 운하변(邊) 고속도로와 기타 비점오염원에서의 오염물질 유출에 의해 수질이 악화된다는 주장이다.[111]

반면, 경인운하 건설에 찬성하는 측은 2000년 6월 이후 환경영향평가 협의과정에서 이미 5차례의 보완과정을 거쳤고, 남은 문제점에 대해서도 공학적으로 모두 해결 가능하다는 입장을 보이고 있다. 즉 경인운하 내 수질 유지를 위해 굴포천 물과 김포매립지 침출수 및 각종 비점오염원에서 발생하는 오염물질을 최대한 차단하고, 유수전환시설을 사용하면 3급수의 수질을 유지할 수 있다는 것이다(김종호 외, 2004).

이러한 논쟁 속에서 이해관계 갈등은 경인운하 건설의 직접적 수혜자인 경인운하(주)측과 경인운하건설로 인한 편익과 피해에 대해 다른 견해를 가진 시민들의 대립으로 나타났다. 건설교통부와 경인운하(주)는 경인운하 건설이 굴포천 유역의 상습 홍수피해 방지, 인천항 기능 분담 및 체선완화, 신규 수도권 항만화물의 수요 흡수, 교통난 완화, 물류비용 절감 등의 편익을 가져온다고 주장했다. 반면, 경인운하 건설사업 백지화 시민공동대책위(서울)와 경인운하 건설반대 인천 시민단체 대책위(인천) 등의 경인운하건설 반대 측은 운하건설시 지역단절 및 교통체증, 안개로 인한 농작물 피해, 수질악화 등을 우려했다(김종호 외, 2004). 경인운하 건설 반대 측은 환경영향평가를 대행한 업체가 관리 소홀 등 크고 작은 문제로 여러 차례 제재조치를 받은 경험이 있는 기관이라는

111) http://www.cen.or.kr/home/kyungin/kyungin_detail.htm

점도 문제제기 하였으며 경인운하건설과 관련해 정부정책이 자주 번복되어온 점도 지적했다. 또한 경인운하 건설사업 타당성에 대한 의문이 제기된 후, 건교부, 환경부, 기획예산처가 합의하여 사업타당성 재평가작업을 진행하기로 했고, 이 과정에 환경단체의 공동참여를 제안한 바 있으나 이를 이행하지 않았다고 주장했다(감사원, 2003). 반면 사업추진 주체들은 종합치수대책을 시작으로 경인운하 계획 예비조사 등을 실시하였으며 환경영향평가는 물론 보완조사까지 실시하는 등 필요한 모든 절차를 거쳤다는 입장을 보였다.

5. 기술과 환경의 조화는 가능한가?

이 장에서는 기술발전과 산업화로 인한 환경오염의 실태와 발전논리 대 생태보존 논리를 중심으로 한 국내의 주요 환경 관련 논쟁들을 살펴보았다. 그렇다면 기술발전과 환경보존은 공존할 수 없는 것일까? 이러한 문제의식에 대해 크게 세가지 입장으로 나누어 볼 수 있다. 하나는 발전된 과학기술을 통해 환경문제를 해결할 수 있다는 입장인데, 이는 환경보존보다는 기술발전에 더 강조점을 두고 있다. 이와는 반대로 과학기술의 발전 자체에 회의적인 입장을 가지고 생태 보존의 측면을 더 강조하는 사람들이 있다. 마지막으로, 기술중심적 시각과 환경중심적 시각의 양 극단을 지양하고 과학기술이 가져올 부정적인 측면에 대처하고, 과학기술을 친환경적인 방향으로 발전시켜보고자 하는 절충적 입장이 있다. 현재 과학기술 분야에서 환경 문제의 해결을 위해서 노력하는 많은 사람들은 이 부류에 속한다(이필렬, 2001). 기술과 환경의 조화를 위해서는 자연에 대한 인식의 전환과 함께 기술적 차원의 노력과 사회적 차원의 노력이 병행되어야 한다. 프리초프 카프라(Fritjof Capra)는 현대 과학기술의 뉴턴 · 데카르트적인 자연관을 극복하고 생명에 대한 시스템적인 이해와 전일적인 접근을 해야 한다고 주장했다. 또한 그는 자신의 저서 『새로운 과학과 문명의 전환』에서 태양에너지에 기반한 과학기술을 소개하면서, 지구 전체의 순환 시스템 속에 편입되어 있는 기술체계의 구축을 주장했다. 귄터 파울리(Günter Pauli)는 쓰레기가 나오지 않는 생산기술인 일명 '제로 방출 기술'을 개발했다. 그는 제로 방출 기술의 가장 중요한 원칙은 자연의 풍부함을 지키고 생물권의 후속 발달을 증진시키는 것이라고 주장했다.

그러나 환경문제는 이러한 환경오염을 최소화하기 위한 기술적 노력들 뿐만 아니라 사회적 차원의 노력도 병행되어야 한다. 왜냐하면 환경문제는 단순히 기술적 차원에서 해결될 수 있는 문제가 아니라 전지구적 상호연관성 속에서 사회적 문제로 이해되어야 할 중대한 사안이기 때문이다. 이는 정부 · 시민사회 · 기술체계의 상호 협력 하에 구체적인 노력이 필요함을 의미하는 것이다. 지구환경보전을 위한 국제적 노력은 이미 1992년 '리우세계환경회의'에서 구체화 되었다. 이 회의에서 체결된 온실가스 감축 협약은 환경보존에 대한 각국의 대책들이 본격적으로 수립되는 계기가 되었다. 환경보존을 위한 지속적인 국제적 노력은 바젤협약, 기후변화협약, 생물다양성협약 등이 체결을 이끌어 내었으며 리우회의가 열린 해인 1992년에는 환경과 개발에 관한 유엔회의(UNCED)도 열려 '의제 21'이 채택되었고, 이의 실시를 위해 유엔지속개발위원회(CSD), 유엔공업개발기구(UNIDO), 국제표준화기구(ISO) 등이 설립, 각종 환경관련 활동을 활발히 전개하고 있다. 2005년 온실가스 최대 배출국인 미국이 빠진 상황에서 발효된 교토의정서는 단계적으로 온실가스를 줄일 것을 나라별로 의무화하고 있다.

이러한 온실가스 화석연료의 사용 억제와 함께 깨끗한 재생성 대체 에너지의 개발이 활발히 이루어지고 있다. 에너지 효율을 향상시키고 저오염 청정기술도 개발되고 있는데 전력절약형 가전제품, 건물냉난방기법, 저오염자동차·무오염농약·저오염대용품 등의 개발이 여기에 포함된다. 에너지 정책에 있어서 우리나라도 아직까지는 원전 확대방향을 유지하고 있지만, 고갈될 위험이 없고 따로 건물 지붕에 설치 가능하기 때문에 입지선정문제가 없는 태양광발전과 함께 바이오매스, 풍력, 조력 발전의 이용 가능성도 증가할 것으로 보인다.

세계의 경제성장 속도를 감안할 때 에너지와 자원의 소요증가는 필연적이며, 이에 대한 대책을 강구하지 않는 한 엄청난 환경의 질적 악화가 유발될 것이다. 경제성장과 환경보전을 동시에 달성하기 위해서는 오염물질 배출량을 감소시키는 공정의 개발, 유해한 중금속의 안전처리 기술개발 및 저오염 또는 무오염 제품을 생산하는 기술개발 등 환경보전 기술개발을 강화해야 할 것이다. 제3세계의 경우, 경제발전과 환경보존이라는 두 마리 토끼를 잡기위해 '솔라 컨퍼런스(Solar Conferance)'와 같은 선진국과의 기술 연계가 이루어질 것으로 보인다. 이러한 신기술 개발과 정책들에는 무엇보다도 국민의 인식의 전환, 확산이 반드시 전제되어야 한다. 따라서 ① 대기 보전대책으로 청정연료 사용의 의무화, 저황유 공급확대 등의 연료사용규제, 자동차 오염대책, 공단 오염대책 등을 강력히 수립, 추진하여야 하며 ② 물 보전대책으로는 특별 관리를 통한 상수원수의 보전, 오염이 심한 하천의 집중관리 강화, 생활하수와 공장폐수에 대한 정화시설의 확충, 오염물 배출시설의 지도, 단속강화 및 해양오염이 심한 해역의 관리강화 등이 지속적으로 강구되어야 한다.

또한 국가 및 지방자치단체는 혐오시설입지에 대한 반대 입장을 비합리적이며 편협한 이기적 이해로만 간주할 것이 아니라 그것을 지역공동체의 합리적이며 정당한 요구의 표현으로 인정하는 자세가 필요하며 정책입안과 집행과정의 투명성을 제고하여야 할 것이다. 이를 통해 해당 지역공동체의 참여를 기반으로 한 체계적인 갈등 관리 시스템이 구축되어야 하며 기술적 평가에 대한 갈등을 유발하고 있는 환경영향평가 내에 시민 참여적 사회영향평가도 도입되어야 할 것이다.

결론적으로 기술과학자들의 친환경기술개발과 함께 정부의 친환경적이고 민주적인 정책, 일반 대중들의 환경보존의식이 함께 작동할 때, 가장 현실적이고도 타협적인 해결책으로서의 지속가능한 사회를 만들어갈 수 있을 것이다. 그리고 이런 전제 하에서 전지구적 삶의 생태적 전환이라는 명제가 진지하게 고민되어야 할 것이다.

생각해 볼 문제

1. 근대 과학적 세계관이 왜 환경 문제를 야기해왔는지 생각해 보자.
2. 발전과 보존의 양립은 가능한지 생각해 보자.
3. 근본생태론이나 사회생태론은 어떤 삶의 변화를 요구하는지 토론해 보자.
4. 다른 환경 논란 사례들을 찾아 어떤 쟁점들이 야기되었는지 토론해 보자.

참고문헌

감사원(2003), 『경인운하 건설사업 추진 실태』 감사결과.

김종호 외(2004), 『환경분야 갈등 유형 및 해결방안 연구』, 한국 환경정책·평가 연구원 정책보고서.

김철규·조성익(2004), "핵폐기장 갈등의 구조와 동학", 『경제와 사회』 통권 제63호.

노진철(2002), "환경사상", 구도완 외, 『우리 눈으로 보는 환경사회학』, 창비.

노진철(2003), "위험사회에서의 지역개발과 환경갈등: 낙동강 유역 개발을 중심으로", 『사회이론』 통권 제24호.

문순홍 편저(1999), 『생태학의 담론』, 솔.

박재근(2004), 『환경갈등 해결과정에서 전문가 위원회의 역할: 새만금간척사업 민·관 공동조사단을 중심으로』, 서울대 석사학위논문.

박재묵(2002), "사회적 불평등과 환경", 구도완 외, 『우리 눈으로 보는 환경사회학』, 창비.

박재묵(2005), "공공갈등 관리의 관점에서 본 천성산 갈등", 『분쟁해결연구』 제3권 2호, 단국대 분쟁해결연구소.

이병인(2002), "금정산·천성산 경부고속철도 통과시 환경영향과 환경영향의 문제점", 『경부고속철도 금정산·천성산 통과 반대를 위한 1차 토론회』 발표문.

이필렬(2001), "생태위기극복과 과학기술의 역할", 『환경과 생명』 통권 29호, 환경과 생명.

토다 키요시, 김원식 역(1996), 『환경정의를 위하여』, 창비.

홍성태(1998), 『생태사회를 위하여』, 문화과학사.

Beck, U., 홍성태 역(1986), 『위험사회』, 새물결.

Birch, Charles(1988), "The Postmodern Challenge to Biology," David

Griffin, ed. *The Reenchantment of Science: Postmodern Proposals*, Albay, New York: State University of New York Press.

Callicott(1985), "Intrinsic Value, Quantum Theory and Environmental Ethics", *Environmental Ethics*, 7.

Carson, Rachael(1962), 김은령 역(2002), 『침묵의 봄』, 에코리브르.

Catton, W. R. & Dunlap R.(1980), "A New Ecological Paradigm for Post-Exuberant Sociology", *American Behavioral Scientist*, 24, no 1.

Merchant, C.(1992), *Radical Ecology: The Search for a livable World*, 허남혁 역(2001), 『래디컬 에콜로지』, 이후.

Prigogine, Ilya(1984), *Order out of Chaos: Man's New Dialogue with Nature*, New York: Bantam, 신국조 역(1993), , 『혼돈으로부터의 질서』, 고려원.

Redclift, M., 강현수 외 역(1993), 『발전과 환경위기』, 한울.

Rolston, H. (1986), "Is there an Ecological Ethics?", *Philosophy Gone Wild Essays in Environmental Ethics*, Buffalo: Prometheus Books.

The Club of Rome, 김승한 역(1972), 『인류의 위기』, 삼성미술문화재단.

Vernier, J., 전미연 역(1999), 『환경』, 한길크세주.

Worster, D., 강헌 · 문순홍 역(2002), 『생태학: 그 열림과 닫힘의 역사』, 아카넷.

제 9 장 과학기술과 여성

1. 과학, 기술 그리고 여성

일반적으로 실험실에서 흰 가운을 입고 연구에 몰두하고 있는 과학자나 복잡한 기계를 능수능란하게 다루는 기술자의 이미지를 즉각적으로 떠올리면 그들은 대부분 남성들일 것이다. 어린시절, 장래희망란에 과학자라고 적은 학생들은 대부분 남학생들이었며 우리들의 머릿속에 위대한 과학자로 떠올려지는 아인슈타인이나 에디슨 같은 과학자들도 모두 남성이다. 실제로 자연대나 공대의 남녀 비율을 보아도 여학생의 비율은 더 적으며 연구원이나 교수 등의 전문직종의 경우, 그 비율은 현저히 낮게 나타난다. 왜 그럴까? 남성이 과학자나 기술자가 될 수 있는 능력과 자질을 더 많이 갖추고 있기 때문일까? 역사적으로 과학사를 빛낼 만한 공헌을 세운 여성과학자가 없기 때문일까? 이러한 의문들이 과학과 기술에 대한 페미니즘 연구의 출발점이다.

먼저 과학과 기술의 관계에 대해, 우리는 일반적으로 과학은 순수지식이고 기술은 그러한 과학지식을 응용하는 것이며 따라서 과학과 기술, 과학자와 엔지니어와의 관계를 과학과 과학자가 우선

하는 위계적 관계로 사고해 왔다. 그러나 이러한 시각은 기술이 단지 과학지식의 응용이 아닌 독자적인 지식체계와 가치체계를 지니는 영역으로 발전해 왔다는 1970년대 기술사학자들의 주장으로 인해 비판받고 있다. 이 장에서는 과학이 지식뿐만 아니라 실천과 제도를 포함하는 것처럼, 기술도 적용 뿐만 아니라 지식과 제도를 바탕으로 한다는 측면에서 과학과 기술을 독자적이면서도 서로 상호작용하는 영역으로 함께 다루고자 한다.

1) 과학(지식)과 여성

1970년대 초반부터 페미니스트 과학자들은 과학사에 위대한 업적을 남긴 여성과학자들을 발굴, 정리하였다. 현대 분자생물학의 존재기반인 DNA이중나선구조를 밝히는데 중요한 역할을 한 로절린 프랭클린(Rosalind Franklin)에 대한 세이어(Sayre)의 연구나 여성으로서는 최초로 노벨 생리 의학상을 거머쥔 바바라 매클린톡(Barbara McClintonk)에 대한 켈러(Keller)의 연구는 이러한 노력의 일환이었고 이는 주류과학사에 많은 영향을 미쳤다.[112)]

과학과 기술에 대한 페미니스트 연구는 점차 왜 과학기술 영역에 여성의 참여가 저조한가에 대한 연구로 옮아간다. 많은 페미니

112) 역사적으로 묻혀 있었던 여성의 업적을 복원시키는 일은 과학, 기술 영역에서 뿐만 아니라 모든 분과학문에서 페미니스트 지식의 중요한 부분을 이루고 있다. 이는 서구사회에서 1960년대 이후 대대적인 민권운동-여성운동, 흑인운동, 반전평화운동 등-과 함께 시작되었던 역사 다시쓰기의 일환이다. 새로운 역사쓰기는 그동안의 역사쓰기가 주류를 중심으로 이루어져 왔음을 비판하고 비주류로 여겨져 왔던 사람들의 역사를 복원시킴으로써 백인, 남성, 권력자 중심의 주류사를 교정하고자 했다. 로절린 프랭클린, 바바라 매클린톡 이외의 여성과학자들의 삶과 업적에 대해서는 오조영란, 홍성욱(1999), 『남성의 과학을 넘어서』, 창작과 비평사, 4부 "14인의 여성과학자들"을 참조.

스트들은 과학에 대한 여성 참여를 구조적으로 배제시키는 원인으로 고용상의 성차별과 성별에 따른 사회화 및 교육방식을 지적해왔다. 이들은 대안으로 교육과 취업구조를 개선하여 더 많은 여성들에게 과학영역에 참여할 수 있는 기회를 확장시킬 것을 제안한다. 그러나 이러한 접근방식은 과학 그 자체는 추구될만한 가치가 있다는 것을 전제로 하기 때문에 과학 그 자체에 대한 문제제기를 하지 않는다. 또한 과학영역의 여성배제 원인을 여성의 책임으로 환원함으로써 과학을 둘러싼 실천과 제도가 여성을 수용할 수 있는지, 수용할 수 없다면 어떻게 재구성되어야 하는지 등에 대한 광범위한 질문을 던지는 데에는 한계가 있다.

이러한 문제의식 속에서 과학 그 자체에 대해 비판적으로 접근하면서 과학적 지식 자체가 남성성 및 남성적 가치체계와 친화력을 가진다는 것을 입증하는 연구들이 진행되었다. 이러한 연구들은 토마스 쿤(T. Kuhn)의 『과학혁명의 구조』(1962) 이후 과학적 지식은 그 지식이 실행되는 사회의 영향을 받는다는 과학지식사회학의 사회구성론적 시각에 영향을 받아 보편적, 객관적 지식으로서의 과학관을 비판하고 과학지식의 남성중심성을 해부한다.

이러한 접근방식은 과학영역에 여성이 어느 정도 충원되었는가 하는 문제를 부각시키기보다는, 오히려 과학지식의 실천과 내용이 지니는 가부장성에 초점을 맞춘다. 과학지식의 가부장성에 관한 연구는 인간을 다루는 과학 분야인 생물학, 성과학, 의학영역을 중심으로 이루어졌다.

2) 기술과 여성

기술에 대한 페미니스트들의 주요 관심사는 새로운 기술이 여성의 삶에 어떠한 영향을 미치는가에 있다. 공적영역과 사적영역에 도입되는 새로운 기계나 기술이 전통적인 성차이데올로기나 성별분업을 해결할 수 있는가에 초점을 두고 있다. 대부분의 페미니스트들은 기술 그 자체는 성차이데올로기나 성별분업을 해결하지 못한다고 주장한다. 이때 핵심주제는 이러한 기술의 부정적인 면이 남성이 기술을 장악했기 때문에 발생하게 된 것인지, 아니면 기술은 어떤 면에서 본질적으로 가부장적이기 때문에 그런 것인지 하는 점이다.

기술사에서도 과학사와 마찬가지로 페미니스트들의 초기 작업은 기술발전에 기여했음에도 불구하고 역사로부터 감춰진 여성들을 발굴하고 회복시키는 것에서 출발했다. 이러한 작업들을 통해 산업혁명기의 조면기(목화씨를 빼고 솜을 타는 기계), 재봉틀, 소형 전자모터 등과 같은 기계를 여성들이 발명했거나 발명에 기여했다는 증거들을 찾아냈다. 그럼에도 불구하고 당시 기술적 제도들은 여성발명가들을 배제하는 기제로 작동했다. 예컨대 여성이 만든 발명품이 남편의 것으로 둔갑한다거나 재산을 소유할 수 없는 여성들의 사회적 조건[113)]과 발명의 기초를 이루는 수학과 역학 등의 교육을 받을 수 있는 권리의 부재[114)] 등은 기술과 발명 영역에서 여성을 배제시키고 여성의 활동을 평가절하 하는 요인이 되었다.

---

113) 산업혁명기에 발명활동은 아이디어뿐 아니라 자금이 필요했다. 영국의 경우 1882년 기혼여성의 재산법안이 통과된 이후에야 법적으로 재산을 소유하고 관리할 수 있었다. 주디 와츠맨(Wajcman), 1991, 조주현 역(2001), 『페미니즘과 기술』, 당대, pp.47-48.

114) 서구사회의 여성들은 공공교육기관에서 교육을 받을 권리가 제도적으로 제한되어 있었다. 나라들마다 차이가 있기는 하지만 대체로 19세기 말과 20세기 초에 이르러서야 교육의 기회가 주어졌다.

기술에 대한 페미니즘의 더욱 발본적인 접근은 기술을 남성활동의 용어로 규정하는 전통적 개념을 비판하기에 이르렀다.[115] 이들은 '여성영역'의 기술이 역사적으로 존재함에도 불구하고 그러한 기술은 사회적으로 인정되지 않았다는 것을 지적하면서 여성영역의 기술 발전과정을 밝혀내고자 한다. 예컨대, 여성은 인류 초기부터 음식을 가공하고 저장하는 주담당자로서 관련된 도구와 방법들을 발명했음에도 이러한 발명품들의 중요성은 인정받지 못했다는 것이다. 80년대에 페미니스트들은 기술중립론을 비판하면서 서구 기술 자체가 가부장제적 가치를 재현하고 있다고 주장한다. 과학과 마찬가지로 기술은 여성과 자연을 지배하고 관리하려는 남성적 기획과 깊이 관련된다는 비판이 제기되었다. 이러한 견해는 여성적 가치와 원리에 근거한 기술을 구성하고자 하는데, 이는 에코페미니즘과 유사한 측면이 있다. 하지만 이러한 견해의 문제점은 여성을 본래적으로 생명을 키우고 평화를 지향하는 사람으로 재현하게 된다는 점이다. 우리는 여성이 어떻게 이러한 가치들과 결합되었는지를 물어야 한다.

페미니스트들은 과학(지식)의 보편성과 객관성을 비판한 과학지식사회학과, 기술의 중립성과 기술결정론을 비판한 기술사회학 내에서도 젠더[116] 권력관계에 대한 이해는 부재하다고 비판한다. 과

115) 이 주장은 기술이라 규정되는 것들도 역사적 변화를 겪으며 사회문화적으로 구성된다는 구성주의적 시각을 바탕으로 하고 있다.

116) 젠더(gender)는 생물학적 성을 의미하는 섹스(sex)와 대비되는 개념으로, 성은 생물학적 특성에 의해 규정되는 것이 아니라 사회문화적으로 구성된다는 것을 강조하기 위해 페미니스트들이 고안한 개념이다. 초기에 페미니스트들은 자연적과 대비되는 사회라는 단순구도 속에서 젠더개념을 사용했지만 최근의 페미니스트들은 젠더와 전적으로 무관한 생물학적 성은 있을 수 없다는 주장으로 옮아가고 있다.

학과 기술이 제도화되고 실천되는 과정은 일련의 복합적인 기술, 사회, 경제, 정치적 요소들이 작용하며 서로 다른 집단들의 힘관계에 영향을 받는다. 그러나 이러한 과정 속에 젠더 이해관계의 작용이 어떻게 과학지식을 구성하고 기술발전에 영향을 미치는지에 대한 관심은 부족했다는 것이다.

2. 과학기술에 대한 페미니즘 연구

1) 과학기술영역의 여성배제: 생물학적 결정론과 사회결정론을 넘어서

과학기술에 대한 초기 페미니스트들의 연구는 과학기술영역의 남성독점에 대한 문제제기였다. 이후 페미니스트들의 연구는 과학기술의 가부장성에 초점을 맞춘다. 과학기술의 가부장성에 대한 비판과정에서도 처음에는 과학기술을 남성의 이해관계에 맞춰 이용하거나 오용하고 있다는 문제에 집중되어 있었다. 과학기술이 전문화, 제도화(대학설립, 도제적 트레이닝)되는 과정에서 여성이 편입해 들어가기 어려운 구조적 요인들을 가지고 있다는 것과 남성지배를 관철하기 위해 체계적으로 여성을 배제해 왔다는 것을 지적했다. 그러나 점차 과학적 지식체계와 기술 그 자체가 남성적 가치체계와 정합성을 가지고 있다는 문제의식 속에서 여성주의적 과학기술관을 정립하게 된다.

페미니스트들은 제도적 제한이 제거된 현대사회 속에서도 여성 자연과학도와 공학도의 비율이 낮은 이유를 설명하기 위해 과학기술에 각인된 '남성성'을 강조한다. 그 대표적인 예로 '에코페미니즘'을 들 수 있는데, 에코페미니스트들에 따르면 기술은 자연과 여성에 대한 남성의 지배와 통제를 용이하게 하기 위한 수단으로 그 본질상 남성적이라는 것이다. 그리고 남성과 달리 여성은 출산이라는 생물학적 특성으로 인해 자연과 적대적인 관계가 아닌 조화를 추구한다고 설명한다. 따라서 감성적, 직관적이고 자연과 협력을 추구하는 여성성에 기반한 기술의 개발을 가능케 하는 새로운 사회를 만들어야 한다고 주장한다. 그러나 이러한 에코페미니스트들의 주장에 대해 다른 페미니스트들은 생물학적 차이에서 기인한 남성성과 여성성 사이에 근본적인 차이가 존재하는 것은 아니라고 주장하며, 여성에게 주입된 성 분업의 이데올로기와 불평등한 사회제도가 여성의 능력을 억압하고 있다고 본다. 따라서 여성에게 기술 분야에 대한 집중적인 특별 교육을 실시하거나 제도적 장치를 마련함으로써 여성들에 대한 사회화과정에서의 불이익을 없애고 자신의 능력을 충분히 발휘할 수 있는 여건을 마련해야 한다고 주장한다. 그러나 이러한 주장의 근저에는 기술을 남성성이나 여성성과 무관한 성중립적인 것으로 상정하는 경향이 깔려 있다.

에코페미니스트들의 주장은 생물학적 결정론과 맥을 같이 하여 여성성과 남성성의 구분을 여성의 정신적, 신체적 특성에 근거해 설명한다. 이러한 주장의 가장 큰 문제점은 이들이 주장하는 여성성이 전통적으로 여성을 억압해 온 여성의 활동과 심성의 인정에 기초한다는 것이다. 반면 여성성과 남성성의 차이를 단지 사회제도의 문제로만 환원하는 사회결정론적 시각은 기술이 근본적으로 가치중립적이고 모든 문제는 기술교육과 같은 제도적 차원에 존재한다는 결론이 도출될 위험성이 있다.

그러나 최근의 페미니스트 연구들은 양자의 한계를 넘어서는 입장들을 제시하고 있다. 즉 과학기술의 내용, 수용, 확산, 변화를 방향 짓고 결정하는 데에는 젠더 뿐만 아니라 다양한 사회, 문화적 요인들이 복합적으로 작용한다는 것이다. 영국의 사회학자 신시아 콕번(Cynthia Cockburn)은 산업혁명 시기 남녀간 노동분업에 대한 연구를 통해 기술과 남성성의 결합은 본질적인 것이 아니라 생산 현장에서 일어난 여성 노동자에 대한 배제와 성 분업의 강화에 의한 결과라고 주장한다. 또한 기술과 남성성간의 긴밀한 결합은 젠더관계 뿐만 아니라 자본과 임노동간의 권력관계라는 문제도 작동한다는 것이다. 또한 샐리 해커(Sally Hacker)는 공과대학의 교육현장에서 여성이 어떻게 소외되고 배제되는가를 MIT의 사례를 가지고 분석한 결과, 추상성, 엄격한 논리와 수학적 사고, 기술적 능숙을 강조하는 공대 교육 현장이 여학생들로 하여금 스스로에게 내재된 여성적 가치를 억제하게 하거나 적응하지 못하게 한다고 주장했다. 즉 기술과 남성성간의 긴밀한 결합은 젠더 뿐만 아니라 공대 특유의 사회문화적 요인들도 작동한다는 것이다.

이러한 논의와 비슷한 맥락에서 셰리 터클(Sherry Turkle)은 여성이 스스로 기술로부터 자신을 배제시키는 원인을 여성과 남성이 외부의 대상과 관계를 맺는 인지행위 유형의 근본적 차이에서 찾고 있다. 그러나 주디 와츠맨(Judy Wajcman)은 터클이 주장하는 성별 인지행위유형의 차이 또한 사회적으로 형성된 여성성과 학교 속에서의 성차별이 빚어낸 사회적 구성의 결과라고 비판, 보완한다.[117)]

2) 과학지식의 남성중심성 비판: 성과학과 생물학을 중심으로

페미니스트들은 남성성과 여성성의 차이를 생물학적 특성에서

---

117) 홍성욱(1999), 『생산력과 문화로서의 과학기술』, 문학과지성사, pp. 260-264.

기인하고 남성적 특성을 여성적 특성과 분리하여 우위에 둠으로써 성차별을 정당화 해 왔던 기제를 비판하고자 했다. 이러한 문제의식은 성차를 설명하는 이론적 근거인 성과학과 생물학의 성차별적 내용에 대한 역사적 검토로 이어졌다. 토마스 라퀴(Laquer, 1990)에 따르면 자연과학이 남녀의 차이를 연구하기 시작한 것은 18세기 중엽 부터다.[118] 그리스와 중세시대에 남성과 여성의 성은 한 가지로 여겨졌으며 17세기까지 인체 해부도는 남자와 여자는 단지 돌출과 함몰의 차이만 있을 뿐 같은 모양의 생식기를 가지고 있는 것으로 그렸다.

성차의 생물학적 기원에 대한 탐구는 여타 자연과학분야에 뿐만 아니라 인문사회과학분야에도 영향을 미치며 오늘날까지도 성차를 생물학적 차이로 고정시키고 성차별적 이데올로기를 안정적으로 재생산하는 기제로 사용되고 있다. 19세기 중반에서 20세기 초까지 영향을 미쳤던 두개골학은 두개골의 크기나 뇌의 질량으로 남녀의 차이를 설명하였다. 평균적으로 여성의 뇌는 남성의 뇌보다 무게가 덜 나가며 크기도 작기 때문에 여성은 남성보다 열등하다는 것이다. 이는 18세기 말부터 부상하고 있었던 여성운동을 견제하는 과학적 근거로도 사용되었다. 이러한 논리는 논리 그 자체가 가지고 있는 시대착오성과 우둔성[119]으로 곧바로 폐기되었지만 성차에 대한 자연과학적인 설명이 과학적 사실과 객관성이란 이름으로 어떻게 성차별적 이데올로기를 정당화하는데 이용되었는가를

118) Laquer(1990) "Making Sex: Gender and the Body from Aristotel to Freud", 이현정 역(2000), 『섹스의 역사』, 황금가지.

119) 두개골의 크기나 뇌의 질량으로 우열을 가릴 수 있다면 인간보다 더 큰 두뇌를 가진 코끼리와 고래가 더 우월하다는 우스운 논리가 가능해 질지도 모른다.

명확히 보여준다.[120)]

한편, 여성의 지적활동이 여성의 생식능력을 퇴화시킨다는 19세기 사회진화론자 허버트 스펜서(Herbert Spencer)의 주장은 당시 여성의 대학진학을 금지한 교육제도를 정당화하는 근거로 이용되었고, 더 나아가 생식을 여성의 본분으로 규정지음으로써 여성의 공적 활동을 가로막는 기제로 작동했다. 또한 자연과학적 지식 안에서 동일한 용어가 여성의 특징이었을때는 부정적 의미를, 남성의 특징일 경우 긍정적인 의미를 갖는 것으로 해석되는 경우도 있다. 20세기 초 세포 생리학자인 게데스(Patrick Geddes)는 여성은 동화작용 세포를 가지고 있기 때문에 수동적이고 게으르고 안정적인 반면, 남성은 이화 작용 세포를 가졌기 때문에 적극적이고 활기 있고 열정적이고 변화 무쌍하다고 설명하였다. 그는 사회에서 경쟁을 하기에는 여성의 안정성보다 남성의 변화 무쌍함이 더 적합한 것으로 설명했다. 그런데 20세기 중반에 성호르몬 조절 특징에 기반을 둔 '주기성 대 안정성' 모델이 등장하였다. 여기에서는 여성의 생리적 메커니즘이 주기성을 가지는 데 비해 남성은 안정적이라고 설명한다. 여성의 주기성은 히스테리와 연관되어 사회생활에 부적합하다는 근거로 제시되었으며 반면 남성의 안정성은 사회에서 경쟁을 하기에 적합한 자질로 설명되었다.[121)]

이렇듯 과학지식 안에서 동일한 용어를 사용한다 하더라도 그것이 무엇을 뜻하며 누구의 것이고 어떻게 해석되는가라는 문제는 젠더관계, 당대 사회문화적 조건 속에서 다르게 구성된다는 것을 알 수 있다. 또한 과학서적에 대한 텍스트 분석을 통해 남성성과

---

120) 하정옥(1999), "성차를 어떻게 이해할 것인가", 『새여성학강의』, p.62.
121) 같은책, p.70.

여성성에 대한 문화적 가정이 어떻게 재생산되고 있는지를 밝히는 연구들이 수행되었다. 마틴(Martin)의 연구에 의하면 생물학교재에서 난자와 정자가 수정되는 과정은 능동적이고 추진력 있고 새로운 개체를 발생시키는 능력이 있는 정자와, 수동적으로 운반되어져서 정자에 의해 공격받아 수정되는 난자, 그리고 그것을 보관하는 용기인 자궁으로 재현함으로써 남성성과 여성성에 대한 사회·문화적 재현과 일치한다는 것이다. 또한 의학서적에서 여성의 생식기관과 생리현상에 대한 재현은 월경은 임신의 실패, 자궁은 부인병의 근원지 등 여성의 생리현상에 대한 부정적 재현과 병리화로 채워지고 있다는 것이다.[122] 루스 허바드(Hubbard)는 성과학분야 전반(생리학, 의학, 해부학, 골상학, 신경학, 호르몬 연구 등)에서 남성과 여성의 차별성이 강조되고 있으며 신체적·지적 능력의 남성우월성, 생식과 양육의 여성 본분을 강조하는 경향을 보인다고 지적하고 있다.[123]

이러한 연구들은 과학적이라고 여겨지는 지식들이 차별적 젠더관계를 반영하고 있다는 사실 뿐만 아니라 지식과 권력의 상관관계를 보여준다. 과학적 지식체계의 성차별적 내용과 재현방식에 대한 연구는 성과학과 생물학 분야에 집중되어 있다. 이에 비해 물리학, 수학 등의 순수자연과학 분야는 연구가 미흡한 형편이다. 순수자연과학 분야의 가부장성에 대한 연구는 앞으로 중요한 연구과제가 될 것이다.

---

122) 에밀리 마틴(Martin)의 "The Woman in The Body" 3,4장 1989, "The Egg and the Sperm", 1996 참조.

123) 루스 허바드, 김미숙 역(1994), 『생명과학에 대한 여성학적 비판』, 이대출판부.

3. 생산기술과 여성

기술, 기계에 대한 우리의 이미지는 공장을 중심으로 한 생산과 임금노동영역에서 가장 뚜렷하게 나타난다. 1970년대 중반부터 페미니스트들은 생산기술 발전이 여성노동에 미치는 영향에 대해 논의하기 시작했다. 이는 생산기술의 변화가 노동에 미치는 영향에 대한 연구들이 젠더문제는 고려하지 않고 있으며, 그럼으로써 연구의 초점도 남성 노동자가 우세한 생산부문들에만 맞춰져 있다는 문제의식 속에서 출발했다. 그래서 여성노동자가 절대다수를 차지하고 있는 사무직에서의 기술도입, 즉 사무자동화에 대한 다양한 연구가 수행되었다. 대부분의 페미니스트들은 사무자동화로 인한 단말기기의 도입이 여성노동자의 건강과 안전에 좋지 않은 영향을 미치며 사무노동의 전산화는 여성노동자들을 해고로 내몰 것이라 전망했다. 또한 워드프로세서는 당시 타이피스트들을 탈숙련화하고 비서업무는 통합된 노동과정으로서 보다는 기계에 종속된 표준화된 업무로 전락할 것이라 주장했다.

사무자동화에 대한 페미니스트들의 이러한 견해는 신기술은 노동자를 탈숙련화하고 통제를 용이하게 하는 자본의 수단이라는 노동과정이론가들의 영향을 받은 것이었다. 그러나 페미니스트들은 전통적으로 여성은 숙련노동으로부터 배제되어 왔다는 점과 기술발전이 의존하고 있는 사회관계는 노동자와 자본가라는 계급분업 뿐만 아니라 젠더분업에 의해서도 구성된다는 점에 관심을 가졌다. 그래서 최근에는 노동자들간의 성별분업 문제를 중요시하며 사업장 내 남성과 여성 관계, 그리고 직업구성과 성별화된 직업이 의미하는 바에 초점을 맞추고 있다.

1) 생산기술의 변화와 성별 노동분업

생산과정에서의 새로운 기술의 도입은 성별 노동분업을 변화시킬 수 있는 기회를 제공하지만 기술이 업무의 성격에 영향을 끼치는 방식은 기존의 사회적 관계들에 의해 제한을 받는다. 즉 기술변화와 기술기회를 둘러싼 갈등과 협상 과정에서 남성에 의한 기술 지배는 기술노동영역으로부터 여성을 적극적으로 배제함으로써 유지되어 왔다. 숙련남성노동자집단은 자본가와의 관계 속에서는 노동자계급의 이해와 요구를 대변하는 것으로 자리매김되지만, 비숙련노동자와 대부분이 비숙련 노동자였던 여성노동자와의 관계 속에서는 자신들의 영역에 진입하지 못하게 함으로써 배타적 기술독점권을 유지하고 싶어했다. 예컨대 1970년대 미국의 인쇄업에 종사하는 노동자들은 당시 전자조판 기술의 도입에 대해 조직적으로 저항했다. 전자조판기술은 식자공[124]집단의 숙련노동을 필요로 하지 않았다. 고용주들은 이 기술의 도입으로 저임금의 여성노동자로 대체할 수 있으리라 여겼지만 식자공 노조는 조직적 저항을 통해 컴퓨터 식자도구 사용에 대한 독점권을 획득함으로써 전자조판 기술에 대한 통제권을 잃지 않을 수 있었다. 이러한 식자공의 저항과정 속에서 비숙련 여성은 노조에서 배제되었다.

새로운 기술이 도입되었다 하더라도 숙련남성노동자는 배타적인 기술독점권을 확보함으로써 비숙련여성노동자를 배제해 왔다. 그러나 어떤 경우에는 숙련남성노동자가 그 일에 진출하고자 하는 여성들의 노력과 노동비용을 낮추려는 고용주들의 계획에 의해 여

---

124) 뜨거운 금속의 활자를 활자판에 짜는 기술자로 당시 인쇄공 중에서 가장 임금이 높은 집단이었다고 한다. 와츠맨(Judy Wajcman), 『페미니즘과 기술』, p.78.

성으로 대체되기도 한다. 하지만 이때 여성노동자는 이전의 남성노동자와 동일한 노동을 동일한 노동조건 속에서 수행한다기 보다는 직업 자체가 변형된다. 일반적으로 여성노동의 도입에는 업무숙련도의 저하와 그에 따른 임금하락이 동반된다. 즉 기술변화에 따라 더 많은 여성들이 노동의 기회를 얻는다 하더라도, 그것은 고임금의 숙련된 기존노동영역으로의 유입이 아니라 새로운 직업군의 발생에 의한 것이며, 이러한 새로운 직업군 속에서도 여성의 노동은 숙련도를 필요로 하지 않는 저임금의 영역에 위치한다는 것이다.

한편 페미니스트들은 숙련노동/비숙련노동이 남성노동/여성노동, 기술자/비기술자와 정합성을 갖게 되는 과정을 성별 권력관계와 문화적 요인으로 설명한다. 일반적으로 여성들의 일은 사회적으로 비숙련노동으로 간주되고 폄하됨으로써 저임금을 받는 것이 정당화된다. 예컨대 기계의 부품을 조립하는 정교한 손놀림도 상당한 숙련을 요하지만 숙련노동으로 간주되지 않으며, 간호사들은 전문적인 지식과 기술적 능력이 요구되는 직업임에도 사회적으로는 의사에 비해 전문적인 직업으로 인정되지 않는다. 즉 숙련/비숙련의 구분 근거는 단순히 기술적인 문제에 의해 규정되는 것이 아니라 사회적 관계와 사회문화적 조건에 의해 구성된다. 성별 권력관계에서 우위를 점하고 있는 남성의 일은 숙련노동으로, 권력을 갖지 못한 여성의 일은 비숙련노동으로 여겨진다는 것이다. 콕번(Cockburn, 1983)은 식자공이 기술과 친숙할 수 있었던 중요한 이유 중의 하나는 그 기술이 남성정체성과 정합성을 이루고 있기 때문이라고 주장한다. 전통적인 숙련문화는 육체노동과 연관되어 있었으므로 식자공들은 전자식자기술이 도입된 이래로 더 이상 식자

작업을 숙련노동으로, 남성들의 일로 여기지 않았다고 한다. 즉 전자식자기술의 도입은 자신의 일에 대한 통제력을 감소시켰을 뿐만 아니라 남성성에 대한 위협을 의미하는 것이었다. 이러한 연구들은 기술이 남성성과 정합성을 갖게되는 과정을 설명해 주었다.

반도체와 원격통신기술의 발달은 정보처리업무와 관련된 직업을 가진 노동자들에게 기술적으로 재택근무를 가능하게 해주었다. 재택근무 역시 남성전문직에게 의미화되는 방식과 여성사무보조직에게 의미화되는 방식이 다르다. 대부분의 남성전문가들에게 재택근무는 업무량 조절과 간접경비 절감을 가능하게 했지만 여성사무보조직들은 업무량을 조절할 수 있는 통제권이 제한되어 있기 때문에 노동장소만 사무실에서 공장으로 옮겨졌을 뿐 가사와 양육, 노동의 균형을 맞추기가 어렵다. 따라서 전산화된 재택근무는 전문직과 사무직, 남성과 여성에게 다르게 의미화될 뿐만 아니라 기술노동분업 뿐만 아니라 성별 노동분업을 오히려 강화시킬 소지가 있다.

지금까지 생산과정에서의 새로운 기술의 도입이 노동의 구조와 성격을 변화시켜 왔음에도 불구하고 계급에 따른 기술분업과 노동위계에서의 성별분업은 여전히 지속되거나 강화된다는 것을 살펴보았다. 그렇다면 노동의 성별분업과 작업장 내 젠더관계가 기술변화의 방향과 속도에 어떠한 영향을 미치는가를 살펴보자.

2) 젠더관계가 기술의 변화에 미치는 영향

성별분업과 기술변화의 상호작용으로 인한 결과는 우선 노동가격을 통해 이루어지는데, 일반적으로 여성임금노동의 노동가격은 남성 임금노동보다 매우 낮게 책정된다. 이런 노동가격의 격차는 두가지 측면에서 기술변화에 영향을 끼친다. 하나는 고용주는 고임금의 숙련남성노동자를 저임금의 상대적으로 조직화가 덜된 여성노동자로 대체할 수 있는 기술변화의 형태를 모색할 수 있다는 것이다. 다른 하나는 새로운 기계는 노동비용이 절감되는 범위 내에서 도입되는 것이기 때문에 값싼 여성노동이 충분히 공급되고 있는 산업부문에서는 기술변화의 속도가 상대적으로 느릴 것이라는 점이다. 예를 들어 의류산업의 경우 봉제과정의 기술수준은 19세기 이후 거의 아무런 변화없이 정체되어 있다. 값싸고 숙련된 노동이 있다면 자동화에 투자하려는 동기유발은 그만큼 적어질 것이다. 따라서 비숙련의 저임금 여성노동자로서의 여성의 지위와 불균등한 기술발전 속도 사이에는 하나의 중요한 연결고리가 있다. 지금까지 페미니스트 연구는 여성노동과 남성노동의 숙련구분은 실질적인 기술에 따라서 이루어지는 것 만큼이나 직업통제와 임금수준에 의해서도 이루어진다는 점을 강조해 왔다. 그러나 이런 설명방식은 숙련의 실제적 근거를 과소평가하는 것이다. 남성은 자신들이 개발한 기술숙련에 걸맞은 기계와 도구를 선택적으로 설계한다. 기계류는 남성에 의해, 남성을 염두에 두고 설계된다. 즉 산업기술은 자본지배뿐만 아니라 남성권력도 반영하고 있는 것이다.

기계장비의 설계가 젠더관계를 반영하고 있다는 것을 입증할 수 있는 실례들을 살펴보자. 컴퓨터 사진식자기술은 '쿼티'(QWERTY) 자판기를 채택했다. 경영진들이 라이노타이프 자판기를 폐기한 것은 전체 장인들 가운데 가장 높은 임금을 받는 라이노타이프(Linotype) 식자공의 숙련과 권력기반을 허물어뜨리기 위해서였다. 또한 쿼티 자판기의 도입은 타자수(여성)와 라이노타이프 식자공

(남성)을 동등한 경쟁자로 만들었는데, 실제로 이것은 여성 타이피스트들에게 유리한 상황이 되었다.[125] 따라서 쿼티 기술은 상대적으로 값싸고 풍부한 여성 타자수 노동력을 사용하려는 의도 하에 고안된 것이다.

기계화된 활자조판의 역사는 설치장비의 설계에 나타나는 성편견의 또다른 예를 보여준다. 19세기에 라이노타이프의 경쟁자는 해터슬레이(Hattersley) 식자기였다. 해터슬레이 식자기는 활자를 짜는 작업과 배열하는 작업이 분리되어 있었다. 그런데 해터슬레이는 어린 여성들이 사용하는 것으로 설계되었고 이는 식자와 배열의 분리를 통해 총노동비용을 줄이고자 한 것이었다. 반면에 라이노타이프 기계는 구리 주형에 용해된 금속을 넣을 때마다 활자가 새롭게 만들어지기 때문에 식자배열작업을 공정에서 제거함으로써 식자공의 식자기술을 침해하지 않았다. 실제로 식자공들은 아동노동을 고용하지 않고도 기계를 조작할 수 있다는 점 때문에 라이노타이프 기계를 환영하였다. 심지어 남성들의 노동조합인 '런던식자공회'는 1893년에 라이노타이프 회사에 축하편지를 보내기도 했다. 라이노타이프 제조회사는 노조의 조직화된 힘을 고려하여 식자공 노동조합 남성들에게 유리한 기술을 채택한 셈이었다.

---

125) 라이노타이프 자판기와 쿼티 자판기는 그 배열이 다르다. 쿼티는 44개의 자판을 갖고 있는데 반해 라이노타이프는 90개의 자판기를 가지고 있을 뿐만 아니라 라이노타이프는 알파벳의 배치도 타자기와 다르고 자판이 더 크고 자판과 자판의 간격이 넓다. 쿼티자판기를 도입한다는 것은 이제 입력작업은 타이핑 능력 정도만 요구된다는 것을 의미한다. 이는 식자공의 숙련노동이 별로 필요없어졌음을 의미하는 것이기도 하다. Wajcman, J.(1991), 조주현 역(2001), 『페미니즘과 기술』, 당대, p. 100.

마지막으로 또 다른 차원에서 생산기술은 남성의 권력을 반영하고 있다. 남성은 신체적 힘이 강하고 기술적으로 능력이 있는 존재로, 여성은 그 반대로 상정되는 성역할 모델과 노동시장에서의 성별분업은, 기계류와 작업내용의 설계를 남성의 강함에 맞추게 한다. 자본가와 노동자는 노동과정의 설계에 대해 정치적 이해관계를 가지고 있다. 고용주는 노동자가 근육을 사용하는 것이 더 효율성이 높고 생산비용을 낮추는 한 그 쪽을 선호한다. 남성노동자는 자신들을 유능한 노동자로 그리고 여성노동자를 부적절한 노동자로 구성하기 위해서 자신들의 신체적·기술적 효율성을 활용할 수 있게 기계류와 작업을 설계한다. 기술과정과 산업기계류의 설계는 압도적으로 남성들에 의해 이루어진다. 흔히 기계장비는 평균적인 여성들이 사용하기에는 너무 크고 무겁게 제조·조립된다. 그러나 이것이 의도적인 과정이거나 음모일 필요는 없다. 이것은 오히려 기존의 권력형태의 산물이라고 할 수 있다. 그렇다고 해서 이것이 남성은 항상 기계를 자신의 이해관계에 맞게 그리고 자신이 사용할 수 있게 설계한다는 뜻은 아니다. 자본의 이해관계는 하나의 젠더로서 남성의 이해관계와 늘 일치하는 것은 아니기 때문이다. 어떤 기술들은 남성의 기술통제력을 와해시키기 위해 여성이 사용할 수 있게 설계된다. 그러므로 일반적으로 젠더분화는 자본과 노동의 권력투쟁 속에서 수탈되고 있는 것이다. 이와 같은 방식으로, 기술을 결정하는 사회적 관계에는 계급관계 뿐만 아니라 젠더관계도 포함된다.

결론적으로 생산기술은 하나의 추진력으로 간주되고 있음에도 불구하고 새로운 질서를 예고했다기보다 오히려 노동력과 고용기회를 구성하고 있는 기존의 성별·계급관계 속에 편입되어 버렸다. 몇가지 새로운 정보서비스업 부문에서 여성의 취업기회가 넓어진 것은 사실이지만 이는 노동시장에서의 성별분업을 없애지는 못한다. 기술발전의 속도와 방향은 성별노동분업에 영향을 끼치는 것만큼 기존의 젠더관계를 반영하고 있는 것이다.

4. 재생산기술과 여성

1) 가사노동 보조기술과 여성

가사노동에 대한 페미니스트들의 본격적인 학문적 탐구는 1970년대부터 시작되었다. 초기 연구는 산업사회학의 틀 안에서 가사노동도 노동으로 간주되어야 한다고 주장했다(Oakley, 1974). 이러한 문제의식은 세탁과 음식만들기 등의 주부의 활동이, 공적 영역에서 이루어지면 노동(세탁소, 식당)으로 여겨지는데 가정이라는 사적영역에서 이루어지면 왜 노동으로 여겨지지 않는가에 대한 의문으로부터 출발했다. 가사노동에 대한 노동으로의 인정에 대한 주장은 무불임금노동의 부당성 주장으로 이어지는데 이는 1980년대 맑스주의 페미니스트들에 의해 수행된, 가사노동은 재생산노동이며 재생산노동도 가치를 생산한다는 연구를 통해 타당성을 획득한다.[126)]

가사노동 보조기술의 발달과 기계의 도입으로 가사노동 보조기술이 여성의 삶을 가사노동으로부터 해방시킬 것이라는 믿음에 도전하는 연구들이 이어졌다. 페미니스트들은 가사노동 보조기술이

---

126) 가사노동 등의 재생산노동도 가치를 생산한다는 주장에 대한 더 깊이 있는 논의는, 레오뽈디나 뽀르뚜나띠, 윤수종 역(1997), 『재생산의 비밀』, 박종철출판사를 참조할 것.

가정과 사회에서 전통적인 성별분업 이데올로기를 약화시키고 여성지위의 향상을 가져올 것이라는 견해에 회의적이었다. 조안 바넥(Vanek)은 "가사노동에 투여된 시간"을 통해 1920년대부터 60년대까지 미국 전업주부의 가사노동시간의 총량은 변하지 않았으며 따라서 가사기술의 도입이 총노동시간의 변화에 영향을 미치지 않는다고 주장했다. 루쓰 코완(Ruth Cowan, 1997) 또한 설비기술이나 각종 가전제품의 발달은 주부들의 가사노동을 수월하게는 만들었지만 전체 가사노동에 드는 시간을 줄이지는 못했다고 주장한다. 이는 가전제품을 수리·관리하는 새로운 노동을 필요로 했을 뿐만 아니라, 더욱 중요하게는 전반적으로 높아진 사람들의 위생관념이나 자녀 양육에 대한 기대치의 상승은 각종 가사노동의 증가를 수반했다. 이러한 증가된 가사노동은 여전히 주부에게 집중되어 있으며 이상적인 '현모양처 이데올로기'에 녹아들어 성별분업이데올로기, 공/사영역의 구분을 더욱 강화하였다. 또한 가사노동보조기술의 발전은 가사노동의 공동화를 통해 가사노동의 부담으로부터 주부를 해방시키려 했던 페미니즘 진영에 타격을 가하였다. 각종 가전제품을 통해 주부들의 가사노동이 수월하게 되었음에도 불구하고, 그것을 공동으로 수행하자는 여성들의 주장은 이기적인 발상으로 비춰졌기 때문이다. 최근에 와츠맨(Judy Wajcman)은 1960-80년 사이에 음식준비나 청소에 소요되는 일상적인 가사노동은 줄어든 반면, 쇼핑 및 그와 관련된 이동이나 아이돌보기 등의 새로운 가사일에 소요되는 시간은 엄청나게 증가했으며 남성이 가사 노동에 소요하는 시간은 전보다 줄었다는 연구결과를 제시했다.

가사노동보조기술의 발전과 가전제품의 도입 그 자체는 주디스 맥고(McGaw, 1982)[127]의 지적처럼 성별분업에 입각한 '가사노동과 양육은 주부의 일이다'라는 주부 이데올로기와 모성 이데올로기를 소멸시키지 못했으며 오히려 새로운 형태로 재생산되고 있다고 볼 수 있다. 즉 가사노동보조기술은 가사 노동의 힘든 부분을 기계로 대체하면서 여성을 편하게 해준 측면도 있지만 성별 분업 자체를 없애지는 못했던 것이다.

2) 생식기술과 여성

피임약의 개발이나 시험관아기, 인공수정 등의 기술 개발로 여성은 이전에 비해 임신, 출산에 대한 통제권을 일정정도 확보할 수 있게 되었다. 임신, 출산이라는 여성의 생물학적 특성은 오랫동안 고용상의 차별과, 아내 및 어머니라는 여성의 역할모델 및 사회적 지위를 고착화시키는 근거로 이용되었기 때문에, 많은 여성들은 피임 및 출산관련 기술을 환영하는 분위기였다. 슐라미스 파이어스턴(Shulamith Firestone)은 『성의 변증법』(The Dialectic of Sex, 1970)에서 여성억압의 본질은 여성의 신체적 특성인 '재생산'에 있으며 여성의 해방을 위해서는 피임 및 출산기술이 발달하여 '체외 재생산(인공자궁)' 같은 방식으로 출산이 이루어져야 한다고 주장한다. 파이어스턴에게 재생산기술은 여성해방의 열쇠로 여겨졌던 것이다.

파이어스턴의 주장은 그 당시에는 하나의 환상쯤으로 여겨졌지만 최근의 생명공학의 발달과 불임치료기술들은 새로운 논쟁들을 만들어 냈다. 새로운 재생산 기술과 유전공학이 여성의 삶에 어떠

---

127) 주디스 맥고(McGaw, 1982)는 가사기술의 변화는 성별, 시간, 효율성 그리고 가사노동자의 지위를 변화시키지 못한다고 주장한다.

한 영향을 미칠 것인가에 대한 페미니스트들의 입장이 동일하지는 않지만, 낙태와 피임기술이 모성과 여성성을 동일시해 온 전통적인 개념에 도전해 온 것과는 달리, 불임치료 기술은 오히려 그것을 강화시킨다. 하지만 새로운 재생산기술을 지지하는 페미니스트들은 이러한 기술들이 여성의 재생산에 대한 선택권을 넓혀줄 것이라 기대한다.

한편 재생산기술의 발전은 여성해방의 열쇠가 아니라 여성의 신체에 대한 가부장적 지배라고 주장하는 일군의 페미니스트들도 있다.[128] 이들은 여성에게 임신과 출산경험 자체는 여성억압의 근원이 아니며 오히려 여성권력의 근원이다. 재생산기술은 남성권력이 과학과 기술을 매개로 여성의 신체에 가하는 가부장적 폭력으로 설명된다. 오클리(Oakley, 1976)에 의하면 태아와 여성의 몸을 분리시키는 기술은 고대로부터 내려온 여성의 생명창조 능력에 대한 남성의 시기와 질투로 간주된다. 이러한 시각에서 재생산기술은 근본적으로 가부장적인 것으로 상정된다. 미즈(Mies, 1987)는 기술은 항상 자연과 여성 그리고 타자에 대한 착취와 지배모델을 기본으로 발전한다고 설명한다. 재생산기술과 유전공학의 발달은 남성의 자연(생명, 여성)에 대한 정복욕을 실현하기 위한 수단이다. 페미니스트들이 재생산기술을 가부장적 지배의 과정으로 여기는 이유는 산과학의 역사에서도 드러난다. 17세기까지 출산은 주로 여성들이었던 산파가 담당하던 일이었다. 그러나 18세기 분만에 사용되었던 '겸자'라는 도구를 이용한 남성외과의사들의 성공적인

128) 대표적으로 1984년에 "재생산기술과 유전공학에 저항하는 페미니스트 국제 네트워크"(FINRRAGE; Feminist International Network of Resistance to Reproductive and Genetic Engineering)를 결성한 급진적 페미니즘 그룹을 들 수 있다.

분만 보조는 산파들이 주로 담당하였던 자연분만 영역까지 맡게 하였다. 또한 외과의사들은 자신들의 길드를 통해 산파들의 겸자 사용을 막았고 점차 산파의 활동은 위축되었다. 지속적으로 출산의 의료화가 이루어지면서 출산은 자연적인 생애의 사건이 아닌 남성 전문의료인(산부인과 의사)이 담당하는 병리적인 현상으로 간주되고 이 과정에서 임신, 출산은 의료적 진단법과 각종 기술에 의존하게 되었다. 그래서 페미니스트들은 재생산기술은 여성의 몸에 대한 남성 의료전문가의 통제권력이며 이를 거부해야 한다고 주장하는 것이다.

마지막으로, 또다른 페미니스트들은 재생산기술이 모든 여성들에게 똑같은 의미와 효과를 가지는 것은 아니라고 주장한다. 스탠워드(Stanworth, 1987)는 새로운 재생산 기술은 여성들에게 자신의 상황에 따라 하나의 자원을 제공함으로써 오히려 힘을 부여해 줄 수 있다고 주장한다(표 9-1).

〈표 9-1〉 스탠워드(Stanworth, 1987)의 생식과정에 개입하는 기술 분류

기술의 종류	내 용
수정통제기술	피임약, 피임용 격막, 자궁내 장치 및 콘돔
임신 분만관리기술	태아감시, 외음절개술, 제왕절개술 및 분만겸자
태아감시기술	초음파, 양막천자
수태기술(신생식기술)	제공자에 의한 인공수정 및 수정촉진제, 시험관 수정, 난자 제공, 배자 제공, 생식자와 배자의 저온저장

* 출처: 사라네틀턴, 조효제 역(1997), 『건강과 질병의 사회학』, p.169.

중산층 이상의 불임여성이나 결혼하지 않고 아이를 갖기를 원하는 여성, 그리고 레즈비언커플들은 인공수정 및 체외수정 기술을 선호한다. 이들은 새로운 재생산기술 자체가 가부장성을 지닌 남성권력의 음모라고 보는 시각은 여성을 과학기술의 수동적인 희생자로만 상정함으로써 능동적 행위자로서의 여성의 모습을 간과한다고 비판한다. 재생산기술의 발전은 아이를 갖고 싶어하는 여성들의 욕망과 요구도 반영하고 있다는 것이다. 오히려 이들은 기술발전의 과정이 어떠한 제도적 장치 안에서 이루어지는지를 문제삼는다. 페체스키(Petchesky, 1987)는 기술 자체로서의 재생산기술과 기술을 둘러싸고 있는 권력관계를 분리해서 살펴보아야 한다고 주장한다. 따라서 여성스스로가 재생산과 관련한 지식과 자원을 얻을 수 있고 출산과정에서의 통제권을 확보한다면 재생산기술은 여성에게 오히려 유리하게 작용할 수 있다. 즉 이러한 관점에서는 재생산기술은 중립적이며 여성들의 삶에 이중적인 효과를 갖는다는 것을 강조한다. 그러나 이러한 시각은 재생산기술이 과연 중립적인가와, 설사 특정 여성들에게 긍정적인 면을 가진다 할지라도 여성을 모성과 동일시하는 성별 이데올로기는 해결할 수 없다는 비판을 받는다.

모든 생식기술을 남성의사들의 음모로만 바라보는 시각에도 문제가 있지만, 기술을 사용할 여성의 권리만을 강조하는 시각도 기술발전 과정에 내재되어 있는 역사적 · 사회적 관계를 간과할 소지가 있다. 실제로 대부분의 생식기술의 적용은 여성의 몸을 통해 이루어지는데, 시험관 아기와 같은 생식기술의 성공률은 그다지 높지 못할 뿐만 아니라 지속적인 호르몬제의 섭취, 정기적인 초음파 진단 등은 여성에게 각종 육체적 · 정신적 부작용을 유발한다.

그럼에도 불구하고 불임치료기술이 첨단과학기술로 각광을 받고 있는 것은 산부인과의 의학적 지위를 높이려는 의사들의 이해관계와, 치료과정에서 사용될 각종 약품을 통해 경제적 이익을 추구하고자 하는 제약회사들의 이해관계가 불임치료기술의 발전과 상관관계를 가지고 있기 때문이다. 또한 불임치료기술이 남성에 대한 불임치료보다 여성의 몸을 통한 해결, 즉 시험관 수정이나 배이식 기술이 비대칭적으로 발달하는 것은 젠더권력관계를 반영하는 것이기도 하다.

따라서 재생산 기술의 발전과정에서 여성의 신체가 의과학적 실험대상으로 전락하는 것을 경계하면서도 여성의 다양한 사회적 지위를 반영한 모성적 욕망을 어떻게 실현할 것인가에 대한 생산적 논쟁과 모색이 필요하다.

5. 새로운 과학기술관을 위하여

지금까지 과학기술의 발달과정에서 여성은 제도적으로 뿐만 아니라 과학지식체계의 정립과정에서로부터 기술을 설계하고 확장하고 적용하는 과정에까지 배제되거나 대상화, 객체화되어 왔다는 사실을 살펴보았다. 전통적으로 과학기술이 남성의 영역으로 고착화되고 성별분업 이데올로기에 의거한 젠더 권력관계를 계속해서 재생산, 강화하고 있다는 문제의식은 여성주의적 과학기술관을 모색하게 했다.

페미니즘 과학관은 지금까지 과학적인 인식론이라고 여겨진 것들이 남성들의 가치체계를 반영한다는 것을 기본 입장으로 삼는다. 즉, 주체/객체, 사고/사물, 정신/자연 등의 이분법적 사고와 물질에 대한 지배를 과학의 이상으로 삼는 태도 등은 남성들의 가치체계이며, 이러한 과학의 남성적 성향은 켈러에 의하면 17세기, 남성성과 여성성이 직조되기 시작하면서 나타났다는 것이다(Keller, 1996). 켈러가 추구하는 다른 과학은 연구자와 대상 사이를 구분짓는 객관성에 있는 것이 아니라 양자 사이의 상호작용과 상호의존을 강조하는 역동적인 객관성을 추구하는데 있다. 하딩(Harding, 1991)이 과학적 인식론으로 제안하는 '강한 객관성'이란 연구과정안의 과학적 절차 뿐만 아니라 그것에 영향을 미치는 사회질서의 전반적 경향도 분석할 수 있는 장치를 의미한다. 하딩에게서 연구결과의 객관성을 증대시키는 것은 피지배자(여성)의 관점에서 바라보는 것이다. 지배자의 입장에 서는 것은 현실에 대한 왜곡된 눈을 가지는 반면 피지배자의 입장에 섬으로써 세계를 정확하게 바라볼 수 있는 눈을 가질 수 있다는 것이다. 즉 가치중립적인 과학관이 실제로는 남성의 과학관을 정당화하여 왔다고 비판하면서 오히려 여성의 체험과 입장을 반영한 여성주의적 과학관의 필요성을 주장한다. 여성주의적 과학관의 모색은 기술의 발달과정 역시 자본과 남성의 이해관계에 복무하고 있으므로 여성의 가치에 근거한 기술관을 정립해야 한다고 주장한다.

그러나 과학기술의 본질이 여성에 대해 억압적이며 본질적으로 친여성적인 과학기술이 가능하다는 생각은 아직은 증명되지 않은 가정에 근거하고 있다. 여성과 과학기술의 관계는 위에서 살펴보았듯이 억압/해방의 이분법으로만 설명할 수 없는 복잡한 그물망에 놓여 있는 것이다. 과학기술의 발달과정에 분명히 사회적 요인이 존재하며 이것이 과학기술의 방향을 특정방향으로 자리매김하는 것은 사실이다. 그 속에서 젠더관계가 개입되며 상대적으로 우위를 점하고 있는 남성의 이해와 요구를 반영한다는 것도 분명한 사실이다. 그러나 과학기술의 방향은 고정되어 있는 것이 아니라 변화가능한 과정 속에 열려 있다. 새로운 과학기술의 방향에 대해 해러웨이(Haraway, 1991)는 여성과 과학기술에 대한 '상황적 지식'을 통해 남성 중심의 가치 체계에서 벗어나 새로운 여성, 새로운 자연을 구상할 것을 제안한다. 또한 와츠맨은 여성들이 기술에 주체적으로 참여할 것을 주장하고 있다. 이들은 정확한 정의가 불분명한 '여성성'에 근거한 기술개발을 주장하기 보다는 젠더 이데올로기를 넘어서는 새로운 가치체계 마련과 과학기술개발에 힘써야 한다고 주장한다. 그러기 위해서는 과학기술 속에 각인되어 있는 젠더의 요소와 과학기술이 발현시키는 새로운 젠더의 가능성을 동시에 인식해야 한다. 과학기술은 젠더와 무관하지도 않지만 젠더에 전적으로 종속되어 있지도 않다. 과학지식과 기술에 대한 적극적이고 비판적인 참여는 여성에게 친화적인 과학기술의 내용을 채워가는 출발점이 될 것이다.

생각해 볼 문제

1. 과학기술이 남성중심적이라는 명제에 대해 토론해 보자.
2. 왜 과학기술에서 여성이 배제되어 왔는지 생각해 보자.
3. 페미니즘 과학기술론은 어떤 새로운 시각을 제시하는지 토론해 보자.
4. 젠더 정치의 사례를 들어 과학기술은 정치적 쟁점으로부터 자유로울 수 있는지 토론해 보자.

참고문헌

김현희 · 최문경(2000), "과학기술의 발달과 여성", 『정보와 사회』 2호, 한국정보사회학회.

꿈지모(2000), "에코페미니즘의 문제제기: 생명공학 · 출산 · 농약 · 육식 문화", 『환경과 생명』 통권 25호, 사단법인 환경과 생명.

레오뽈디나 뽀르뚜나띠, 윤수종 역(1997), 『재생산의 비밀』, 박종철출판사.

사라네틀턴, 조효제 역(1997), 『건강과 질병의 사회학』, 한울.

오조영란, 홍성욱 편(1999), 『남성의 과학을 넘어서』, 창작과 비평사.

이경희(2003), "과학페미니즘으로 본 생의 윤리: 의료와 출산과학기술을 중심으로", 『사회이론』, 통권 제24호.

조주현(1998), "페미니즘과 기술과학", 『한국여성학』 제14집 2호, 한국여성학회.

하정옥(1999), "성차를 어떻게 이해할 것인가", 『새여성학강의』, 동녘.

홍성욱(1999), 『생산력과 문화로서의 과학기술』, 문학과지성사.

Cockburn, C.(1983), *Brothers: Male Dominance and Technological Change*, London: Pluto Press.

Corea, G., et al.(1985), *Man-Made Women: How new reproductive technologies affect woman,* London: hutchinson.

Cowan, R., 김성희 외 역(1997), 『과학기술과 가사노동』, 학지사.

Crowe, C.(1987), *Made to order: The Myth of Reproductive and Genetic Congress,* oxford: Pergamon Press.

Emily Martin.(1989), *The Woman in The Body: a cultural analysis of reproduction: with a new introduction*, Boston: Beacon Press.

Firestone, S.(1970), *The Dialectic of Sex*, 김예숙 역(1996), 『성의 변증법』, 풀빛.

Haraway, D.(1991), *Simians, Cyborgs, and Women The Reinvention of Nature*, 민경숙 역(2002), 『유인원, 사이보그, 그리고 여자』, 동문선.

Harding, S.(1986), *The Science Question in Feminism*, 이박혜경 · 이재경 역(2002), 『페미니즘과 과학』, 이화여대 출판부.

Harding, S.(1991), *Whose Science? Whose Knowledge? Thinking from Women's Lives*, Ithica, New York: Cornell Univ. Press.

Homans, H. ed.(1985), *The Sexual Politics of Reproduction*. London: Gower.

Hubbard, R., 김미숙 역(1994), 『생명과학에 대한 여성학적 비판』, 이대출판부.

Keller, E. F., 민경숙 · 이현주 역(1996), 『과학과 젠더』, 동문선.

Laquer(1990) "Making Sex: Gender and the Body from Aristotel to Freud", 이현정 역(2000), 『섹스의 역사』, 황금가지.

McGaw, J.(1982), "Women and the History of American Technology", *Journal of Women in Culture and Society*, 7.

Mies, M.(1987), "Why do we need all this? A Call against Genetic Engineering and Reproductive Technology", Spallon, P. & Steinberg, D. eds, *Made to order: The Myth of Reproductive and Genetic Congress*, oxford: Pergamon Press.

Oakley, A.(1974), *The Sociology of Housework*. London: Martin Robertson.

Oakley, A.(1976), "Wisewoman and Medicine Man: Changes in the Management of Childbirth", Michell, J. & Oakley, A. eds, *The Rights and Wrongs of Women*, Harmondsworth: Penguin.

Petchesky, R.(1987), "Foetal Images: The Power of Visual Culture in the Politics of Reproduction", Stanworth, M. ed.(1987), *Reproductive Technologies: Gender, Motherhood and Medicine*, Cambridge: Polity press.

Stanworth, M. ed.(1987), *Reproductive Technologies: Gender, Motherhood and Medicine*, Cambridge: Polity press.

Wajcman, J., 조주현 역(2001), 『페미니즘과 기술』, 당대.

제 10 장 과학기술의 공공성과 민주화

1999년 유네스코 주최로 헝가리 부다페스트에서 열린 세계과학회의에서 과학자들은 '과학과 과학적 지식의 이용에 관한 선언'을 채택, 발표하였다. 이 선언문은 과학기술이 인류 역사에 기여해 온 만큼이나 환경 악화나 기술적 재난 등 부정적 결과도 야기하였음을 명확히 하면서 '과학은 인류 전체에 봉사해야 하며, 모든 이들에게 자연과 사회에 대한 더 나은 이해, 더 나은 삶의 질 그리고 현세대와 미래 세대들을 위한 지속 가능하고 건강한 환경을 제공하는데 기여해야 한다'는 목표를 제시했다. 그리고 이 선언에서 가장 중요하게 부각된 것이 바로 '과학지식의 생산과 이용에 관해 보다 활발하고 지식에 근거한 민주적 토론'의 필요성이었다. 그리고 과학은 '지식을 위한 과학, 진보를 위한 지식', '평화를 위한 과학', '발전을 위한 과학', '사회 속의 과학과 사회를 위한 과학'이 되어야 함을 천명했다.

이 선언은 과학기술의 영향력이 급격히 커져 가고 있는 상황에서 나온 과학자 집단의 성찰적 대응의 한 모습을 보여준다. 과학기술자는 이제 학문이라는 영역, 학교라는 제한된 공간에 머물 수 없으며, 그 속에 머물려는 태도가 바람직한 것도 아니다. 모든 기술들이 사회시스템화해가고 있는 상황에서 과학기술을 사회적으로 어떻게 위치지울 것인가 하는 것은 이 시대 모든 과학기술자의 과제와 책임이 되었다.

1. 과학기술자의 사회적 책임과 연구윤리

앞서 다루었던 황우석 사태는 과학기술 연구와 관련된 여러 윤리적 쟁점들도 뚜렷하게 부각시켜 주었다. 과학기술자들이 실험실에만 머물러도 좋다는 믿음이 이미 깨어진 오늘날, 과학기술 연구는 스스로 그 윤리적 정당성과 책임을 보일 수밖에 없게 되었다. 과학기술 연구는 이제 사회적 지원 없이는 수행하기 힘들 정도로 규모가 증대했고, 그에 따라 과학기술의 살상력 역시 상상할 수 없을 정도로 커졌으며, 과학기술 연구의 발전 방향과 그 사회적 영향을 예측하기 힘들 지경에 이르렀다. 이것은 모두 이제 과학기술 연구가 윤리적 책임을 질 수 밖에 없는 상황을 만들고 있다. 과학기술이 윤리적 사고를 배제할 때 그것은 엄청난 재앙이 될 수 밖에 없는 상황이 된 것이다. 그래서 독일의 물리학자 바이츠체커(Friedrich von Weizsäcker)는 "과학은 그 결과에 대해 책임을 져야 한다. 과학자들은 인식의 결과를 위해서만 합법적인 것이 아니라, 오히려 도덕적으로 책임을 져야 한다"고 주장했다. 『책임의 원리』를 저술한 한스 요나스(Hans Jonas) 역시 과학기술의 책임을 '기술의 질(quality)에 대한 직접적 책임'과 '기술 결과에 대한 일반적인 윤리적 책임'으로 구분하여, 이 모두에 대해 책임을 져야 한다고 주장했다. 과학기술에 대한 윤리적 판단과 그것의 사회적 책임에 대한 고려는 이제 거스르기 힘든 시대적 조류가 되어가고 있다.

이런 조류에 힘입어 우리 사회에서도 2004년 '과학기술인 헌장'이 제정되어 선포되었고, 여기에는 과학기술의 가치, 과학기술연구의 필요성과 방향, 지속가능한 과학기술에 대한 강조, 과학기술 공동체의 건전한 발전, 과학기술자의 사회적 책임, 과학기술과 시민사회의 건전한 관계 등의 내용이 포함되어 있다. 하지만 이것이 선언 수준에서만 그치지 않고, 책임 윤리를 실천으로 옮길 수 있는 구체적인 방안에 대한 검토로 나아가야 할 것이다.

한편 과학연구는 그 내적으로 윤리적으로 요구되는 측면들이 있다. 레스닉(Resnik, 1998)의 과학윤리 원칙은 이런 점에서 판단의 근거를 제공해 준다. 그는 과학연구가 가져야 할 규범적 이상을 12개 원칙으로 정리하고 있다.[129)]

과학연구 윤리의 첫번째 원칙은 정직성(honesty)이다. 과학자는 데이터나 연구결과를 조작, 위조, 왜곡하지 말아야 한다. 정직성은 또한 과학자들간 협력과 신뢰를 위해서도 필수적이다. 정직하지 못하면 신뢰는 형성될 수 없다. 황우석 사태의 경우는 이러한 근본적인 정직성이 지켜지지 않음으로 해서 과학연구의 결과라 볼 수 없는 정치적 파장만을 불러왔던 것이다.

두번째는 사려깊음(carefulness)이다. 이것은 연구 결과의 제시에서 오류를 최소화하는 것, 그리고 자기 기만이나 편향, 이해갈등을 면밀히 검토하여 조심하는 것이다. 특히 기술적 고안물로 구체화되는 건물이나 다리, 댐 등은 실제로 일련의 가정들의 논리적 연쇄에 의해 크기, 모양, 강도가 결정되는데, 그 중 어느 것이 사소하게 부주의하게 계산된다면 그것은 엄청난 재해로 귀결될 수 있다.

세번째는 개방성(openness)이다. 과학자는 자신의 연구를 공개해

129) 이하의 내용은 김환석(2001)의 글을 요약한 것이다.

야 하고, 비판과 토론에 겸허히 임해야 한다. 이러한 개방성의 원칙은 과학적 연구의 진보를 촉진하고 균형적인 연구 결과를 얻는데 도움을 준다. 현대 사회의 과학 연구는 대부분 응용과 상품화를 목적으로 하는 것이어서 비밀주의가 지배적인 모습으로 나타나고 있다. 그리고 이것은 앞으로도 쉽게 변화하지 않을 것이다. 그렇지만 공공의 기금에 의해 수행된 연구나 개인 연구라면 그 연구결과는 모두에게 개방되어야 할 것이다.

네째는 자유(freedom)의 원칙이다. 과학자는 연구의 아이디어, 가설, 연구 진행에서 자유롭게 추구할 수 있어야 한다. 이 자유의 원칙은 과학적 목적을 달성함에 있어 여러 점에서 도움이 된다. 우선, 자유는 과학자가 새로운 아이디어를 추구하고 새로운 문제를 연구하도록 허용함으로써 지식의 팽창에 중요한 역할을 한다. 다음으로, 지적 자유는 과학적 창의성을 키우는 역할을 한다. 또한 자유는 과학자들이 낡은 아이디어와 가정을 비판하고 도전하도록 허용함으로서 과학지식의 타당화에 기여한다(김환석, 2001: 29-30).

다섯째는 명성(credit)이다. 명성의 원칙은 주어질 사람에게 주어지고, 그래선 안될 사람에게 주어지지 않음으로해서 과학적 연구의 동기를 촉진하는 역할을 한다. 명성은 또한 책임과 결합되어, 연구의 오류가 있다면 명성에 대한 책임을 지도록 하는 역할도 한다.

여섯째는 교육(education)이다. 과학자는 예비과학자들을 교육시키고 대중에 대해 과학을 교육을 의무를 가진다. 예비과학자들에 대한 교육은 과학 활동을 재생산하기 위한 것이며, 대중에 대한 교육은 과학에 대한 이해를 높임으로써 과학 연구의 건전한 환경을 만들어 낼 수 있기 때문이다.

일곱째는 사회적 책임(social responsibility)이다. 과학자는 사회에 대해 위해를 끼쳐서는 안되며 사회적 이익을 창출하도록 노력해야 한다. 과학자는 자신의 연구가 가져올 결과들에 대해 책임을 져야 하고, 공중에게 그러한 결과를 알려야 한다. 과학자는 자신의 연구에만 책임질 뿐 그것의 사회적 결과에 대해서는 책임지지 않아도 된다는 믿음은 더이상 가능하지 않다. 적어도 예상된 결과는 책임을 져야 하며, 과학자 역시 사회의 한 성원으로서 도덕적 책무를 져야 하는 것이다.

여덟째는 합법성(legality)이다. 과학자는 연구 과정에서 관련되는 법을 준수해야 한다. 위험 물질의 사용이나 적법한 절차의 준수 등은 법적인 의무일 뿐만 아니라 도덕적 의무이기도 하다. 하지만 이것은 역사상의 혁명적 문제제기가 보여 왔던 것처럼 현재의 법과 충돌할 경우도 포함한다. 그렇지만 이 경우도 법의 미준수에 대한 입증은 과학자가 지는 것이 맞다.

아홉째는 기회(opportunity)이다. 과학자가 정당하게 가질 수 있는 기회는 보장되어야 한다. 특히 성, 인종, 계급 등의 사회적 지위가 과학적 연구의 기회를 가로막아서는 안된다.

열째, 상호존중(mutual respect)의 원칙이다. 과학은 쿤이 지적하듯이 과학자들의 공동체 속에 존재하므로 과학자들간 상호존중이 필수적이다. 상호 신뢰와 비밀 및 프라이버시의 존중 등도 여기에 포함된다.

열한번째, 효율성(efficiency)의 원칙으로, 과학자는 연구 자원을 효율적으로 사용해야 한다. 연구를 쪼개어 제시하거나, 지나친 연구 자원의 소모는 결코 윤리적이라 할 수 없다.

마지막으로 실험대상에 대한 존중(respect for subjects)의 원칙이다. 대상이 인간일 때는 말할 것도 없고, 동물이나 식물일 경우에도 존중의 원칙이 지켜져야 한다.

과학자들이 가져야 할 연구 수행상의 윤리 뿐만 아니라, 보다 근원적인 윤리적 문제로서 과학자의 지위와 관련된 윤리적 쟁점이 존재한다. 알튀세르(Althusser)는 『과학과 과학자들의 자생적 철학』이라는 책을 통해 과학자들의 견해가 강한 정치성을 띨 수 있음을 지적한다. 과학의 역할은 이론의 생산에 있지만 이러한 이론을 수단으로 하여 세상에 대해 '발언'할 때에는 이것이 강력한 이데올로기로 변한다는 것이다. 황우석 사태는 이를 가장 극적으로 보여준 사례에 해당된다. '과학에는 국경이 없지만 과학자는 조국이 있다', '미 생명공학기술 고지에 태극기를 꽂고 왔다', '원천 기술은 우리 국민의 것이다' 등의 수사는 생명공학 전문가의 발언이 애국주의, 민족주의, 대중주의 정치를 강화, 정당화하는데 결정적으로 작용했다. 황우석이라는 과학자의 발언은 과학이 아닌 현실 정치를 만들어냈던 것이다. 그리고 그 파장은 거의 사회 전체로 미쳤다. 이런 사회에서 보듯, 특히 과학기술자의 연구와 그것을 정치적 입장으로 번역하여 대중에게 전달하는 것은 매우 신중해야 한다. 한 정치행위자로서 과학자는 자신의 정치적 신념을 표현할 권리를 갖지만, 이것이 과학적 연구라는 권위를 등에 업을 때는 엄청난 효과를 갖게 되기 때문이다.

2. 과학기술과 일반 대중의 관계: 대중의 과학이해

1) 대중의 과학이해 성립의 사회적, 이론적 배경

현대사회에서 과학기술의 영향력이 커져감에 따라 과학사, 기술사, 과학철학, 과학사회학, 기술사회학 등 과학기술을 다루는 학문적 연구들도 활발히 이루어지고 있다. 그러나 전통적으로 이러한 분야들은 주로 과학지식 및 기술, 그것이 생산되는 과학기술자 사회에 대한 연구에 초점이 맞춰져 있었다. 즉 과학기술의 역사적, 철학적, 사회학적 측면에서 일반대중의 역할은 배제되거나 수동적이고 주변적인 존재로만 여겨져 왔다는 것이다. 이러한 상황에서 과학기술과 대중 간의 관계에 대한 연구는 주류 과학기술학 외부에서 발생했다. 대중의 과학이해(PUS, Public Understanding of Science) 연구의 성립은 첫째, 1960년대부터 환경오염과 핵발전소 건설 등 과학기술과 관련한 사회적 문제들이 대중의 관심영역 안으로 자리 잡게 된 사회적 배경과, 1970년대 이후 비판적 과학지식사회학의 지속적 축적이라는 이론적 배경 속에서 이루어졌다. 사회적 배경으로는 핵발전소 건설, 핵폐기물 처리장 유치, 수돗물 불소화 논쟁, 오존층 파괴, 유해물질 작업장에 대한 규제 범위 등 과학기술적 쟁점들을 둘러싼 논쟁들이 진행되면서 일반대중들이 논쟁에 참여하는 경우가 많아졌다는 것이다. 이는 연구자들과 정책담당자들로 하여금 과학기술에 대한 일반대중들의 생각을 조사, 분석할 필요성을 인식하게 하였다. 이론적으로는 앞서 3장에서도 살펴보았듯이 '새로운 과학지식사회학'은 과학자들의 활동과 과학지식이 사회와 분리되어 있는 것이 아니며 과학 및 과학자도 객관적이고 중립적인 실체가 아님을 보여 주었다. 이러한 이론적 논의는 과학과 과학자에게 부여된 절대적인 권위와 함께 과학기술 전문가와 일반대중 간의 전통적 위계구도를 바꾸어 놓는 계기가 되었다.[130)]

---

130) 과학기술전문가와 일반대중 간의 관계에서 전문가 중심주의 이데올로

이러한 사회적, 이론적 배경을 통해 일반대중과 과학기술간의 관계에 대한 학문분야가 정립될 수 있었으며 과학기술 전문가와 일반대중간의 관계, 과학기술에 대한 대중의 위상을 어떻게 설정하느냐에 따라 과학대중화 모형과 맥락모형으로 나누어 볼 수 있다.[131)]

2) 과학대중화 모형 대 맥락 모형

과학기술과 일반대중 간의 관계에 대한 과학대중화 모형은 주로 과학자들과 과학정책 입안자들의 견해로 지배적인 모형이라 할 수 있다.[132)] 과학대중화 모형은 기본적으로 일반대중들의 과학적 소양이 대체로 부족하다고 전제한다. 일반대중들은 과학적 내용을 잘 알지 못하거나 잘못 이해하고 있다는 것이다. 일반대중들이 과학적 소양을 갖추고 있지 못한 이유는 과학적인 전문 훈련과정을 받지 못한 것, 관심의 부재, 상업적 대중매체의 왜곡된 보도 등에서 기인한 것이라고 본다. 이러한 문제의식 속에서 과학대중화 모형은 복잡하고 어려운 과학적 지식과 방법론 등을 대중들에게 쉽

기를 비판하면서 과학기술과 관련한 정책이나 이슈들, 과학기술의 연구개발과정이나 정책결정과정에 이해당사자로서 시민이 주체로 참여해야 한다는 논리는 '시민과학론'으로 이론화되고 있기도 하다. 자세한 내용은 이영희(2000), 『과학기술의 사회학』, 한울, 9장을 참조할 것.

131) 과학기술과 일반대중 간의 관계에 대한 이러한 모형화는 Royal Society(1985)보고서 내용과 Gross(1994)의 연구를 토대로 주로 방법론의 차이를 중심으로 김명진(2001)이 『대중과 과학기술』, 잉걸, 1부 2장에서 모형화, 정리한 것인데 이 글의 PUS에 관한 이론적 논의는 김명진의 정리에 크게 의존하고 있다.

132) 과학대중화 모형의 중심적인 내용을 가장 잘 엿볼 수 있는 자료로는 영국의 왕립학회가 1985년에 발간한 과학에 대한 대중적 이해가 있다. Royal Society(1985), *The Public Understanding of Science*, London.

고 정확하게 전달해 주는 것을 목표로 한다. 또한 과학기술의 대중화를 통해 과학에 대한 대중들의 불필요한 오해나 불합리한 사회적 요소들이 제거될 수 있을 것이라고 생각했다. 과학대중화를 위해 이들은 먼저 일반대중들이 과학적 내용을 얼마나 정확히 알고 있는지에 대한 대규모 조사사업을 수행하였다. 영국의 런던 과학박물관과 옥스퍼드 대학 평생교육학과에서 1988년에 조사한 결과에 따르면, 과학기술에 대한 사람들의 관심은 예상보다 높았지만 실질적인 일반적 과학지식을 정확하게 이해하고 있지는 못한 것으로 나타났다(김명진, 2001:37). 이러한 결과는 과학기술에 대한 대중들의 오해와 무지를 입증하는 것으로 여겨졌고 과학대중화의 필요성을 역설하는데 이용되었다.

그러나 과학대중화 모형은 과학자들의 인식론적 권위를 강화하고 과학기술전문가들과 일반대중 사이의 위계적 관계를 강화한다는 측면에서 비판에 직면하게 된다. 또한 과학대중화는 지식의 생산자(과학기술전문가)와 소비자(일반대중)를 이분법적으로 구분할 뿐만 아니라 과학자들이 과학 그 자체에 대한 연구보다 과학대중화 작업을 폄하한다는 이유에서도 비판되었다(Whitly, 1985). 더 나아가 스테판 힐가르트너(Stephen Hilgartner)는 대중화 자체가 궁극적으로 과학자들의 정치적 이해관계에 봉사하는 활동일 뿐이라고 비판하였다(Hilgartner, 1990). 과학대중화를 위해서는 교육적인 목적의 달성을 위해 과학지식을 단순화하여 전달해야 하고 이 과정에서 어느 정도의 왜곡이 이루어질 수 있다. 이렇게 되면 어느 정도까지 단순화하는 것이 적절한 것이며 무엇이 왜곡인지를 가려내는 경계가 애매해진다. 과학자들은 특정 쟁점에 대해 자신들의 주장을 옹호하거나 경쟁하는 다른 주장을 비판할 때 이러한 모호성을 이용함으로써 '진정한 과학 지식'은 자신들만이 추구할 수 있는 것으로 상정하고 일반대중에 대한 인식론적 우위성을 확보하려고 한다. 과학기술 전문가들의 인식론적 우위성은 일반대중의 지식은 과학이 아니라는 사고를 전제로 한다.133) 따라서 과학기술 전문가와 일반대중 간의 위계구도가 존재하는 한 과학은 전문가들의 영역으로서 일반대중은 전문가들이 주장하는 과학적 지식에 종속될 수밖에 없고 과학기술에 대한 개입이 어려워진다.

주류 PUS 담론인 과학대중화 모형은 1980년대 후반에 이르러 그 전제들 자체를 거부하는 새로운 흐름에 의해 비판받게 된다. 이러한 흐름은 과학지식사회학의 연구 성과를 받아들이고 과학기술과 관련한 대중적 논쟁에 참여한 경험이 있는 연구자들의 주도로 이루어졌으며, 이들은 과학대중화 모형이 과학자들이나 엘리트 중심주의적 관점이라고 비판하면서 일반인들이 특정하고 구체적인 맥락에서 과학기술을 어떻게 이해하고 있는가에 주목한다. 브라이언 윈(Brian Wynne)은 주류 PUS 담론이 첫째, 과학을 단일하고 보편적이며 자명한 것으로 전제하고 둘째, 일반인들에게는 그 과학이 '결핍'되어 있으며 셋째, 일반인들에게 더 많은 과학지식이 공급되면 더욱 '합리적'으로 행동할 것이라고 전제한다는 점에서 그것을 '결핍모형(deficit model)'이라고 규정지었다. 새로운 PUS 접근에서는 이 세 가지 전제 모두를 비판한다. 첫째, 과학이라는 개

133) 근대적 의미의 과학은 종교나 신념, 상식과는 대조적인 것으로 일정한 제도적 교육과정과 협회 및 학회가 인정하는 자격을 소지한 과학자들만이 생산할 수 있는 지식체계로 정의된다. 따라서 "'과학'은 과학영역에 종사하는 전문가들만의 지식을 의미하는 것처럼 보이며 일반인들의 지식은 '과학'으로 여겨지지 않는다."(Lambert&Rose, 김명진 2001:3 9에서 재인용).

념은 단일한 것이 아니라 이질적인 여러 실체들의 집합이며, 과학이라는 개념의 의미는 그것이 사용되는 맥락에 따라 다른 의미를 지닐 수 있다. 예컨대 '과학을 이해' 한다는 것은 특정 과학지식을 정확하게 이해하는 것을 의미할 수도 있지만 과학기술 정책이나 제도, 특정 과학기술이 사회에 도입되는 형태를 이해하는 것을 의미할 수도 있다. 더욱이 과학기술과 일상생활 간의 관계를 이해하는 데 있어서는 특정 과학지식 자체에 대한 이해보다는 그것의 내적 제도나 사회에 적용되는 과정 및 형태를 이해하는 것이 더 중요할 수 있다. 둘째, 과학이 단일한 실체가 아니듯이 일반대중들 또한 단일한 생각을 공유하고 있거나 동일한 과학지식을 습득해야 할 동질적인 실체가 아니다. 또한 특정 과학지식을 이해하지 못하고 있다고 하더라도 과학기술과 관련한 사회적 문제들에 대해 올바른 판단을 내릴 수 없는 것은 아니다. 예컨대 핵발전소에 필요한 기계의 구체적인 작동원리를 모른다 할지라도 핵발전소가 안전한지 그렇지 않은지에 대한 판단은 가능하며, 배아줄기세포 연구가 난자를 다루는 과학기술적 방식을 잘 모른다 하더라도 난자채취가 가져올 수 있는 위험성에 대해서 충분히 올바른 판단을 내릴 수 있다. 더욱이 핵발전소나 배아줄기세포 연구에 대한 안전성과 위험성을 판단하는 것과 정책적 결정을 내리는 과정은 실질적인 과학적 지식만으로 해결할 수 없는 수많은 변수들이 개입되어 있으며, 이 과정에서 실질적인 과학적 지식은 논의의 중심에서 사라지는 경향이 있다.[134] 셋째, 일반인들이 더 많은 과학지식을 습득

134) 이런 측면에서 '과학'에 대한 이해방식을 과학자들의 언어로 표현되는 '공식적 지식(formal knowledge)'과 과학적 언어로 표현되지 않는 경향이 있는 일반 대중들의 '암묵적 지식(tacit knowledge)'으로 나누기도 한다.

하게 되면 더욱 합리적으로 행동할 것이라는 전제는 일반인들의 과학지식 습득이 과학기술과 관련한 사회적 논쟁들을 자연스럽게 해결할 것이라고 기대하는 것이다. 그러나 일반대중은 자신들의 구체적인 경험과 그로부터 도출된 지식에 의존해 특정 과학기술에 대해 신뢰할 것인가 불신할 것인가를 결정한다. 따라서 일반대중이 과학적 지식과 방법론을 잘 알게 되는 것, 혹은 과학이 지니고 있는 사회적인 인식론적 권위가 곧바로 대중들의 신뢰로 이어지지는 않는다. 예컨대 과학자들이 핵발전소나 줄기세포 연구가 안전하다고 계속해서 주장한다 할지라도 핵폭발이나 방사능유출, 난자채취의 후유증을 경험한 대중들은 이러한 과학자들의 주장을 신뢰하지 않으며 이는 지극히 당연하고 합리적인 것이다.

과학기술과 일반대중 간의 관계에 대한 과학대중화 모형과 맥락모형은 그것에 접근하는 방법론에 있어서도 차이를 보인다. 과학대중화 모형은 대중의 일반적인 과학지식의 이해도를 조사하기 위해 대규모의 설문조사 및 통계 분석 방법에 의존하는 반면, 새로운 PUS 접근은 대중이 구체적인 상황 속에서 과학에 대해 어떤 이해와 태도를 지니고 있는지를 조사하기 위해 참여관찰, 장기적인 인터뷰, 구조화된 심층면접 등의 방법론을 선호한다. 새로운 PUS 접근은 과학과 일반대중을 단일화, 동질화하지 않고 구체적인 상황과 맥락 속에 위치 짓는다는 점에서 '맥락모형(contextual model)'으로 명명할 수 있다. 무엇보다도 이러한 접근은 전문가주의를 극복하고 일반 대중의 과학적 지식에 대한 인식론적 권위를 어느 정도 확보할 수 있게 할 뿐만 아니라, 과학기술에 대한 일반대중의 적극적 개입을 가능하게 하는 이론적 자원으로서 의의를 가진다. 이는 과학기술의 공공성 확보와 시민참여의 확장을 근간으로 한 '대안과학기술' 운동으로 이어진다.

3. 과학기술의 공공성과 시민참여, 과학기술운동

최근의 과학기술운동의 방향을 일종의 '대안과학'의 추구라고 본다면 그 핵심적인 특징은 전문가주의로부터 벗어난 과학기술의 대중화와 시민참여의 확장으로 볼 수 있다. 전문가주의로부터 벗어난다는 것은 과학기술이 사회와 일상생활에 미치는 영향력을 고려할 때 실질적인 권력의 재분배가 필요하다는 것이며, 이는 의사결정과정에 시민참여의 확대를 요구함으로써 절차적 수준의 참여의 정치를 구성하는 것이기도 하다.

과학기술에 대한 시민 참여가 가능하고 또 필요하다는 주장은 몇가지 근거를 통해 지지된다. 첫째, 과학기술은 하나의 공공재(public goods)로서의 성격이 강하다는 점이다. 과학기술이 공공의 영역에 존재해야 한다는 주장에는 몇가지 합당한 이유가 있다. 우선 대부분의 과학기술의 영향과 범위가 국지적이라기보다는 포괄적이라는 사실을 지적할 수 있다. 예컨대 낙동강의 페놀 오염 사건은 페놀이라는 물질과 폐수정화장치라는 기술이 야기한, 물을 이용하는 대다수 사람들에게 영향을 미친 사례다. 이런 점에서 특정 과학기술이 그 개발주체가 명확하고 법적으로 소유권을 보장받는다 해도 일반적인 상품처럼 사적 소유권을 배타적으로 인정할 수는 없는 것이다. 또한 정부가 추진하는 과학기술 연구는 대부분 그 재원을 국민들의 세금을 통해 충당한다. 정부의 재정은 본래적으로 공공재인 것이다.

둘째, 과학기술의 이러한 공공재적 성격은 곧 시민들에 의한 통제와 접근, 참여를 허용해야 한다는 윤리적 명제를 성립시킨다. 앞서 기술의 구성주의적 접근에서 살펴보았듯이 과학기술이 그 자체로 중립적이거나 보편적 이익을 반영하는 것이 아니라, 과학자와 기술자들의 특정한 가치와 이념을 반영한다는 주장들이 강하게 제기되어 왔다. 이것은 바꾸어 말하면 과학기술의 방향에 시민적 이해관계도 함께 포함되어야 한다는 것을 의미한다.

마지막으로 시민들의 평범한 지식(lay knowledge)이 과학기술에 상당히 중요할 수 있다는 이유 역시 언급될 필요가 있다. 과학기술의 부작용에 대한 전문가와 대중의 인식에는 항상 괴리가 존재하며, 이 경우 항상 전문가의 견해가 '맞는' 것은 아니다. 윈(B. Wynne)은 영국 컴브리아 지역에서 체르노빌 사고로 인한 방사능 오염에 대한 전문가와 목양농 간의 논쟁 사례를 제시하는데, 전문가들은 주오염원인 세슘이 먹이사슬에서 빨리 없어질 것이라 주장했지만 몇년이 지난 후에도 목양농들은 그 오염 지역에서 양을 사육하지 않았다. 토양의 오염도를 측정한 결과 목양농의 주장이 맞았는데, 과학자들은 세슘의 소멸을 실험했던 경토와 다른, 점토 지역의 컴브리아 지역은 소멸의 속도가 다르다는 사실을 간과했던 것이다(이영희, 2000: 264). 이런 근거에서 과학기술의 시민참여는 가능하면서도 현실적으로 필요한 것이 되었다.

이전까지 과학기술의 대중화운동의 전문가들이 전유하였던 지식과 정보를 전문적 영역을 잘 알지 못하는 대중들에게 전달해 주는 계몽주의적 방식이었다면, 새로운 과학기술의 대중화운동은 과학기술에 대한 시민들의 정책참여[135]를 촉진하는 유럽의 '합의회의'

---

135) 이영희(2000)는 공식적으로 이루어지는 시민참여를 정보에 대한 참여, 자문기구를 통한 참여, 사법적 수단을 통한 참여, 정책결정에 대한 직

모델을 지향한다. '합의회의'는 '선별된 일군의 일반인들이 정치적으로나 사회적으로 논쟁적이거나 관심을 불러일으키는 과학적, 혹은 기술적 주제에 대해 전문가들에게 질의하고 그에 대한 전문가들의 대답을 청취한 다음 이 주제에 대한 내부의 의견을 통일하여 최종적으로 기자회견을 통해 자신들의 견해를 발표하는 하나의 포럼'이라고 정의할 수 있다(Joss and Durant, 1995; 조대엽, 2000: 160 재인용). 이러한 합의회의는 1980년대 후반, 과학기술정책의 형성과정에서 일반대중의 참여를 제도화시키는 중요한 메카니즘으로 유럽에서 발전하게 되었다. 유럽의 국가 중 특히 덴마크에서 가장 활발하게 추진되어 온 합의회의는 1987년 '농업과 산업에서의 유전공학의 적용'이라는 주제의 최초 회의 이후, 식료품에 대한 방사능 이용, 인간유전자에 대한 과학지식의 적용, 대기오염, 교육기술에 대한 투자문제, 동물에 대한 유전자 조작실험, 승용차이용의 미래, 불임치료, 전자주민카드, 가상현실, 교통정보기술, 통합적 농업생산, 식품과 환경에서의 화학물질의 위험성 평가, 유전자 의료 등 다양한 주제를 다루었다(이영희, 1997). 덴마크에서 확산된 합의회의는 네덜란드, 영국에서 개최되었고 뉴질랜드, 스위스, 노르웨이 등이 합의회를 구체적으로 계획하고 있으며, 유럽연합에서는 현재 이러한 시민참여 경험을 유럽 전역으로 확산시키기 위한 구체적인 계획을 준비하고 있다(이영희, 1997).

합의회의 이외에 일반시민들의 과학기술 정책에 대한 직접적 참여 방법은 시민조사위원회를 결성하거나 과학상점을 여는 등의 방

접 참여로 나누고 앞의 세 가지는 시민참여의 간접적 형태이고 정책결정에 대한 참여만이 직접참여로 분류한다. 이영희(2000), 『과학기술의 사회학』, 한울, p.266.

법이 있다. 시민조사위원회는 1976년 미국에서 최초로 도입되었고 8명의 시민으로 구성된 시민조사위원회는 유전자연구의 위험성을 주도적으로 연구하고 검토하여 보고서를 제출함으로써 과학기술정책에 개입하고자 하였다. 과학상점(사이언스 숍)은 1978년 네덜란드 암스테르담 대학에 설립된 것을 시작으로 미국, 유럽 전역에 퍼져나가고 있다. 과학상점의 목적은 대학 내의 실험실이나 연구소가 지역주민들의 수요와 요구에 기초해 사용자 친화적인 연구개발 활동을 함으로써 과학기술활동이 사회와 유리되지 않도록 지역사회 내에서 과학기술과 일반시민들을 연결시키는 것이다(이영희, 2000: 274).[136)]

한편 대안적 과학기술운동을 위한 방향으로 생태친화적인 기술의 개발을 지향하는 흐름도 있다(정수복, 2000). 이는 환경운동과의 결합을 통한 '신과학'을 주장하는데, 한국사회에서는 80년대 초에 소개되어 지속적으로 영향을 미치고 있다. 신과학은 과학 그 자체라기보다는 하나의 새로운 세계관으로서, 우주, 지구, 생명체에는 인간을 위해서가 아니라 그 자체를 위해서 보호해야할 가치가 있다고 주장한다. 그러나 이러한 신과학은 환경위기의 심각성을 도덕적 호소로만 알리려 하는 한계가 있기 때문에 오히려 환경산업가들, 즉 자본의 논리에 포섭될 가능성이 있다는 비판을 받고 있다.[137)]

최근의 과학기술운동의 주요경향인 과학기술의 대중화, 시민참

---

136) 과학기술의 시민참여에 대한 구체적인 방법이나 내용은 이영희(2000), "과학기술과 시민참여 -시민과학론의 논리와 실천-", 『과학기술의 사회학』, 한울, pp.257-287 참조.

137) 김성환(1993), "신과학운동과 환경운동의 만남", 『월간 길을 찾는 사람들』, 93권 6호, 사회평론, pp.204-205.

여 역시 문제점을 갖고 있다. 토론과정에서의 시민 참여는 보장될 수 있으나 실질적인 정책결정은 여전히 전문가들 및 기술관료들 위주로 이루어질 수 있는 한계가 있으며, 무엇보다도 얼마만큼의 권력의 재분배를 이루어낼 수 있을지 역시 의문이다. 그렇지만 이러한 과학기술에 대한 개입의 절차상의 민주화도 아직 확보되지 않은 한국적 상황 속에서는 유럽의 경험을 진지하게 검토해 볼 필요가 있다.

4. 과학기술의 민주화를 위하여

과학기술은 모든 사회에 영향을 미치는 공공재적 성격을 갖고 있기 때문에, 여기에 시민이 개입의 권리를 갖는다는 것은 논리적으로도 윤리적으로도 당연한 명제다. 문제는 기술 발전이 지나치게 빨리 이루어지고 있고, 또 특허와 지적재산권의 형태로 과학기술이 사유화, 독점화되는 상황에서는 참여의 기회는 협소해진다는 것에 있다. 하지만 과학상점의 경험처럼 과학기술자들은 시민들의 요구와 필요에 대해 전문적 지식을 통해 봉사할 수 있고, 아울러 사회적으로 필요한 문제가 무엇인지를 확인함으로써 연구의 방향을 설정하고 자신의 전문성을 향상시킬 수 있는 기회를 부여받기 때문에, 시민의 참여는 시민과 과학기술자 모두에게 도움이 된다. 문제는 이러한 제도화의 가능성이 서구나 우리 사회에서도 그리 크지 않다는 것에 있다.

과학기술의 민주화와 시민참여를 가로막는 가장 큰 이유 중의 하나는 바로 전문가주의(professionalism) 이데올로기다. 전문가주의는 사회학적으로 볼 때 과거 사회학을 지배했던 기능주의 사회학과 깊은 관련이 있다. 즉 사회는 각 영역의 기능적 분화를 통해 유지되며, 전문가는 추상적이거나 복잡한 지식을 구체적인 사안에 적용하는 기능을 담당하는 집단으로 설정된다. 대표적인 기능주의 사회학자인 파슨즈(T. Parsons)는 전문가를 '복잡하고 과학적인 지식과 기술을 구체적인 사례에 연결시키고 적용함으로써 사회를 유지, 발전시키는데 기여하는 명예로운 집단'으로 정의하고 있다. 그래서 전문가는 이타적으로 활동하며, 이들에게 다른 직업에 비해 높은 명예와 사회적 지위, 안정적 소득을 제공하는 것은 자연스러운 것이라 주장한다(정혜령, 2006: 97). 하지만 이러한 기능주의적 시각은 전혀 사실과 다르다는 것이 많은 부분에서 비판받아 왔다. 전문가만 보더라도, 이들은 이해관계로부터 벗어나 있거나 이타적 행동으로 특징지워지는 것이 아니라, 높은 지위를 유지하기 위한 지식의 독점, 집단의 폐쇄성, 난해한 지식과 언어 등을 통해 시민과 유리된 독점적 지위를 누려왔다는 비판이 대두되었다. 특히 전문가집단이 시민과 유리되고 집단을 폐쇄적으로 운영할수록 그들의 전문적 지식은 사회의 공공재적 성격을 상실하게 된다는 점에서 전문가주의는 공공의 이익을 위해서도 바람직하지 않은 것이다.

따라서 과학기술에의 시민참여와 전문가주의 비판은 과학기술자가 가진 전문적 지식과 능력을 부정하는 것이 아니라, 그러한 것을 배타적으로 주장하는 전문가주의 이데올로기를 해체하고 과학기술의 시민적 권리를 확보하는데 목적이 있는 것이다. 이를 위해서는 무엇보다 과학기술자와 시민 간의 소통구조를 만드는 것이 필요하다. 앞서 보았던 서구에서 이루어져 온 시민참여의 다양한 형식들 뿐만 아니라, 새로운 형태의 소통 방식을 지속적으로 만들어내고 이를 실천하는 것이 필요하다. 또한 과학기술자는 자신의 전문성에 기초하여 시민들과 만나려는 윤리적 책임을 가져야 할 것이다.

생각해 볼 문제

1. 여기서 제시된 기준 외에 지켜져야 할 과학연구의 윤리는 무엇이 있는지 생각해 보자.
2. 대중의 과학이해가 가지는 가능성과 한계에 대해 토론해 보자.
3. 전문가주의가 가지는 문제점에 대해 토론해 보자.
4. 과학기술자와 대중은 어떤 관계를 만들어가야 하는지 토론해 보자.

참고문헌

김명진(2001), 『대중과 과학기술』, 잉걸.

김성환(1993), "신과학운동과 환경운동의 만남", 『월간 길을 찾는 사람들』 93권 6호, 사회평론.

김환석(2001), "과학기술 시대의 연구윤리", 유네스코한국위원회 편, 『과학연구윤리』, 당대.

양해림(1995), "과학기술 시대에 있어서 기술윤리의 책임성과 합리화의 문제", 『과학사상』 제29호.

이영희(1997), "시민 참여 '합의 회의'의 성과와 교훈", 『다른 과학』 3호.

이영희(2000), "과학기술과 시민참여: 시민과학론의 논리와 실천", 『과학기술의 사회학』, 한울아카데미.

장수영(2002), "과학기술자의 사회적 책임과 역할", 『과학사상』 제42호, 범양사.

정수복(2000), “대안적 사회발전 모델과 대안적 과학기술”, 『과학사상』 제33호, 범양사.

정혜령(2006), “사회적 책임에 대한 전문가들의 갈등과 학습”, *Journal of Lifelong Education*, Vol.12, No.4.

조대엽(2000), “지식정보 사회의 지식정치와 과학기술운동”, 『정보와 사회』 제1권, 한국정보사회학회.

Althusser, L., 김용선 역(1992), 『철학과 과학자들의 자생적 철학』, 인간사랑.

Ferguson, E.S., 박광덕 역(1998), 『인간을 생각하는 엔지니어링』, 한울.

Hilgartner, S.(1990), “The Dominant View of Popularization: Conceptual Problems, Political Uses”, *Social Studies of Science*, 20.

Johnson, D.G., 이태식 · 위성룬 · 송옥환 역(1999), 『엔지니어윤리학』, 동명사.

Jonas, Hans. 이진우 역(1994), 『책임의 원칙: 기술 시대의 생태학적 윤리』, 서광사.

Petrosky, H., 최용준 역(1997), 『인간과 공학이야기』, 지호.

Resnik, David B.(1998), *The Ethics of Science: An Introduction*, Routledge.

Royal Society(1985), *The Public Understanding of Science*, London.

Whitley, R.(1985), “Knowledge Producers and Knowledge Acquires: Popularisation as a Relation between Scientific Fields and Their Publics”, Terry, S. & R. Whitley eds. *Expository Science: Forms and Functions of Polularisation*, Dortlecht(The Netherlands): Reidel.

저자 소개

박해광

연세대학교 사회학 박사
현 전남대학교 사회학과 조교수
저서로 『계급, 문화, 언어』(2003), 『정보사회와 문화』(2006)가 있고,
역서로 『위험사회와 타자의 논리』(공역), 『모더니티의 미래』(공역)가 있으며,
주요 논문으로는 「지배담론의 구조 연구」, 「화용의 정치: 기업문화, 수용자담론, 헌신」, 「한국 산업노동자의 도시경험」, 「담론분석과 문화연구」 등이 있다.

김경례

전남대학교 사회학과 박사과정 수료
현 전남대학교 사회학과 강사
논문으로 「한국 온라인 여성운동을 통해 본 사이버 페미니즘의 정치성」(2007)이 있고, 현재 생명공학기술과 몸, 젠더의 상호작용을 주제로 한 박사학위 논문을 준비하고 있다.

과학기술과 사회
– 과학기술에 대한 사회학적 이해 –
Science, Technology and Society

인쇄 | 2008년 2월 5일
발행 | 2008년 2월 10일
2009년 2월 25일 재판발행

저 자 | 박해광 · 김경례
발행인 | 강정채
발행처 | 전남대학교출판부

등록 | 1981. 5. 21. 제53호
주소 | 500-757 광주광역시 북구 용봉동 300
전화 | (062) 530-0571 ~ 3
팩스 | (062) 530-0579
홈페이지 | http://altair.chonnam.ac.kr/ ~ cnup

값 12,000 원

ISBN 978-89-7598-648-2 (93330)

이 도서의 국립중앙도서관 출판시도서목록(CIP)은 e-CIP홈페이지(http://www.nl.go.kr/cip.php)에서 이용하실 수 있습니다. **(CIP제어번호: CIP2008000574)**